Lecture Notes in Mathematics

Edited by A. Dold and B. Eckmann

590

Hideya Matsumoto

Analyse Harmonique dans les Systèmes de Tits Bornologiques de Type Affine

Springer-Verlag
Berlin · Heidelberg · New York 1977

Author

Hideya Matsumoto
Département de Mathématiques
Université de Paris VII
2, Place Jussieu
75005-Paris/France

Library of Congress Cataloging in Publication Data

Matsumoto, Hideya.
Analyse harmonique dans les systèmes de Tits bornologiques de type affine.

(Lecture notes in mathematics ; 590)
Bibliography: p.
Includes index.
1. Harmonic analysis. 2. Lie groups.
3. Representations of algebras. I. Title.
II. Series: Lecture notes in mathematics (Berlin) ; 590.
QA3.L28 no. 590 [QA403] 510'.8s [515'.2433]
77-23436

AMS Subject Classifications (1970): 05B25, 20H15, 22E20, 22E50, 32A25, 43A85, 43A90, 46K10

ISBN 3-540-08249-2 Springer-Verlag Berlin · Heidelberg · New York
ISBN 0-387-08249-2 Springer-Verlag New York · Heidelberg · Berlin

This work is subject to copyright. All rights are reserved, whether the whole or part of the material is concerned, specifically those of translation, re-printing, re-use of illustrations, broadcasting, reproduction by photocopying machine or similar means, and storage in data banks.

Under § 54 of the German Copyright Law where copies are made for other than private use, a fee is payable to the publisher, the amount of the fee to be determined by agreement with the publisher.

© by Springer-Verlag Berlin · Heidelberg 1977

Printed in Germany

Printing and binding: Beltz Offsetdruck, Hemsbach/Bergstr.
2141/3140-543210

Table des matières

Introduction

Le présent mémoire est consacré à l'analyse harmonique dans les systèmes de Tits bornologiques de type affine et à une nouvelle analyse harmonique dans les groupes de Weyl affines.

Soit (G, B, N) un système de Tits tel que B soit un sous-groupe ouvert compact d'un groupe topologique totalement discontinu G et que $W = N/(N \cap B)$, muni de son ensemble générateur privilégié S, soit un groupe de Weyl affine. D'après les travaux de Bruhat et Tits [4], on sait que, si $\underline{\underline{G}}$ est un groupe algébrique semi-simple simplement connexe défini sur un corps p-adique, le groupe G des points rationnels de $\underline{\underline{G}}$ possède un tel système de Tits. La mesure de Haar sur le groupe unimodulaire G étant choisie de sorte que B soit de masse 1, on définit l'algèbre involutive $\underline{K}(G, B)$ des fonctions continues à support compact sur G bi-invariantes par B. Si π est une représentation unitaire [resp. admissible] de G dans E et si le sous-espace E^B de E formé des vecteurs invariants par B n'est pas nul, on obtient par restriction une représentation unitaire [resp. de dimension finie] de $\underline{K}(G, B)$ dans E^B. Nous nous intéressons principalement aux représentations de G dans E qui soient bien contrôlées par celles de $\underline{K}(G, B)$ dans E^B.

Soit q la fonction sur W définie par $q(w) = [B : B \cap wBw^{-1}]$. D'après un lemme d'Iwahori et moi-même, la structure de l'algèbre involutive $\underline{K}(G, B)$ ne dépend alors que du système de Coxeter (W, S) et de la fonction q sur W. De plus, une semblable structure d'algèbre involutive $\underline{K}(W, q)$ se définit sur W relativement à toute fonction quasi-multiplicative q sur (W, S) à valeurs réelles positives. Notre idée directrice est donc de développer l'étude des représentations de $\underline{K}(W, q)$ indépendamment de G et d'y ramener entièrement ou partiellement certains problèmes de l'analyse harmonique dans G/B. L'étude des représentations de $\underline{K}(W, q)$ est facilitée par la structure bien connue du système de Coxeter (W, S); le sous-groupe T de W formé des éléments de W n'ayant qu'un nombre fini de conjugués est un groupe commutatif libre de rang fini, et (W, S) possède un sous-système fini (W^o, S^o) tel que le groupe W soit produit semi-direct de W^o par T.

Ainsi, en voyant que toute représentation unitaire irréductible de $\underline{K}(W, q)$ est de dimension $\leq \mathrm{Card}(W^o)$, nous établissons l'existence et l'unicité de la formule de Plancherel pour $\underline{K}(W, q)$ et pour G/B. Puisque l'algèbre $\underline{K}(G, K)$ est commutative pour le sous-groupe $K = BW^oB$ de G, nous étudions les fonctions sphériques sur G/K dans le cadre d'une théorie des fonctions sphériques sur W/W^o. En notant $X(T)$ le groupe des morphismes de T dans $\underline{\underline{C}}^*$, nous définissons pour $\underline{K}(W, q)$ les représentations π_λ de dimension $\mathrm{Card}(W^o)$ paramétrées par $X(T)$; si $\underline{K}(W, q) = \underline{K}(G, B)$, elles s'obtiennent par restriction des représentations admissibles π_λ de G constituant la série principale non ramifiée pour G. Nous démontrons, d'une part, que toute représentation irréductible de dimension finie de $\underline{K}(W, q)$ est équivalente à une sous-représentation de l'une des représentations π_λ et, d'autre part, que, si E est un G-module engendré par E^B et si E^B est de dimension finie, alors le G-module E est admissible et possède une suite de Jordan-Hölder aux composantes irréductibles ayant chacune un vecteur non nul invariant par B. Enfin, dans le cas particulier où

W est diédral d'ordre infini, nous remarquons que toute représentation unitaire irréductible de $\underline{K}(G, B)$ se prolonge en une représentation unitaire irréductible de G.

Notre théorie des fonctions sphériques sur W/W^o généralise ainsi l'étude de certaines fonctions sphériques sur G développée par Mautner, Bruhat, Satake, Macdonald, Silberger et moi-même (cf. [22], [16], [18], [21], [25]). Par ailleurs, certains de nos résultats sur les G-modules admissibles et les $\underline{K}(G, B)$-modules de dimension finie ont été obtenus, dans le cas des groupes semi-simples p-adiques, par Borel, Casselman, Harish-Chandra et Silberger (cf. [6], [25], [27], [28]).

Nous allons maintenant expliquer les contenus des cinq paragraphes du mémoire.

Au paragraphe 1, nous rappelons la théorie des fonctions sphériques sur un groupe localement compact G et, en particulier, la transformation de Fourier sur G/K en supposant la commutativité de $\underline{K}(G, K)$ pour un sous-groupe compact K de G.

Le paragraphe 2 expose les rudiments de l'analyse harmonique dans les systèmes de Coxeter (W, S). Si q est une fonction quasi-multiplicative sur W à valeurs réelles positives, on définit sur $\underline{K}(W)$ une structure d'algèbre involutive $\underline{K}(W, q)$ déterminée par q; notons que, si $q = 1$, $\underline{K}(W, q)$ est tout simplement l'algèbre du groupe discret W. Si de plus $q(w) \geqslant 1$ sur W, l'algèbre de Banach involutive $L^1(W, q)$ et son algèbre stellaire enveloppante $St(W, q)$ sont également définies. L'étude des représentations unitaires de $\underline{K}(W, q)$ présente une certaine analogie avec la théorie des groupes localement compacts unimodulaires. En particulier, on établit les relations des fonctions de type positif sur W avec les représentations unitaires de $\underline{K}(W, q)$ et puis les propriétés élémentaires des représentations unitaires irréductibles de carré intégrable de $\underline{K}(W, q)$ et de leurs degrés formels. Nous formulons aussi une théorie des fonctions sphériques pour $\underline{K}(W, q)$. A titre d'exemple, dans le cas où W est un groupe diédral, nous déterminons explicitement les représentations unitaires irréductibles de $\underline{K}(W, q)$ et la formule de Plancherel pour $\underline{K}(W, q)$. Enfin, nous remarquons que le théorème combinatoire de Feit et Higman [10] a été une des premières applications de l'analyse harmonique dans les systèmes de Coxeter. Rappelons que, dans le cas des systèmes de Coxeter finis, les représentations irréductibles de $\underline{K}(W, q)$ et leurs degrés formels ont été étudiés, jusqu'ici, principalement d'un point de vue algébrique et peu analytique (cf. [7], [15]).

Le paragraphe 3 commence par un rappel sur les systèmes de racines $R^{\vee}$ et les groupes de Weyl affines W qui leur sont associés. Soit T le sous-groupe de W formé des éléments de W n'ayant qu'un nombre fini de conjugués; alors T est isomorphe au module Q des poids radiciels du système de racines R inverse de $R^{\vee}$. Si (W, S) est un système de Coxeter canonique dans W, alors W admet un sous-groupe W^{o} engendré par $S \cap W^{o}$ et isomorphe au groupe de Weyl de R ou de $R^{\vee}$. Nous étudions ensuite les propriétés fondamentales des fonctions quasi-multiplicatives sur W à valeurs réelles positives; une formule explicite de [14] pour la fonction longueur sur (W, S) y joue un rôle primordial. Enfin, pour l'algèbre involutive $\underline{C}[Q]^{W^{o}}$ des invariants exponentiels de W^{o}, nous examinons certaines généralisations de la formule d'intégration de Weyl qui seront reliées au §4 à l'étude des fonctions sphériques sur W/W^{o}.

Le paragraphe 4 développe l'analyse harmonique dans les groupes de

Weyl affines W. Tout d'abord, on définit pour l'algèbre $\underline{K}(W, q)$ les représentations π_λ de la série principale, où λ parcourt le groupe de Lie complexe connexe $X(T)$ des morphismes de T dans $\underline{\underline{C}}^*$; elles sont toutes de dimension égale à $\mathrm{Card}(W^o)$. Nous établissons ensuite quelques théorèmes fondamentaux. En particulier, toute représentation unitaire irréductible de l'algèbre involutive $\underline{K}(W, q)$ est de dimension $\leq \mathrm{Card}(W^o)$ et, de plus, toute représentation irréductible de dimension finie de l'algèbre $\underline{K}(W, q)$ est équivalente à une sous-représentation de l'une des représentations de la série principale. Si $q(w) \geq 1$ pour tout $w \in W$, on établit ainsi l'existence et l'unicité de la mesure de Plancherel pour $L^1(W, q)$. Puis, à l'aide de certains opérateurs d'entrelacement explicitement définis, nous montrons que π_λ est irréductibles si λ appartient à un certain ouvert non vide de $X(T)$ et que les traces de π_λ et de $\pi_{\lambda'}$ coïncident si et seulement si λ et λ' sont dans une même orbite de W^o dans $X(T)$. Puisque la sous-algèbre $\underline{K}(W, q; W^o)$ de $\underline{K}(W, q)$ formée des fonctions à support fini sur W bi-invariantes par W^o est commutative, nous étudions ensuite les fonctions sphériques sur W/W^o. En particulier, une formule explicite pour ces dernières permet d'établir un isomorphisme d'algèbres involutives de $\underline{K}(W, q; W^o)$ sur $\underline{K}(T)^{W^o}$. La formule de Plancherel pour $\underline{K}(W, q; W^o)$ se ramène alors aux généralisations, définies au §3, de la formule d'intégration de Weyl; la mesure de Plancherel sur l'espace des fonctions sphériques de type positif sur W/W^o est explicitement calculée dans certains cas, ce qui nous permet de déterminer les degrés formels de quelques représentations unitaires irréductibles de carré intégrable de $\underline{K}(W, q)$.

Au paragraphe 5, nous considérons enfin les systèmes de Tits saturés (G, B, N) où B est un sous-groupe ouvert compact d'un groupe topologique totalement discontinu G et où $W = N/(N \cap B)$ est un groupe de Weyl affine. Nous étudions la structure du groupe G suivant une méthode algébrique plus classique que celle, géométrique, de Bruhat-Tits [4]. D'une part, on pose $K = BW^{o}B$ et $Z = \nu^{-1}(T)$ où ν désigne le morphisme canonique de N sur W; alors, K est un sous-groupe compact maximal de G et l'on a $G = KZK$. D'autre part, on note U_1 l'intersection des conjugués $t^{-1}Bt$ de B lorsque t parcourt l'ensemble T^{++} des éléments t de T tels que $BwtB = BwBtB$ pour tout $w \in W^{o}$. Ensuite, si U désigne la réunion des conjugués zU_1z^{-1} de U_1 lorsque z parcourt Z, alors U est un sous-groupe fermé de G normalisé par Z et toute partie compacte de U est contenue dans un sous-groupe compact de U. Le sous-groupe ZU de G est également fermé et le groupe T est isomorphe à ZU/U. De plus, (G, ZU, N) est un système de Tits saturé et l'on a $G = BNU = KZU$. Rappelons que le système de Tits (G, ZU, N) et la décomposition d'Iwasawa pour G sont établis par [4] dans un cadre plus général que le nôtre. En outre, nous définissons les sous-groupes radiciels de G relatifs à (B, N) et, enfin, nous établissons une décomposition de Levi topologique pour tout sous-groupe de G contenant U.

La décomposition d'Iwasawa de G permet de définir les représentations admissibles π_λ de G dans E_λ, paramétrées par X(T) et constituant la série principale non ramifiée pour G. Pour tout $\lambda \in X(T)$, le G-module E_λ est engendré par E_λ^B et donne par restriction la représentation π_λ de $\underline{K}(G, B)$ étudiée au §4. Des théorèmes du §4 apportent donc immédiatement quelques résultats sur les G-modules E_λ et particulièrement sur les fonctions sphériques sur G/K. Les relations d'intersection entre les doubles classes de Cartan KtK ($t \in T^{++}$) et celles d'Iwasawa Kt'U ($t' \in T$) découlent ainsi directement d'une propriété de l'isomorphisme de $\underline{K}(W, q; W^o)$ sur $\underline{K}(T)^{W^o}$. Pour établir certaines suites de Jordan-Hölder pour les G-modules E_λ, nous recourons essentiellement à la méthode développée par Jacquet, Harish-Chandra et Casselman dans l'étude des représentations admissibles des groupes réductifs p-adiques. Nous étudions ensuite les intégrales d'entrelacement qui ont inspiré les opérateurs d'entrelacement, définis au §4, entre des $\underline{K}(W, q)$-modules. Enfin, pour les groupes de rang 1, nous vérifions la positivité de certaines formes hermitiennes sur des G-modules E_λ afin d'en conclure que toute représentation unitaire irréductible de $\underline{K}(G, B)$ se prolonge en une représentation unitaire irréductible de G.

Les principaux résultats du présent mémoire ont été annoncés dans [29].

§ 1 Généralités sur les fonctions sphériques

1.1. Fonctions sphériques sur G/K

Pour les notions générales de l'analyse harmonique dans les groupes localement compacts, nous nous reporterons à Dixmier [9].

Soient G un groupe localement compact, $\underline{K}(G)$ l'espace vectoriel des fonctions complexes continues sur G à support compact, et $\underline{M}(G)$ l'espace vectoriel des mesures sur G. Les mesures bornées sur G forment, pour le produit de convolution, une algèbre de Banach $\underline{M}^1(G)$ admettant pour élément unité la mesure de Dirac ε_e au point e. Si, pour toute $\mu \in \underline{M}(G)$, on définit $\mu^* \in \underline{M}(G)$ par la relation $d\mu^*(x) = \overline{d\mu(x^{-1})}$, $\underline{M}^1(G)$ devient une algèbre de Banach involutive. Les mesures sur G à support compact forment une sous-algèbre involutive $\underline{M}^c(G)$ de $\underline{M}^1(G)$.

Choisissons une fois pour toutes une mesure de Haar à gauche dx sur G. Les classes de fonctions complexes intégrables pour dx forment une algèbre de Banach involutive $L^1(G)$, de sorte que l'application $f \mapsto f(x)dx$ est un morphisme isométrique d'algèbres normées involutives de $L^1(G)$ dans $\underline{M}^1(G)$. Si $f \in L^1(G)$, on a $f^*(x) = \overline{f(x^{-1})}\Delta(x^{-1})$, où Δ est le module de G. Notons aussi que $\underline{K}(G)$ est une sous-algèbre involutive de $L^1(G)$. On désigne par $St(G)$ l'algèbre stellaire enveloppante de $L^1(G)$; c'est la complétée de $L^1(G)$ pour la plus grande norme stellaire sur $L^1(G)$. Soit $\underline{C}(G)$ l'espace vectoriel des fonctions complexes continues sur G; l'application $f \mapsto f(x)dx$ permet d'identifier $\underline{C}(G)$ à un sous-espace de $\underline{M}(G)$.

Chaque élément g de G agit sur $\underline{M}(G)$, $L^1(G)$ ou $St(G)$ à gauche [resp. à droite] en transformant μ en $\varepsilon_g * \mu$ [resp. $\mu * \varepsilon_{g^{-1}}$].

Nous allons maintenant rappeler les résultats fondamentaux sur les fonctions sphériques (de hauteur 1) sur G/K, où K est un sous-groupe compact de G (voir [12], [13]).

(1.1.1) Notons $\underline{M}(G, K)$ le sous-espace de $\underline{M}(G)$ formé des mesures invariantes à gauche et à droite par les éléments de K. De manière analogue, on définit $\underline{K}(G, K)$, $\underline{C}(G, K)$, $L^1(G, K)$ et $St(G, K)$. On vérifie que $L^1(G, K)$ [resp. $St(G, K)$] est une sous-algèbre involutive fermée de $L^1(G)$ [resp. de $St(G)$].

Proposition.--- (i) *L'algèbre* $\underline{K}(G, K)$ *admet un élément unité si et seulement si* K *est ouvert dans* G.

(ii) *Si l'algèbre* $\underline{K}(G, K)$ *est commutative,* G *est unimodulaire.*

(iii) *Si* G *admet un automorphisme* σ *tel que* $\sigma(g^{-1}) \in KgK$ *pour tout* $g \in G$, *alors* $\underline{K}(G, K)$ *est commutative.*

L'assertion (iii) est due essentiellement à A. Selberg.

(1.1.2) Une fonction continue ω sur G bi-invariante par K est *sphérique* sur G/K si l'application $\hat{\omega}: f \mapsto f*\omega(e)$ est un morphisme d'algèbres de $\underline{K}(G, K)$ sur $\underline{\underline{C}}$. S'il en est ainsi, ω est déterminée de manière unique par $\hat{\omega}$.

Proposition.--- *Pour une fonction continue* ω *sur* G *bi-invariante par* K, *les conditions suivantes sont équivalentes:*

(i) ω *est une fonction sphérique sur* G/K;

(ii) $\omega(e) = 1$ *et, pour tout* $x, y \in G$, *on a*

$$\int_K \omega(xky)\, dk = \omega(x)\, \omega(y)$$

où dk *désigne la mesure de Haar normalisée sur* K;

(iii) $\omega(e) = 1$ *et, pour toute* $f \in \underline{K}(G, K)$, $f*\omega$ *est proportionnelle à* ω.

(1.1.3) Rappelons que $\underline{K}(G, K)$ est une sous-algèbre dense de

$L^1(G, K)$ et de $St(G, K)$.

Proposition.--- (i) *Si* $\mu \in \underline{M}(G, K)$ *est telle que sa restriction à* $\underline{K}(G, K)$ *soit un morphisme d'algèbres de* $\underline{K}(G, K)$ *sur* $\underline{\underline{C}}$, *il existe une fonction sphérique* ω *sur* G/K *telle que* $d\mu(x) = \omega(x^{-1})dx$ *sur* G. *Si* K *est ouvert dans* G, *tout morphisme de* $\underline{K}(G, K)$ *sur* $\underline{\underline{C}}$ *est associé à une fonction sphérique sur* G/K.

(ii) *Soit* ω *une fonction sphérique sur* G/K. *L'application* $\hat{\omega}$ *se prolonge en un morphisme d'algèbres de* $L^1(G, K)$ [*resp. de* $St(G, K)$] *sur* $\underline{\underline{C}}$ *si et seulement si* ω *est bornée* [*resp. de type positif*]. *Tout morphisme d'algèbres de* $L^1(G, K)$ [*resp. de* $St(G, K)$] *sur* $\underline{\underline{C}}$ *est ainsi associé à une fonction sphérique bornée* [*resp. de type positif*] *sur* G/K. *Si* ω *est bornée*, $|\omega(x)| \leq 1$ *pour tout* $x \in G$.

(1.1.4) Nous énonçons maintenant les relations des fonctions sphériques de type positif sur G/K avec des représentations unitaires de G.

Proposition.--- *Soit* π *une représentation unitaire continue de* G *dans un espace hilbertien* $\underline{H}$ *et soit* $\underline{H}^o$ *le sous-espace de* $\underline{H}$ *formé des vecteurs invariants par* K.

(i) *Si* $\underline{K}(G, K)$ *est commutative et si* π *est irréductible*, $\underline{H}^o$ *est de dimension* 0 *ou* 1.

(ii) *Si* $\underline{H}^o = \underline{\underline{C}}v$ *avec* $\|v\| = 1$, *la fonction* $\omega(g) = (v|\pi(g)v)$ *est sphérique de type positif sur* G/K.

(iii) *Si* ω *est une fonction sphérique de type positif sur* G/K, *il existe une représentation unitaire continue irréductible* π *de* G *et un vecteur* v *de* $\underline{H}$ *tels que* $\underline{H}^o = \underline{\underline{C}}v$ *et que* $\omega(g) = (v|\pi(g)v)$ *sur* G.

(1.1.5) Une condition suffisante pour la positivité d'une fonction sphérique ω sur G/K se déduit de son équation fonctionnelle.

<u>Lemme</u>.--- <u>ω est de type positif si les conditions suivantes sont vérifiées pour ω et un sous-groupe fermé R de G:</u>

(i) <u>On a</u> $\omega(xr) = \omega(x)\omega(r)$ <u>pour tout</u> $x \in G$ <u>et tout</u> $r \in R$, <u>et la restriction de ω à R est bornée;</u>

(ii) <u>L'espace homogène G/R admet une mesure positive μ invariante par G, et la fonction $|\omega(x)|$ sur G/R est de carré intégrable pour μ.</u>

On considère l'espace hilbertien $\underline{H}$ des fonctions mesurables f telles que $f(xr) = f(x)\omega(r)$ pour tout $x \in G$ et $r \in R$ et que $|f(x)|$ soit de carré intégrable sur G/R. D'après nos hypothèses, ω appartient à $\underline{H}$ et l'on a une représentation unitaire continue π de G dans $\underline{H}$. Pour tout $g \in G$, on a

$$(\omega|\pi(g)\omega) = \int \omega(gx)\overline{\omega(x)}\, d\mu(x) = \iint \omega(gkx)\overline{\omega(x)}\, d\mu(x)\, dk = \|\omega\|^2\omega(g).$$

Par suite ω est de type positif.

(1.1.6) Signalons un cas particulier du lemme précédent:

<u>Corollaire</u>.--- <u>Si ω est de carré intégrable sur G, alors ω est de type positif</u>.

(1.1.7) On sait que le procédé d'induction fournit un intéressant moyen de construire des fonctions sphériques sur G/K si G admet un sous-groupe fermé G' ayant certaines propriétés.

<u>Proposition</u>.--- <u>Soit G' un sous-groupe fermé de G tel que</u> $G = KG'$. <u>Notons Δ le module de G et Δ' celui de G'. Si ω' est une fonction sphérique sur G'/K' où $K' = K \cap G'$, on définit une fonction continue ψ sur G de sorte que l'on ait</u>

$$\psi(kg') = (\Delta(g')^{-1}\Delta'(g'))^{1/2}\omega'(g')$$

<u>pour tout $k \in K$ et tout $g' \in G'$. Posons ensuite, pour tout</u> $g \in G$,

$$\omega(g) = \int_K \psi(gk)\, dk .$$

<u>Alors</u> ω <u>est une fonction sphérique sur</u> G/K <u>et, si</u> ω' <u>est de type positif, il en est de même de</u> ω.

On dit que ω est la fonction sphérique sur G/K <u>induite</u> par ω'.

1.2. <u>Transformation de Fourier commutative</u>

Dans ce nº, nous supposons que l'algèbre $\underline{K}(G, K)$ est commutative, et nous rappelons certains résultats essentiels sur l'espace des fonctions sphériques et la transformation de Fourier sur G/K (voir [13]).

Puisque $\underline{K}(G, K)$ est commutative, G est unimodulaire et l'algèbre de Banach involutive $L^1(G, K)$ et l'algèbre stellaire $St(G, K)$ sont commutatives. On peut donc appliquer à celles-ci la théorie générale de Gelfand sur les algèbres de Banach commutatives.

(1.2.1) Soit $\Omega(G, K)$ ou simplement Ω l'ensemble des fonctions sphériques sur G/K et soit $X(G, K)$ l'ensemble des morphismes de G dans $\underline{C}^*$ triviaux sur K; chaque élément de $X(G, K)$ agit sur Ω par multiplication. Dans Ω, on considérera aussi l'ensemble Ω^∞ des fonctions sphériques bornées, l'ensemble Ω^+ des fonctions sphériques de type positif et l'ensemble Ω^h des fonctions sphériques auto-adjointes.

L'ensemble $\Omega_0 = \Omega \cup \{0\}$ étant inclus dans $\underline{C}(G, K)$, pour toute $f \in \underline{K}(G, K)$, on note $\hat{f}$ la fonction sur Ω_0 définie par $\hat{f}(\omega) = f*\omega(e) = \omega*f(e)$. Nous munirons Ω_0 de la topologie la moins fine rendant continue la fonction $\hat{f}$ pour toute $f \in \underline{K}(G, K)$. On vérifie que Ω_0 est ainsi un espace topologique séparé, que Ω^∞, Ω^+ et Ω^h sont fermés dans Ω et que $\{0\}$ est ouvert dans Ω_0 si et seulement si K est ouvert dans G. Si K est ouvert dans G et si l'algèbre $\underline{K}(G, K)$ est de type fini, alors Ω s'identifie à un ensemble algébrique affine et est donc localement compact.

(1.2.2) Pour toute $f \in L^1(G, K)$, on note $\hat{f}$ la fonction sur Ω^∞ définie par $\hat{f}(\omega) = f * \omega(e)$. On rappelle que les foncions sphériques bornées sur G/K sont en correspondance biunivoque avec les morphismes d'algèbres de $L^1(G, K)$ sur $\underline{C}$.

Théorème.--- (i) $\Omega^\infty \cup \{0\}$ est un sous-espace compact de Ω_0, et Ω^∞ est donc localement compact.

(ii) Pour toute $f \in L^1(G, K)$, $\hat{f}$ est une fonction continue sur Ω^∞ tendant vers 0 à l'infini.

(iii) La topologie de Ω^∞ coïncide avec la topologie de la convergence compacte.

(iv) Le groupe $X_u(G, K)$ des morphismes bornés de G dans $\underline{C}^*$ triviaux sur K est un fermé de Ω^+; en outre, il est un groupe d'homéomorphismes de Ω^∞.

(1.2.3) Afin de rappeler le théorème de Plancherel-Godement, nous préparons quelques notations. Soit μ une mesure de type positif sur G, ce qui signifie qu'on a $\mu(f^* * f) \geq 0$ pour toute $f \in \underline{K}(G)$. Considérons sur $\underline{K}(G, K)$ la semi-norme $\| \ \|_\mu$ définie par $\|f\|_\mu^2 = \mu(f^* * f)$, et notons N_μ le sous-espace vectoriel de $\underline{K}(G, K)$ formé des éléments f tels que $\mu(f^* * f) = 0$ et $\underline{H}_\mu$ l'espace hilbertien complété de $\underline{K}(G, K)/N_\mu$ pour la norme déduite de $\| \ \|_\mu$. On obtient une représentation π_μ de l'algèbre involutive $\underline{K}(G, K)$ dans $\underline{H}_\mu$: pour $f \in \underline{K}(G, K)$ et $h \in \underline{H}_\mu$, on pose $\pi_\mu(f)h = f * h$.

Nous énonçons maintenant le théorème de Plancherel-Godement en insistant sur l'unicité de la transformée de μ.

Théorème.--- Soit μ une mesure de type positif sur G et définissons comme ci-dessus l'espace hilbertien H_μ et la représentation π_μ de $\underline{K}(G, K)$.

(i) Il existe sur Ω^+ une mesure positive m, et une seule, possédant la propriété suivante: pour toute $f \in \underline{K}(G, K)$, $\hat{f}$ est de carré intégrable pour m et l'on a $\mu(f^* * f) = \int |\hat{f}(\omega)|^2 \, dm(\omega)$.

(ii) Le support S_μ de m est composé des fonctions sphériques ω sur G/K telles que $|\hat{f}(\omega)| \leq \|\pi_\mu(f)\|$ pour toute $f \in \underline{K}(G, K)$.

(iii) L'application $f \mapsto (\hat{f}|S_\mu)$ définit un isomorphisme T de H_μ sur l'espace hilbertien $L^2(S_\mu, m)$ de sorte que, pour toute $f \in \underline{K}(G, K)$, on ait $\pi_\mu(f) = T^{-1}M(\hat{f})T$ où $M(f)$ est la multiplication par $\hat{f}$ dans $L^2(S_\mu, m)$.

(iv) Soient S' un sous-espace localement compact de Ω^h tel que $S' \cup \{0\}$ soit compact dans Ω_0 et m' une mesure positive sur S', de support égal à S', possédant la propriété suivante: pour toute $f \in \underline{K}(G, K)$, $\hat{f}$ est de carré intégrable pour m' et l'on a $\mu(f^* * f) = \int |\hat{f}(\omega)|^2 \, dm'(\omega)$. Alors $S' = S_\mu$ et $m' = m$.

(v) Soient S' un sous-espace compact de Ω^h et m' une mesure sur S', de support égal à S', tels que $\mu(f^* * f) = \int |\hat{f}(\omega)|^2 \, dm'(\omega)$ pour toute $f \in \underline{K}(G, K)$. Alors $S' = S_\mu$ et $m' = m$.

Notons que les énoncés (iv) et (v) peuvent servir à démontrer la positivité d'un ensemble de fonctions sphériques sur G/K.

(1.2.4) En appliquant le théorème précédent à une fonction continue de type positif sur G, on a le théorème de Bochner-Godement:

Théorème.--- Soit φ une fonction continue sur G de type positif et bi-invariante par K. Alors il existe sur Ω^+ une mesure positive bornée m telle que, pour tout $g \in G$, on ait $\varphi(g) = \int \omega(g) \, dm(\omega)$.

(1.2.5) Si, dans le théorème (1.2.3), on prend pour μ la mesure de Dirac en e, sa transformée m est la mesure de Plancherel proprement dite.

Théorème.--- Soit m la mesure de Plancherel sur Ω^+. Alors:

(i) Le support S de m est compact si et seulement si K est ouvert dans G.

(ii) La mesure m est invariante par les éléments de $X_u(G, K)$.

(iii) Si une fonction sphérique ω sur G/K est de carré intégrable, alors on a $m(\{\omega\}) = \omega * \omega(e)^{-1}$. Réciproquement, si l'on a $m(\{\omega\}) > 0$ pour un élément ω de S, alors ω est de carré intégrable.

(iv) Si une fonction sphérique ω sur G/K est bornée et intégrable, alors $\{\omega\}$ est ouvert dans S.

(1.2.6) Pour illustrer les nos 1.1 et 1.2, nous donnons un exemple élémentaire. On suppose que G est produit semi-direct de K par un sous-groupe distingué commutatif ouvert A de G. Notons X(A) le groupe des morphismes de A dans $\underline{\underline{C}}^*$ et $\hat{A}$ son sous-groupe formé des caractères unitaires de A. Le groupe fini K opère sur A et donc sur X(A).

(i) L'algèbre $\underline{K}(G, K)$ est isomorphe à la sous-algèbre de $\underline{K}(A)$ formée des éléments invariants par K.

(ii) On associe à tout $\lambda \in X(A)$ la fonction sphérique ω_λ sur G/K induite par λ ; on obtient ainsi une application I de X(A) sur Ω.

(iii) $\omega_\lambda = \omega_{\lambda'}$ si et seulement si λ et λ' appartiennent à une même orbite de K dans X(A).

(iv) Ω^∞ est égal à $I(\hat{A})$ et sa topologie est la topologie quotient de celle de $\hat{A}$ par K.

(v) La mesure de Plancherel sur Ω^+ est l'image par I d'une mesure de Haar sur $\hat{A}$.

1.3. Une remarque sur d'autres fonctions sphériques

Dans ce nº, nous reformulons la notion de fonction sphérique, due à Godement [12], en vue de l'appliquer à l'étude des algèbres involutives définies au § 2.

Soient G un groupe localement compact et K un sous-groupe compact de G. La mesure de Haar choisie sur K est celle de masse totale 1. Toute mesure sur K est identifiée à son image dans $\underline{M}(G)$, et $\underline{M}(K)$ devient ainsi une sous-algèbre involutive de $\underline{M}^c(G)$. On définit une application $f \mapsto f^o$ de l'espace vectoriel $\underline{K}(G)$ dans lui-même en posant

$$f^o(x) = \int_K f(kxk^{-1})\, dk \ ;$$

ensuite, par transposition, elle se prolonge en une application $\mu \to \mu^o$ de $\underline{M}(G)$ dans lui-même. L'image de cette application sera notée $\underline{M}(G)^o$.

(1.3.1) Soit χ un élément idempotent non nul de $\underline{C}(K)$; on note $\underline{C}(K, \chi)$ la sous-algèbre $\chi\, \underline{C}(K)*\chi$ de $\underline{C}(K)$ admettant χ pour élément unité. Si $\underline{C}(K, \chi)$ est une algèbre simple de dimension finie, χ sera dit <u>simplificateur</u> et $d(\chi)$ désignera la racine carrée positive de la dimension de $\underline{C}(K, \chi)$.

Nous nous intéressons aux idempotents auto-adjoints simplificateurs de $\underline{C}(K)$, que la théorie des groupes compacts permet de déterminer facilement. Soit σ une représentation unitaire continue irréductible de K dans un espace hilbertien $\underline{H}(\sigma)$. Posons $\overline{\chi}_\sigma(k) = d(\sigma)\, Tr(\sigma(k^{-1}))$ pour tout $k \in K$, où $d(\sigma)$ est la dimension de $\underline{H}(\sigma)$. Alors $\overline{\chi}_\sigma$ est un idempotent central auto-adjoint simplificateur de $\underline{C}(K)$ et $d(\overline{\chi}_\sigma)$

est égal à $d(\sigma)$. Réciproquement, tout idempotent central simplificateur de $\underline{C}(K)$ est ainsi associé à une classe de représentations unitaires irréductibles de K. En restreignant σ à $\underline{C}(K, \overline{\chi}_\sigma)$, on a un isomorphisme d'algèbres involutives de $\underline{C}(K, \overline{\chi}_\sigma)$ sur l'algèbre des endomorphismes de $\underline{H}(\sigma)$. Si un élément χ de $\underline{C}(K, \overline{\chi}_\sigma)$ correspond ainsi au projecteur de $\underline{H}(\sigma)$ sur un sous-espace $\underline{H}(\chi)$ non nul, alors χ est un idempotent auto-adjoint simplificateur de $\underline{C}(K)$ et $d(\chi)$ est égal à la dimension de $\underline{H}(\chi)$; notons aussi que $\chi^o = d(\chi)d(\overline{\chi}_\sigma)^{-1}\overline{\chi}_\sigma$. Réciproquement, tout idempotent auto-adjoint simplificateur de $\underline{C}(K)$ s'obtient de cette façon à partir d'une représentation unitaire irréductible σ dans $\underline{H}(\sigma)$ et d'un sous-espace non nul de $\underline{H}(\sigma)$.

(1.3.2) Si χ est un idempotent auto-adjoint simplificateur de $\underline{C}(K)$, $\underline{M}(G, \chi)$ désigne l'espace des mesures μ sur G telles que $\mu = \chi*\mu = \mu*\chi$, et $\underline{M}(G, \chi)^\natural$ le sous-espace de $\underline{M}(G, \chi)$ formé des mesures μ telles que $\varphi*\mu = \mu*\varphi$ pour toute $\varphi \in \underline{C}(K, \chi)$; des sous-espaces analogues sont définis pour tout sous-espace de $\underline{M}(G)$ stable par la convolution des éléments de $\underline{C}(K)$, notamment pour $\underline{K}(G)$, $L^1(G)$ et $\underline{C}(G)$.

<u>Lemme</u>.--- <u>Soit</u> χ <u>un idempotent auto-adjoint simplificateur de</u> $\underline{C}(K)$ <u>et soit</u> $\overline{\chi}_\sigma$ <u>l'idempotent central simplificateur de</u> $\underline{C}(K)$ <u>tel que</u> $\chi = \chi*\overline{\chi}_\sigma$.

(i) <u>L'application canonique de</u> $\underline{C}(K, \chi)\otimes\underline{M}(G, \chi)^\natural$ <u>dans</u> $\underline{M}(G, \chi)$ <u>est une bijection</u>.

(ii) <u>Si</u> $d(\chi) = 1$, <u>alors</u> $\underline{M}(G, \chi)^\natural = \underline{M}(G, \chi)$.

(iii) <u>On a</u> $\underline{M}(G, \overline{\chi}_\sigma)^\natural = \underline{M}(G, \overline{\chi}_\sigma)\cap\underline{M}(G)^o = \overline{\chi}_\sigma*\underline{M}(G)^o$.

(iv) <u>L'application</u> $\mu \mapsto \chi*\mu$ <u>est une bijection de</u> $\underline{M}(G, \overline{\chi}_\sigma)^\natural$ <u>sur</u> $\underline{M}(G, \chi)^\natural$; <u>on a</u> $\mu = d(\overline{\chi}_\sigma)d(\chi)^{-1}(\chi*\mu)^o$ <u>pour toute</u> $\mu \in \underline{M}(G, \overline{\chi}_\sigma)^\natural$.

(v) *Les éléments de* $\underline{M}(G, \chi)^{\natural}$ *sont caractérisés dans* $\underline{M}(G)$ *par l'équation* $\mu = d(\bar{\chi}_{\sigma})d(\chi)^{-1}\chi*\mu^{o}$.

(vi) $\underline{K}(G, \chi)$ *et* $\underline{K}(G, \chi)^{\natural}$ *sont des sous-algèbres involutives de* $\underline{K}(G)$. *La sous-algèbre* $\underline{C}(K, \chi) + \underline{K}(G, \chi)$ *de* $\underline{M}^{c}(G)$ *est canoniquement isomorphe au produit tensoriel de ses sous-algèbres* $\underline{C}(K, \chi)$ *et* $\underline{\underline{C}}\chi + \underline{K}(G, \chi)^{\natural}$. *L'application* $f \mapsto \chi*f$ *de* $\underline{K}(G, \bar{\chi}_{\sigma})^{\natural}$ *sur* $\underline{K}(G, \chi)^{\natural}$ *est un isomorphisme d'algèbres involutives*.

(vii) *Si* $f \in \underline{K}(G, \bar{\chi}_{\sigma})^{\natural}$ *et si* $\mu \in \underline{M}(G, \bar{\chi}_{\sigma})^{\natural}$, *on a* $d(\bar{\chi}_{\sigma})^{-1}f*\mu(e) = d(\chi)^{-1}(\chi*f)*(\chi*\mu)(e)$.

(viii) *Si* $\zeta \in \underline{C}(G, \bar{\chi}_{\sigma})^{\natural}$, $\omega = \chi*\zeta$ *appartient à* $\underline{C}(G, \chi)^{\natural}$; ζ *est bornée* [*resp. de type positif*] *si et seulement si* ω *est bornée* [*resp. de type positif*].

L'énoncé (i) s'applique à tout module bilatère sur une algèbre simple de dimension finie. On vérifie aisément (ii) et (iii), et les autres énoncés découlent de (i) et (iii). Signalons que (vii) a un sens parce que les mesures $f*\mu$ et $\chi*f*\mu$ sont en réalité des fonctions continues.

(1.3.3) Soit χ un idempotent auto-adjoint simplificateur de $\underline{C}(K)$ et soit p un entier positif.

Une fonction continue non identiquement nulle ω sur G est appelée *fonction sphérique de type* χ *et de hauteur* p, si ω vérifie les conditions suivantes:

(i) ω appartient à $\underline{C}(G, \chi)^{\natural}$;

(ii) Il existe une représentation irréductible ρ de dimension p de l'algèbre $\underline{K}(G, \chi)^{\natural}$ de sorte que $d(\chi)^{-1}f*\omega(e) = Tr(\rho(f))$ pour toute $f \in \underline{K}(G, \chi)^{\natural}$.

Notons que ω est déterminée de manière unique par ρ.

Si $\bar{\chi}_\sigma$ est l'idempotent central simplificateur de $\underline{C}(K)$ tel que $\chi = \chi * \bar{\chi}_\sigma$, les fonctions sphériques de type χ sont, en vertu du lemme (1.3.2), en correspondance biunivoque avec celles de type $\bar{\chi}_\sigma$.

(1.3.4) Nous allons rappeler un résultat, dû à Godement [12] et à Dieudonné [8], établissant les relations des fonctions sphériques sur G avec certaines représentations irréductibles de G dans des espaces vectoriels localement convexes tonnelés.

Soit χ un idempotent auto-adjoint simplificateur de $\underline{C}(K)$ et soit π une représentation continue de G dans un espace localement convexe tonnelé $\underline{H}$ vérifiant les conditions suivantes:

(i) π se prolonge canoniquement en une représentation π de l'algèbre $\underline{M}^c(G)$ dans $\underline{H}$;

(ii) La restriction de π à $\underline{K}(G)$ est topologiquement irréductible;

(iii) $\pi(\chi)\underline{H}$ est de dimension finie positive.

Posons alors $\omega(g) = \mathrm{Tr}(\pi(\chi)\pi(g^{-1}))$ pour $g \in G$; ω est la fonction sphérique de type χ associée à π.

La partie essentielle du théorème de Godement et Dieudonné affirme que toute fonction sphérique de type χ sur G est ainsi associée à une représentation de G. La démonstration de Dieudonné [8] pour les groupes unimodulaires est valable dans le cas général après des modifications triviales. Notons aussi les remarques suivantes:

(i) Si ω est bornée, on peut prendre pour π une représentation de G dans un espace de Banach telle que $\pi(g)$ soit de norme 1 pour tout $g \in G$; on a donc $|\omega(g)| \leq \omega(e)\int_K |\chi(k)|\, dk$ pour tout $g \in G$.

(ii) Si ω est de type positif, on peut prendre pour π une représentation unitaire dans un espace hilbertien.

(iii) Si les fonctions sphériques de type χ associées à des représentations unitaires continues irréductibles π, π' de G sont proportionnelles l'une à l'autre, alors π et π' sont équivalentes.

(1.3.5) Nous rappelons une caractérisation des fonctions sphériques appartenant à $\underline{C}(G)^{o}$.

<u>Proposition</u>.--- (i) <u>Si $\bar{\chi}_\sigma$ est un idempotent central simplificateur de $\underline{C}(K)$, toute fonction sphérique</u> ω <u>de type $\bar{\chi}_\sigma$ possède les propriétés suivantes</u>:

(a) <u>Pour tout</u> $x, y \in G$, <u>on a</u> $\int \omega(kxk^{-1}y)\, dk = \int \omega(kyk^{-1}x)\, dk$;

(b) <u>Si</u> N_ω <u>désigne l'idéal bilatère de</u> $\underline{K}(G)^{o}$ <u>formé des éléments</u> f <u>tels que</u> $f*\omega = 0$, $\underline{K}(G)^{o}/N_\omega$ <u>est une algèbre unifère simple de dimension finie</u>.

(ii) <u>Réciproquement, si une fonction continue non identiquement nulle</u> ω <u>sur</u> G <u>possède les propriétés ci-dessus</u>, ω <u>est proportionnelle à une fonction sphérique de type</u> $\bar{\chi}_\sigma$ <u>pour un idempotent central simplificateur</u> $\bar{\chi}_\sigma$ <u>de</u> $\underline{C}(K)$.

On vérifie aisément l'énoncé (i) en notant que la propriété (a) pour $\omega \in \underline{C}(G)^{o}$ équivaut à dire que $f*\omega = \omega*(\Delta f)$ pour toute $f \in \underline{K}(G)^{o}$. Nous allons démontrer (ii). D'après (a), ω appartient à $\underline{C}(G)^{o}$ et $f*\omega(e)$ est différent de 0 pour un élément f de $\underline{K}(G)^{o}$; on a alors $\bar{\chi}_\sigma*f*\omega \neq 0$ pour un idempotent central simplificateur $\bar{\chi}_\sigma$ de $\underline{C}(K)$. Puisque $\bar{\chi}_\sigma*\underline{K}(G)^{o}$ est un idéal bilatère de $\underline{K}(G)^{o}$, on déduit de (b) que $\bar{\chi}_\sigma*\underline{K}(G)^{o}$ se jette sur $\underline{K}(G)^{o}/N_\omega$ tout entière et donc que $\bar{\chi}_\sigma*\omega = \omega$. D'autre part, d'après (a), on a $f*f'*\omega(e) = f*\omega*(\Delta f')(e) = f'*f*\omega(e)$ pour $f, f' \in \underline{K}(G)^{o}$; il en résulte que, si ρ est une représentation irréductible de l'algèbre simple $\underline{K}(G)^{o}/N_\omega$, on a $f*\omega(e) = c\, \mathrm{Tr}(\rho(f))$ pour toute $f \in \underline{K}(G)^{o}$, c étant une constante non nulle. Par suite, ω est proportionnelle à une fonction sphérique de type $\bar{\chi}_\sigma$ et de hauteur égale à la dimension de ρ.

Ajoutons, avec Godement[12], que les fonctions sphériques de hauteur 1 sont caractérisées, à un facteur constant près, simplement par l'équation fonctionnelle suivante:

$$\omega(e)\int \omega(kxk^{-1}y)\, dk = \omega(x)\omega(y) \quad \text{pour} \quad x,\, y \in G.$$

(1.3.6) Notons aussi que le lemme (1.1.5) s'applique immédiatement aux fonctions sphériques générales.

<u>Lemme</u>.--- <u>Soit</u> ω <u>une fonction sphérique de type</u> χ <u>où</u> χ <u>est un idempotent auto-adjoint simplificateur de</u> $\underline{C}(K)$. <u>Alors</u> ω <u>est de type positif si les conditions suivantes sont vérifiées pour</u> ω <u>et un sous-groupe fermé</u> R <u>de</u> G:

(i) <u>On a</u> $\omega(e)\omega(xr) = \omega(x)\omega(r)$ <u>pour tout</u> $x \in G$ <u>et tout</u> $r \in R$, <u>et la restriction de</u> ω <u>à</u> R <u>est bornée</u>;

(ii) G/R <u>admet une mesure positive</u> μ <u>invariante par</u> G, <u>et la fonction</u> $|\omega(x)|$ <u>sur</u> G/R <u>est de carré intégrable pour</u> μ.

La démonstration est analogue à celle de (1.1.5).

(1.3.7) Nous donnons enfin un procédé d'induction permettant de construire certaines fonctions sphériques.

Soit S un sous-groupe fermé de G tel que $G = KS$, et posons $M = S \cap K$. Soit χ un idempotent auto-adjoint simplificateur de $\underline{C}(K)$ proportionnel à une fonction sphérique de hauteur 1 sur K/M. Soit en outre G' un sous-groupe fermé de G contenant S et posons $K' = G' \cap K$; la restriction de χ à K' est proportionnelle à un idempotent auto-adjoint simplificateur χ' de $\underline{C}(K')$.

Pour tout morphisme λ de S dans $\underline{\underline{C}}^*$ trivial sur M, on définit des fonctions continues ψ_λ et ω_λ sur G de la manière suivante:

$$\psi_\lambda(ks) = \chi(k)(\Delta(s)^{-1}\Delta_S(s))^{1/2}\lambda(s) \quad \text{pour} \quad k \in K \quad \text{et} \quad s \in S;$$

$$\omega_\lambda(g) = \chi(e)^{-1}\int \psi_\lambda(gk)\overline{\chi(k)}\, dk \quad ;$$

où Δ_S désigne le module de S. On voit alors que ω_λ est une fonction sphérique sur G de type χ et de hauteur 1. De manière analogue, on associe à λ une fonction sphérique ω'_λ sur G' de type χ' et de hauteur 1; si ω'_λ est de type positif, il en est de même de ω_λ. En particulier, ω_λ est de type positif si λ est un caractère unitaire de S trivial sur M.

§ 2 Une analyse harmonique dans les systèmes de Coxeter

2.1. Algèbres de convolution sur un système de Coxeter

Nous commençons par rappeler les propriétés essentielles des systèmes de Coxeter qui seront fréquemment utilisées dans cet article (voir [1], chap. IV).

Soient W un groupe et S un sous-ensemble générateur de W composé d'éléments d'ordre 2, et supposons que (W, S) soit un système de Coxeter.

(2.1.1) Soit $w \in W$. On note $\ell(w)$ le plus petit entier $q \geq 0$ tel que w soit produit d'une suite de q éléments de S; c'est la <u>longueur</u> de w par rapport à S. On appelle <u>décomposition réduite</u> de w toute suite $(s_1, \ldots, s_q)$ d'éléments de S telle que $w = s_1 \ldots s_q$ et $q = \ell(w)$.

(2.1.2) Soit T l'ensemble des conjugués des éléments de S dans W. Pour tout $w \in W$, T_w désigne l'ensemble des éléments de la forme $w'sw'^{-1}$ correspondant aux triplets $(w', s, w'') \in W \times S \times W$ tels que $w = w'sw''$ et $\ell(w) = \ell(w') + \ell(w'') + 1$; on a $\mathrm{Card}(T_w) = \ell(w)$. Soient $s \in S$ et $w \in W$; si $\ell(sw) = \ell(w) - 1$, alors $s \in T_w$: si $\ell(sw) = \ell(w) + 1$, alors $T_{sw} = \{s\} \cup sT_w s$. Si w et w' sont deux éléments de W, alors $T_w \neq T_{w'}$.

(2.1.3) Si W est fini, il existe dans W un élément w_o tel que $T = T_{w_o}$. On a $w_o^2 = e$, $w_o S w_o = S$ et, pour tout $w \in W$, $\ell(ww_o) = \ell(w_o) - \ell(w)$.

(2.1.4) Si $w \in W$, il existe une partie S_w de S telle que l'on ait $S_w = \{s_1, \ldots, s_q\}$ pour toute décomposition réduite $(s_1, \ldots, s_q)$ de w. Pour toute partie X de S, on note W_X le sous-groupe de W engendré par X; W_X se compose des éléments w de W tel que

$S_w \subset X$, et (W_X, X) est un système de Coxeter.

(2.1.5) Soient X, Y des parties de S. Si $w \in W$, il existe un seul élément de longueur minimum dans la double classe $W_X w W_Y$. Si w est l'élément de longueur minimum dans wW_X, alors on $\ell(ww') = \ell(w) + \ell(w')$ pour tout $w' \in W_X$.

(2.1.6) Une application f de W dans un monoïde M à élément unité 1 est dite <u>quasi-multiplicative</u> si f possède les propriétés suivantes:

(i) $f(e) = 1$;

(ii) $f(ww') = f(w)f(w')$ si w, w' W et si $\ell(ww') = \ell(w) + \ell(w')$.

Une application f de S dans M se prolonge en une application quasi-multiplicative de W dans M si et seulement si f vérifie les conditions suivantes:

(i) $(f(s)f(s'))^n f(s) = (f(s')f(s))^n f(s')$ si $s, s' \in S$ et si ss' est d'ordre fini $2n + 1$;

(ii) $(f(s)f(s'))^n = (f(s')f(s))^n$ si $s, s' \in S$ et si ss' est d'ordre fini $2n$.

Dans le cas d'un groupe commutatif M, ces dernières conditions reviennent à dire que $f(s) = f(s')$ si $s, s' \in S$ sont conjugués dans W.

(2.1.7) Supposons S fini, et donnons-nous une application m de S dans une famille finie $\{\xi_i\}$ d'indéterminées ξ_i de telle sorte que $m(s) = m(s')$ si $s, s' \in S$ sont conjugués dans W. D'après ce qui précède, m se prolonge en une application quasi-multiplicative m de W dans le monoïde des monômes en les ξ_i. Notons que l'on a $m(sws) = m(w)$ si $\ell(sws) = \ell(w)$ pour $s \in S$ et $w \in W$. Pour toute partie H de W, on désigne par $H(\xi)$ la série formelle à coefficients entiers définie par

$$H(\xi) = \sum_{w \in H} m(w) .$$

Si Card(S) = $n \geqslant 2$, la série $W(\xi)$ converge absolument dans le polydisque $|\xi_i| < 1/(n-1)$. On sait aussi que $W(\xi)$ est une fonction rationnelle des ξ_i (voir [23]).

(2.1.8) Soit maintenant k un anneau commutatif à élément unité. On désigne par $\underline{C}(W)$ le module des fonctions sur W à valeurs dans k et par $\underline{K}(W)$ le sous-module de $\underline{C}(W)$ formé des fonctions à support fini. Pour tout $w \in W$, on note ε_w la fonction caractéristique de w ; les ε_w forment une base de $\underline{K}(W)$.

Soient q, r des applications quasi-multiplicatives de W dans k telles que $q(s) = q(s')$ et $r(s) = r(s')$ si $s, s' \in S$ sont conjugués dans W. Il existe alors sur $\underline{K}(W)$ une structure d'algèbre à élément unité ε_e telle que l'on ait, pour $s \in S$ et $w \in W$,

$$\varepsilon_s * \varepsilon_w = \begin{cases} \varepsilon_{sw} & \text{si } \ell(sw) > \ell(w) \\ (r(s)-1)\varepsilon_w + q(s)\varepsilon_{sw} & \text{si } \ell(sw) < \ell(w). \end{cases}$$

Cette algèbre, notée $\underline{K}(W, q, r)$, sera appelée l'<u>algèbre de convolution</u> sur W définie par (q, r). Elle sera notée $\underline{K}(W, q)$ si q = r.

Si on pose $\check{f}(w) = f(w^{-1})$ pour toute $f \in \underline{C}(W)$, l'application $f \mapsto \check{f}$ est un antimorphisme de l'algèbre $\underline{K}(W, q, r)$ sur elle-même. Si un automorphisme α de W laisse S stable et q, r invariantes, l'application $f \mapsto f \circ \alpha$ est un automorphisme de $\underline{K}(W, q, r)$.

(2.1.9) Notons qu'on a, pour $s \in S$, $w \in W$ et $f \in \underline{K}(W, q, r)$,

$$\varepsilon_s * f(w) = \begin{cases} q(s)f(sw) & \text{si } \ell(w) < \ell(sw) \\ f(sw) + (r(s)-1)f(w) & \text{si } \ell(w) > \ell(sw). \end{cases}$$

<u>Lemme</u>.---- (i) <u>Soient</u> $w, x, y \in W$. <u>Si</u> $\varepsilon_w * \varepsilon_x(y) \neq 0$, <u>alors on a</u> $\ell(w) \leq \ell(x) + \ell(y)$ <u>et</u> $w \in yW_X$ <u>où</u> $X = S_x$.

(ii) <u>Si</u> f, $f' \in \underline{K}(W, q, r)$, <u>on a</u> $f*f'(e) = \sum_{w \in W} q(w)f(w)f'(w^{-1})$.

L'énoncé (i) se démontre par récurrence sur $\ell(x)$, et (ii) résulte de la formule précédant le lemme.

Pour $\varphi \in \underline{C}(W)$ et $f \in \underline{K}(W, q, r)$, on définit $\varphi*f \in \underline{C}(W)$ par

$$\varphi*f(x) = \sum_{w \in W} \varphi(w)\, \varepsilon_w*f(x) ,$$

la sommation étant finie en vertu du lemme ci-dessus. De manière analogue, on définit $f*\varphi \in \underline{C}(W)$. Ajoutons que $\underline{C}(W)$ devient ainsi un module bilatère sur l'algèbre unifère $\underline{K}(W, q, r)$.

(2.1.10) Soit W' un sous-groupe de W engendré par une partie S' de S, et soient q', r' les restrictions à W' de q, r. Alors $\underline{K}(W', q', r')$ est canoniquement une sous-algèbre de $\underline{K}(W, q, r)$.

Soit (S_1, S_2) une partition de S telle que tout élément de S_1 commute avec tout élément de S_2, et soient W_1 et W_2 les sous-groupes de W engendrés respectivement par S_1 et S_2. Alors $\underline{K}(W, q, r)$ est isomorphe au produit tensoriel de ses algèbres $\underline{K}(W_1, q_1, r_1)$ et $\underline{K}(W_2, q_2, r_2)$.

(2.1.11) Le lemme suivant est un analogue du lemme de Selberg donné dans la proposition (1.1.1).

<u>Lemme</u>--- <u>Soit</u> S' <u>une partie de</u> S <u>engendrant un sous-groupe</u> W' <u>fini de</u> W, <u>et supposons que</u> q(s) = r(s) <u>pour tout</u> $s \in S'$. <u>Alors</u>:
(i) <u>Les fonctions sur</u> W <u>à support fini et bi-invariantes par</u> W' <u>forment une sous-algèbre</u> $\underline{K}(W, q, r; W')$ <u>de</u> $\underline{K}(W, q, r)$.
(ii) <u>Si</u> W <u>admet un automorphisme</u> σ <u>tel que</u> S <u>soit stable par</u> σ, <u>que</u> q, r <u>soient invariantes par</u> σ <u>et que</u> $\sigma(x^{-1}) \in W'xW'$ <u>pour tout</u> $x \in W$, <u>alors l'algèbre</u> $\underline{K}(W, q, r; W')$ <u>est commutative</u>.

En effet, pour que $f \in \underline{C}(W)$ soit invariante à gauche par $s \in S'$, il faut et il suffit que $f \in (\varepsilon_e + \varepsilon_s)*\underline{C}(W)$. L'énoncé (i) résulte de cette assertion et de son analogue à droite. On vérifie (ii) en remarquant que l'anti-automorphisme $f \mapsto \check{f}$ et l'automorphisme $f \mapsto f \circ \sigma$ de $\underline{K}(W, q, r)$ conservent $\underline{K}(W, q, r; W')$ et y coïncident.

(2.1.12) Soit $(\widetilde{W}, \widetilde{S})$ un autre système de Coxeter et soit β un morphisme de $\widetilde{W}$ dans W tel que $\beta(\widetilde{S}) \subset S \cup \{e\}$. Soit alors $\widetilde{q}$ [resp. $\widetilde{r}$] l'application quasi-multiplicative de $\widetilde{W}$ dans k telle que $\widetilde{q}(\widetilde{s}) = q(\beta(s))$ [resp. $\widetilde{r}(\widetilde{s}) = r(\beta(s))$ pour tout $\widetilde{s} \in \widetilde{S}$. On vérifie aisément qu'il existe un morphisme d'algèbres de $\underline{K}(\widetilde{W}, \widetilde{q}, \widetilde{r})$ dans $\underline{K}(W, q, r)$ tel que, pour tout $x \in \widetilde{S}$, ε_x se transforme en $\varepsilon_{\beta(x)}$.

(2.1.13) Notons que l'algèbre $k[W]$ du groupe W s'identifie à $\underline{K}(W, 1)$ où 1 est le morphisme trivial de W dans k^*. Supposons que 2 est inversible dans k et que ss' est d'ordre 1, 2 ou infini pour tout $s, s' \in S$. Il existe alors un morphisme unifère d'algèbres de $\underline{K}(W, q)$ dans $\underline{K}(W, 1)$ tel que, pour tout $s \in S$, ε_s se transforme en $2^{-1}\{(q(s)+1)\varepsilon_s + (q(s)-1)\varepsilon_e\}$. Si, de plus, $q(s)+1$ est inversible dans k pour tout $s \in S$, $\underline{K}(W, q)$ est ainsi isomorphe à $\underline{K}(W, 1)$.

(2.1.14) Supposons $k = \underline{\underline{C}}$ et que q, r soient à valeurs réelles. Pour toute $f \in \underline{C}(W)$, on définit $f^* \in \underline{C}(W)$ par $f^*(w) = \overline{f(w^{-1})}$. Alors $\underline{K}(W, q, r)$ est une algèbre involutive. L'Analyse fonctionnelle s'intéresse particulièrement aux cas où $q(s) > 0$ et $r(s) \geq 1$ pour tout $s \in S$. S'il en est ainsi, notons u l'application quasi-multiplicative de W dans $\underline{\underline{C}}$ telle que, pour tout $s \in S$, $-u(s)^{-1}$ soit la racine négative du polynôme $T^2 - (r(s)-1)T - q(s)$, et posons $q' = qu^2$. Alors $q'(w) \geq 1$ pour tout $w \in W$, et il existe un isomorphisme d'algèbres involutives de $\underline{K}(W, q, r)$ sur $\underline{K}(W, q')$ tel que, pour tout $w \in W$, ε_w se transforme en $u(w)^{-1}\varepsilon_w$.

(2.1.15) Les résultats principaux de notre étude sur les algèbres $\underline{K}(W, q, r)$ s'étendent, après des modifications appropriées, aux algèbres $\underline{K}(\hat{W}, q, r)$ définies ci-dessous.

On suppose que le groupe $\hat{W}$ est produit semi-direct d'un sous-groupe A par un sous-groupe distingué W et que (W, S) est un système de Coxeter tel que l'on ait $aSa^{-1} = S$ pour tout $a \in A$. Soit $\underline{K}(\hat{W})$ le module des fonctions à support fini sur $\hat{W}$ à valeurs dans k; $\underline{K}(W)$ s'identifie à un sous-module de $\underline{K}(\hat{W})$ et les fonctions ε_x $(x \in \hat{W})$ forment une base de $\underline{K}(\hat{W})$. Soient q, r des applications de S dans k telles que $q(s) = q(s')$ et $r(s) = r(s')$ si $s, s' \in S$ sont conjugués dans $\hat{W}$; q [resp. r] se prolonge en une application q [resp. r] de $\hat{W}$ dans k, bi-invariante par A et quasi-multiplicative sur W. Il existe alors sur $\underline{K}(\hat{W})$ une structure d'algèbre telle que $\underline{K}(W)$ soit une sous-algèbre canoniquement isomorphe à $\underline{K}(W, q, r)$ et que $\varepsilon_a * \varepsilon_x = \varepsilon_{ax}$ et $\varepsilon_x * \varepsilon_a = \varepsilon_{xa}$ pour tout $a \in A$ et tout $x \in \hat{W}$. Le module $\underline{K}(\hat{W})$ muni de cette structure d'algèbre est noté $\underline{K}(\hat{W}, q, r)$ et appelé l'algèbre de convolution sur $\hat{W}$ définie par (q, r).

2.2. Algèbres de convolution involutives

Soit (W, S) un système de Coxeter. Soit $\underline{C}(W)$ l'espace vectoriel des fonctions complexes sur W et soit $\underline{K}(W)$ le sous-espace de $\underline{C}(W)$ formé des fonctions à support fini. Pour tout $f \in \underline{C}(W)$, on définit $f^* \in \underline{C}(W)$ par $f^*(x) = \overline{f(x^{-1})}$.

(2.2.1) Soit q une application quasi-multiplicative de W dans le groupe des nombres réels positifs. L'algèbre de convolution

$\underline{K}(W, q)$ sur W définie par (q, q) est une algèbre involutive [cf. (2.1.8), (2.1.14)]. D'après (2.1.9), $\underline{C}(W)$ est un module bilatère sur l'algèbre $\underline{K}(W, q)$; ce module sera noté $\underline{C}(W, q)$ lorsque l'on veut préciser la fonction q définissant la convolution. On désigne par $q^{\#}$ la fonction quasi-multiplicative sur W telle que l'on ait pour tout $s \in S$

$$q^{\#}(s) = \max \left\{ q(s), q(s)^{-1} \right\}.$$

Soit φ un élément de $\underline{C}(W, q)$. On dit que φ est <u>de type positif</u> pour q, si $f^{*}*f*\varphi(e) \geq 0$ pour toute $f \in \underline{K}(W, q)$. On dit que φ est <u>virtuellement bornée</u> par rapport à q, si $(q^{-1}q^{\#})^{-1/2}\varphi$ est bornée sur W.

(2.2.2) La fonction q étant identifiée à la mesure positive μ sur W telle que $\mu(\varepsilon_x) = q(x)$ pour tout $x \in W$, on note $L^2(W, q)$ l'espace hilbertien des fonctions sur W de carré q-intégrable. Signalons que $\underline{K}(W, q)$ est dense dans $L^2(W, q)$ et que l'on a $(f'|f) = f^{*}*f'(e)$ pour $f', f \in \underline{K}(W, q)$. Si on pose $\lambda(f)\varphi = f*\varphi$ pour $f \in \underline{K}(W, q)$ et $\varphi \in L^2(W, q)$, on a une représentation unitaire λ de l'algèbre involutive $\underline{K}(W, q)$ dans $L^2(W, q)$.

(2.2.3) Supposons W fini. D'après ce qui précède, $\underline{K}(W, q)$ est une algèbre semi-simple de dimension finie, et toute représentation irréductible de $\underline{K}(W, q)$ dans un espace vectoriel $\underline{H}$ devient unitaire pour une norme hilbertienne sur $\underline{H}$. On peut donc facilement décrire les idempotents centraux simplificateurs et les idempotents auto-adjoints simplificateurs de $\underline{K}(W, q)$ en termes de représentations unitaires de $\underline{K}(W, q)$ [cf. (1.3.1), (2.4.5)].

(2.2.4) On détermine aisément les morphismes de $\underline{K}(W, q)$ sur $\underline{\underline{C}}$.

<u>Lemme</u>.--- (i) <u>Si</u> π <u>est un morphisme de</u> $\underline{K}(W, q)$ <u>sur</u> $\underline{\underline{C}}$, π <u>est</u>

<u>unitaire et, pour la fonction</u> ω_π <u>sur</u> W <u>définie par</u> $\omega_\pi(x) = q(x)^{-1}\pi(\varepsilon_x)$, <u>on a</u> $f * \omega_\pi = \pi(f)\omega_\pi$ <u>pour toute</u> $f \in \underline{K}(W, q)$.

(ii) <u>Les morphismes de</u> $\underline{K}(W, q)$ <u>sur</u> $\underline{\underline{C}}$ <u>sont ainsi en correspondance biunivoque avec les fonctions quasi-multiplicatives</u> ω <u>sur</u> W <u>telles que, pour tout</u> $s \in S$, $\omega(s)$ <u>soit égal à</u> 1 <u>ou à</u> $-q(s)^{-1}$.

Si $\omega_\pi = 1$, π est appelée la représentation <u>triviale</u> de $\underline{K}(W, q)$. Si $\omega_\pi(w) = (-1)^{\ell(w)}q(w)^{-1}$ pour tout $w \in W$, π est appelée la représentation <u>spéciale</u> de $\underline{K}(W, q)$.

(2.2.5) Soit θ une fonction quasi-multiplicative sur W telle que, pour tout $s \in S$, $\theta(s)$ soit égal à 1 ou à $-q(s)^{-1}$, et posons $q' = q\theta^2$; on a alors $(q')^{\#} = q^{\#}$. Considérons l'application T de $\underline{C}(W, q)$ sur $\underline{C}(W, q')$ définie par $Tf(x) = f(x)\theta(x)^{-1}$. La transformation T possède les propriétés suivantes:

(i) Pour $f \in \underline{K}(W, q)$ et $\varphi \in \underline{C}(W, q)$, on a $T(f*\varphi) = (Tf)*(T\varphi)$ et $T(\varphi*f) = (T\varphi)*(Tf)$.

(ii) T établit un isomorphisme d'algèbres involutives de $\underline{K}(W, q)$ sur $\underline{K}(W, q')$ et un isomorphisme d'espaces hilbertiens de $L^2(W, q)$ sur $L^2(W, q')$.

(iii) $\varphi \in \underline{C}(W, q)$ est virtuellement bornée [resp. de type positif] par rapport à q si et seulement si $T\varphi \in \underline{C}(W, q')$ est virtuellement bornée [resp. de type positif] par rapport à q'.

Notons aussi qu'on peut choisir θ de telle façon que l'on ait $q' = q\theta^2 = q^{\#}$. Ce qui précède nous permet donc de nous borner, dans l'étude de certaines questions sur $\underline{K}(W, q)$, aux cas où $q(w) \geq 1$ pour tout $w \in W$.

2.3. <u>Espaces</u> L^p

Dans ce numéro, on suppose que q est une fonction quasi-multiplicative sur W telle que $q(w) \geq 1$ pour tout $w \in W$. Nous définirons d'une manière générale la notion de convolution et établirons certaines propriétés des espaces $L^p(W, q)$ à l'égard de la convolution.

(2.3.1) On rappelle que, pour $\varphi_1, \varphi_2 \in \underline{C}(W, q)$, le produit de convolution $\varphi_1 * \varphi_2$ est déjà défini si φ_1 ou φ_2 sont de support fini. Notons $\underline{C}_+(W, q)$ le cône convexe de $\underline{C}(W, q)$ formé des fonctions sur W à valeurs réelles non négatives; alors son intersection $\underline{K}_+(W, q)$ avec $\underline{K}(W, q)$ est un cône convexe de $\underline{K}(W, q)$. Notre hypothèse sur q entraîne que $\underline{K}_+(W, q)$ est stable par convolution, c'est-à-dire que $f*f' \in \underline{K}_+(W, q)$ si $f, f' \in \underline{K}_+(W, q)$.

Soient $\varphi_1, \varphi_2 \in \underline{C}_+(W, q)$. Pour $w \in W$, $F(\varphi_1, \varphi_2)(w)$ désigne $\sup\{f_1 * f_2(w)\}$ où, pour $i = 1$ ou 2, f_i parcourt l'ensemble des éléments de $\underline{K}_+(W, q)$ majorés sur W par φ_i. Si $F(\varphi_1, \varphi_2)(w) < +\infty$ pour tout $w \in W$, le couple (φ_1, φ_2) est dit <u>convolable</u> et la fonction $F(\varphi_1, \varphi_2)$ est notée $\varphi_1 * \varphi_2$.

Le lemme suivant résulte facilement du lemme (2.1.9.ii).

<u>Lemme</u>--- <u>Soient</u> $\varphi_1, \varphi_2 \in \underline{C}_+(W, q)$ <u>et soit</u> $w \in W$. <u>Si la fonction</u> $x \longmapsto q(w)^{-1}(\varepsilon_{w^{-1}} * \varphi_1)(x)\varphi_2(x^{-1})$ <u>est</u> q-<u>intégrable, alors la valeur de cette intégrale est égale à</u> $F(\varphi_1, \varphi_2)(w)$.

(2.3.2) Pour $\varphi_1, \varphi_2 \in \underline{C}(W, q)$, le couple (φ_1, φ_2) est dit <u>convolable</u> si $(|\varphi_1|, |\varphi_2|)$ l'est au sens défini ci-dessus. Soit $\underline{F}$ le sous-ensemble de $\underline{C}(W, q) \times \underline{C}(W, q)$ formé des couples convolables et soit $\underline{F}_+$ son intersection avec $\underline{C}_+(W, q) \times \underline{C}_+(W, q)$. Alors, l'application F de $\underline{F}_+$ dans $\underline{C}(W, q)$, définie en (2.3.1), se prolonge de manière unique en une application de $\underline{F}$ dans $\underline{C}(W, q)$ vérifiant la loi distributive. Pour tout $(\varphi_1, \varphi_2) \in \underline{F}$, le produit de convolution

$\varphi_1 * \varphi_2$ est ainsi défini.

Le lemme suivant donne deux propriétés fondamentales de la convolution.

<u>Lemme</u>--- (i) <u>Si</u> $(\varphi, \psi) \in \underline{F}$, <u>on a</u> $(\psi^*, \varphi^*) \in \underline{F}$ <u>et</u> $\psi^* * \varphi^* = (\varphi * \psi)^*$. (ii) <u>Si</u> (φ, φ'), $(|\varphi| * |\varphi'|, \varphi'') \in \underline{F}$ <u>avec</u> $\varphi \neq 0$, <u>alors on a</u> (φ', φ''), $(\varphi, \varphi' * \varphi'') \in \underline{F}$ <u>et</u> $(\varphi * \varphi') * \varphi'' = \varphi * (\varphi' * \varphi'')$.

(2.3.3) Pour tout nombre réel $p \geq 1$, $L^p(W, q)$ désigne l'espace de Banach des fonctions sur W de puissance p-ième q-intégrable. On note $L^\infty(W)$ l'espace de Banach des fonctions bornées sur W, tandis que $L_\infty(W)$ désigne le sous-espace fermé de $L^\infty(W)$ formé des fonctions sur W tendant vers 0 à l'infini. Si $f \in L^p(W, q)$, f tend vers 0 à l'infini, est de support dénombrable et appartient à $L^{p'}(W, q)$ pour tout $p' \geq p$.

On rappelle que, si $1/p + 1/p' = 1$ avec $p, p' > 1$, $L^{p'}(W, q)$ s'identifie au dual de $L^p(W, q)$ lorsqu'on pose

$$\langle f, f' \rangle = \sum_{w \in W} q(w) f(w) f'(w^{-1}) = \sum_{w \in W} q(w) f(w^{-1}) f'(w)$$

pour $f \in L^p(W, q)$ et $f' \in L^{p'}(W, q)$. De manière analogue, $L^1(W, q)$ s'identifie au dual de $L_\infty(W)$ et $L^\infty(W)$ au dual de $L^1(W, q)$.

<u>Lemme</u>--- (i) <u>Si</u> $f \in \underline{K}(W, q)$ <u>et si</u> $\varphi \in L^p(W, q)$, <u>alors</u> $f * \varphi$ <u>appartient à</u> $L^p(W, q)$ <u>et l'on a</u> $\|f * \varphi\|_p \leq \|f\|_1 \|\varphi\|_p$.
(ii) <u>Si</u> $f \in \underline{K}(W, q)$ <u>et si</u> $\varphi \in L^\infty(W)$, <u>alors</u> $f * \varphi$ <u>appartient à</u> $L^\infty(W)$ <u>et l'on a</u> $\|f * \varphi\|_\infty \leq \|f\|_1 \|\varphi\|_\infty$.

La démonstration de ce lemme se ramène d'abord aux cas où $f = \varepsilon_s$ avec $s \in S$, et ensuite aux cas où $f = \varepsilon_s$ et où $\varphi = a\varepsilon_w + b\varepsilon_{sw}$ avec $\ell(w) < \ell(sw)$ et $a, b \in \underline{C}$. Alors, on a

$$f * \varphi = q(s) b \varepsilon_w + (a + (q(s)-1)b) \varepsilon_{sw} ;$$

l'assertion (ii) est donc évidente, et la relation $\|f * \varphi\|_p \leq q(s) \|\varphi\|_p$

résulte de l'inégalité suivante: si $p-1$, $r-1$, a et b sont des nombres réels non négatifs, on a

$$r^p b^p + r(a + (r-1)b)^p \leq r^p(a^p + rb^p) .$$

(2.3.4) Nous énonçons maintenant un théorème fondamental sur les espaces $L^p(W, q)$.

Théorème--- (i) Soit $p > 1$ et soit $p' = p/(p-1)$. Si $\varphi \in L^p(W, q)$ et si $\varphi' \in L^{p'}(W, q)$, alors $\varphi*\varphi'$ appartient à $L_\infty(W)$ et l'on a $\|\varphi*\varphi'\|_\infty \leq \|\varphi\|_p\|\varphi'\|_{p'}$.
(ii) Si $\varphi \in L^1(W, q)$ et si $\varphi' \in L^\infty(W)$, alors $\varphi*\varphi'$ appartient à $L^\infty(W)$ et l'on a $\|\varphi*\varphi'\|_\infty \leq \|\varphi\|_1\|\varphi'\|_\infty$. Si $\varphi \in L^1(W, q)$ et si $\varphi' \in L_\infty(W)$, alors $\varphi*\varphi'$ appartient à $L_\infty(W)$.
(iii) Soit $p \geq 1$. Si $f \in L^1(W, q)$ et si $\varphi \in L^p(W, q)$, alors $f*\varphi$ appartient à $L^p(W, q)$ et l'on a $\|f*\varphi\|_p \leq \|f\|_1\|\varphi\|_p$.

Démontrons l'énoncé (i). Si $w \in W$, alors, d'après (2.3.3), $q(w)^{-1}\varepsilon_w*|\varphi|$ appartient à $L^p(W, q)$ et l'on a

$$\|\varphi\|_p\|\varphi'\|_{p'} \geq \langle q(w)^{-1}\varepsilon_w*|\varphi|, |\varphi'|\rangle = F(|\varphi|, |\varphi'|)(w^{-1})$$

en vertu de (2.3.1). Par suite, le produit de convolution $\varphi*\varphi'$ est défini et l'on a $\|\varphi*\varphi'\|_\infty \leq \|\varphi\|_p\|\varphi'\|_{p'}$. Puis, en vertu de la densité de $\underline{K}(W, q)$ dans $L^p(W, q)$ et dans $L^{p'}(W, q)$, on en conclut que $\varphi*\varphi'$ appartient à l'adhérence $L_\infty(W)$ de $\underline{K}(W, q)$ dans $L^\infty(W)$. La démonstration de (ii) est analogue à celle de (i). Examinons enfin l'assertion (iii). D'après (ii), $f*\varphi$ est défini puisque $f \in L^1(W, q)$ et que $\varphi \in L_\infty(W)$. Puis, si $p' = p/(p-1)$ et si $\varphi' \in \underline{K}(W, q)$, on a

$$|\langle f*\varphi, \varphi'\rangle| = |f*\varphi*\varphi'(e)| \leq \|f\|_1\|\varphi*\varphi'\|_\infty \leq \|f\|_1\|\varphi\|_p\|\varphi'\|_{p'} ;$$

ce qui montre que $f*\varphi$ donne sur $L^{p'}(W, q)$ une forme linéaire de norme $\leq \|f\|_1\|\varphi\|_p$. Si $p = 1$, on voit pareillement que $f*\varphi$ donne sur $L_\infty(W)$ une forme linéaire de norme $\leq \|f\|_1\|\varphi\|_1$. En conséquence, $f*\varphi$

appartient à $L^p(W, q)$ et l'on a $\|f*\varphi\|_p \leq \|f\|_1 \|\varphi\|_p$. Notre théorème est ainsi démontré.

(2.3.5) Le théorème précédent a pour conséquence le résultat suivant:

Corollaire--- (i) $L^1(W, q)$ est une algèbre de Banach involutive.
(ii) Les espaces $L^p(W, q)$ et $L^\infty(W)$ deviennent des modules bilatères sur $L^1(W, q)$.
(iii) Dans l'espace hilbertien $L^2(W, q)$, on a $(\varphi \mid \psi) = \psi^* * \varphi(e)$ pour $\varphi, \psi \in L^2(W, q)$. En posant $\lambda(f)\varphi = f*\varphi$, on a une représentation unitaire fidèle de $L^1(W, q)$ dans $L^2(W, q)$.

Puisque $L^1(W, q)$ est une algèbre de Banach involutive, on notera $St(W, q)$ son algèbre stellaire enveloppante; c'est la complétée de $L^1(W, q)$ pour la plus grande norme stellaire sur $L^1(W, q)$.

2.4. Représentations unitaires et fonctions de type positif

Dans ce numéro, on suppose que q est une fonction quasi-multiplicative sur W à valeurs réelles positives. Après avoir donné quelques résultats généraux sur les représentations unitaires de $\underline{K}(W, q)$, nous étudierons les représentations unitaires irréductibles de $\underline{K}(W, q)$ de carré intégrable et établirons, dans le cas des systèmes de Coxeter finis, une formule de Plancherel pour $\underline{K}(W, q)$.

Si une représentation unitaire π d'une algèbre involutive dans un espace hilbertien est topologiquement irréductible, nous disons simplement que π est irréductible.

(2.4.1) Nous allons définir les coefficients d'une représentation unitaire de $\underline{K}(W, q)$. Si π est une représentation unitaire de $\underline{K}(W, q)$ dans un espace hilbertien $\underline{H}$ et si $u, v \in \underline{H}$, alors $c_{u,v}$

désigne la fonction sur W définie $c_{u,v}(w) = q(w)^{-1}(u|\pi(\varepsilon_w)v)$. Si $u' = \pi(f)u$ avec $f \in \underline{K}(W, q)$, on a $c_{u',v} = f * c_{u,v}$. Notons aussi que, si π est la représentation régulière à gauche de $\underline{K}(W, q)$ dans $L^2(W, q)$, on a $c_{u,v} = u * v^*$ pour $u, v \in \underline{K}(W, q)$.

Lemme.--- (i) Si π est une représentation unitaire de $\underline{K}(W, q)$ dans un espace hilbertien $\underline{H}$ et si $u \in \underline{H}$, alors $c_{u,u}$ est de type positif pour q.

(ii) Toute fonction sur W de type positif pour q est de la forme $c_{u,u}$ pour une représentation unitaire de $\underline{K}(W, q)$ dans un espace hilbertien $\underline{H}$ et un élément u de $\underline{H}$.

(iii) Supposons que π et π' soient des représentations unitaires de $\underline{K}(W, q)$ dans des espaces hilbertiens $\underline{H}$ et $\underline{H}'$ respectivement et que u et u' soient des vecteurs totalisateurs pour π et π' respectivement. Si $c_{u',u'}$ est identique à $c_{u,u}$, alors il existe un opérateur d'entrelacement bijectif de π en π' transformant u en u'.

La démonstration de ce lemme est analogue à celle du résultat classique donnant, pour un groupe localement compact G, les relations des fonctions continues sur G de type positif avec les représentations unitaires continues de G. On pourrait dire que l'algèbre involutive $\underline{K}(W, q)$ se comporte, à cet égard, comme un groupe unimodulaire et même discret.

(2.4.2) Dans le cas où $q(w) \geq 1$ pour tout $w \in W$, nous avons défini au nº 2.3 l'algèbre de Banach involutive $L^1(W, q)$ et l'algèbre stellaire $St(W, q)$.

Proposition.--- Supposons que $q(w) \geq 1$ pour tout $w \in W$.

(i) Toute représentation unitaire de $\underline{K}(W, q)$ dans un espace hilbertien $\underline{H}$ se prolonge de manière unique en une représentation unitaire, dans $\underline{H}$, de $L^1(W, q)$ et donc de $St(W, q)$.

(ii) Les représentations unitaires irréductibles de $\underline{K}(W, q)$ sont ainsi en correspondance biunivoque avec celles de $St(W, q)$.

(iii) Si f est un élément non nul de $L^1(W, q)$, il existe une représentation unitaire irréductible π de $L^1(W, q)$ telle que $\pi(f) \neq 0$.

(iv) Si φ est une fonction sur W de type positif pour q, alors, pour tout $x \in W$, on a $\varphi(x^{-1}) = \overline{\varphi(x)}$ et $|\varphi(x)| \leqslant \varphi(e)$.

Démontrons l'assertion (i). Soit π une représentation unitaire de $\underline{K}(W, q)$ dans $\underline{H}$. Si $s \in S$, $\pi(\varepsilon_s)$ est un opérateur auto-adjoint dans $\underline{H}$ et son spectre est contenu dans $\{-1, q(s)\}$; on a donc $\|\pi(\varepsilon_s)\| \leq q(s)$. Il en résulte que l'on a $\|\pi(f)\| \leqslant \|f\|_1$ pour toute $f \in \underline{K}(W, q)$ et que π se prolonge en une représentation unitaire de $L^1(W, q)$ dans $\underline{H}$. L'assertion (ii) est une conséquence immédiate de (i), et (iii) résulte alors de la théorie générale des algèbres stellaires (cf. [9]). Enfin, l'assertion (iv) est également une conséquence de (i), compte tenu du lemme (2.4.1).

(2.4.3) Nous allons maintenant indiquer une autre analogie de $\underline{K}(W, q)$ avec les groupes unimodulaires.

Une représentation unitaire irréductible π de $\underline{K}(W, q)$ est dite de carré intégrable si tous les coefficients $c_{u,v}$ de π sont de carré q-intégrable sur W.

Théorème.--- Soit π une représentation unitaire irréductible de $\underline{K}(W, q)$ dans un espace hilbertien $\underline{H}$.

(i) Les trois conditions suivantes pour π sont équivalentes:

a) Il existe des éléments non nuls u, v de $\underline{H}$ tels que $c_{u,v}$ soit de carré q-intégrable;

b) π est de carré intégrable;

c) π est équivalente à une sous-représentation de la représentation régulière à gauche λ de $\underline{K}(W, q)$ dans $L^2(W, q)$.

(ii) Si π est de carré intégrable, il existe un nombre réel positif d_π tel que, pour tout $u, v, u', v' \in \underline{H}$, on ait

$$(c_{u,v} | c_{u',v'}) = d_\pi^{-1} (u|u') \overline{(v|v')} .$$

(iii) Supposons que π soit de carré intégrable et qu'une autre représentation unitaire irréductible π' de $\underline{K}(W, q)$ de carré intégrable soit inéquivalente à π. Alors les coefficients de π' sont orthogonaux, dans $L^2(W, q)$, à ceux de π.

(iv) Supposons que $q(w) \geqslant 1$ pour tout $w \in W$ et que π soit de carré intégrable. Alors, pour tout $u, v, u', v' \in \underline{H}$, on a

$$c_{u,v} * c_{u',v'} = d_\pi^{-1} (u'| v) c_{u,v'} .$$

Le nombre positif d_π défini par (ii) s'appelle le degré formel de la représentation unitaire irréductible π de $\underline{K}(W, q)$ de carré intégrable. Ce théorème est entièrement analogue au résultat de Godement sur les représentations unitaires irréductibles de carré intégrable d'un groupe unimodulaire, et des démonstrations connues pour celui-ci sont valables également pour celui-là (voir par exemple [9]).

(2.4.4) Remarquons que, si S est fini et si $q(s)+1 > \mathrm{Card}(S)$ pour tout $s \in S$, la représentation spéciale de $\underline{K}(W, q)$ est de carré intégrable [cf. (2.2.4), (2.1.7)].

Le résultat élémentaire suivant concerne, donc, non seulement les groupes de Coxeter finis mais aussi tous les groupes de Coxeter de type fini.

Proposition--- Supposons que $q(w) \geq 1$ pour tout $w \in W$ et qu'une représentation unitaire π de $\underline{K}(W, q)$ soit de carré intégrable et de dimension finie. Soit $\overline{\chi}_\pi$ l'élément de $\underline{C}(W, q)$ tel qu'on ait $f*\overline{\chi}_\pi(e) = d_\pi \mathrm{Tr}(\pi(f))$ pour toute $f \in \underline{K}(W, q)$. Alors:

(i) $\overline{\chi}_\pi$ appartient à $L^2(W, q)$ et l'on a $\overline{\chi}_\pi * \overline{\chi}_\pi = \overline{\chi}_\pi$.

(ii) Si $f \in L^1(W, q)$, on a $f*\overline{\chi}_\pi = \overline{\chi}_\pi * f$ et $f*\overline{\chi}_\pi(e) = d_\pi \mathrm{Tr}(\pi(f))$.

(iii) $L^2(W, q)*\overline{\chi}_\pi$ est le sous-espace de $L^2(W, q)$ engendré par les coefficients de π.

(2.4.5) Si W est fini, $\underline{K}(W, q)$ est une algèbre semi-simple, toutes ses représentations unitaires irréductibles sont de carré intégrable et le théorème (2.4.3) se démontre d'une façon triviale.

Théorème--- Supposons W fini.

(i) Soit π une représentation unitaire irréductible de $\underline{K}(W, q)$ et soit $\overline{\chi}_\pi$ l'élément de $\underline{K}(W, q)$ tel que $f*\overline{\chi}_\pi(e) = d_\pi \mathrm{Tr}(\pi(f))$ pour toute $f \in \underline{K}(W, q)$, où d_π est le degré formel de π. Alors, $\overline{\chi}_\pi$ est l'idempotent central simplificateur de $\underline{K}(W, q)$ associé à π.

(ii) Pour toute $f \in \underline{K}(W, q)$, on a

$$f(e) = \sum_\sigma d_\sigma \mathrm{Tr}(\sigma(f))$$

où σ parcourt l'ensemble des classes d'équivalence de représentations unitaires irréductibles de $\underline{K}(W, q)$.

Ce théorème résulte immédiatement de (2.4.3) et (2.4.4). L'assertion (ii) établit la formule de Plancherel pour $\underline{K}(W, q)$.

On remarquera que, si $q \neq 1$ et si λ est la représentation régulière de $\underline{K}(W, q)$ dans $L^2(W, q)$, alors $\mathrm{Tr}(\lambda(f))$ est différent de $\mathrm{Card}(W)f(e)$ pour au moins un élément f de $\underline{K}(W, q)$.

Si W est diédral d'ordre fini, les degrés formels des représentations unitaires irréductibles de $\underline{K}(W, q)$ seront explicitement déterminés au nº 2.6 et la formule de Plancherel pour $\underline{K}(W, q)$ et son unicité joueront un rôle important au nº 2.7.

2.5. Fonctions sphériques

Dans ce numéro, (W, S) est un système de Coxeter, W' est un sous-groupe fini de W engendré par une partie S' de S, et q est une fonction quasi-multiplicative sur W à valeurs positives. Si q' désigne la restriction de q à W', $\underline{K}(W', q')$ s'identifie à une sous-algèbre involutive de $\underline{K}(W, q)$. Nous allons exposer une théorie des fonctions sphériques sur W relativement à W'.

(2.5.1) Soit $\overline{\chi_\sigma}$ l'idempotent central simplificateur de $\underline{K}(W', q')$ associé à une représentation unitaire irréductible σ de $\underline{K}(W', q')$ et soit χ un idempotent auto-adjoint simplificateur de $\underline{K}(W', q')$ tel que $\chi = \chi * \overline{\chi_\sigma}$ [voir (1.3.1), (2.4.5)]. On note $\underline{K}(W', q'; \chi)$ la sous-algèbre simple $\chi * \underline{K}(W', q') * \chi$ de $\underline{K}(W', q')$; on a alors $\chi(e) = d_\sigma d(\chi)$ où d_σ est le degré formel de σ et où $d(\chi)^2$ est la dimension de $\underline{K}(W', q'; \chi)$.

Soit $\underline{C}(W, q; \chi)$ le sous-espace de $\underline{C}(W, q)$ formés des éléments φ tels que $\varphi = \chi * \varphi = \varphi * \chi$, et soit $\underline{C}(W, q; \chi)^{\natural}$ le sous-espace de $\underline{C}(W, q; \chi)$ formé des éléments φ tels que $f * \varphi = \varphi * f$ pour toute $f \in \underline{K}(W', q'; \chi)$. Les sous-espaces $\underline{K}(W, q; \chi)$ et $\underline{K}(W, q; \chi)^{\natural}$ de $\underline{K}(W, q)$ sont définis de manière analogue. Nous avons alors un résultat analogue au lemme (1.3.2):

(i) L'application canonique de $\underline{C}(W, q; \chi)^{\natural} \otimes \underline{K}(W', q'; \chi)$ dans

$\underline{C}(W, q; \chi)$ est une bijection.

(ii) L'algèbre $\underline{K}(W, q; \chi)$ est canoniquement isomorphe au produit tensoriel de ses sous-algèbres $\underline{K}(W, q; \chi)^\natural$ et $\underline{K}(W', q'; \chi)$.

(iii) Soit $\varphi \in \underline{C}(W, q; \chi)^\natural$. Si $f*\varphi(e) = 0$ pour toute $f \in \underline{K}(W, q; \chi)^\natural$, alors $\varphi = 0$.

(iv) L'application $\varphi \mapsto \chi*\varphi$ établit une bijection de $\underline{C}(W, q;\overline{\chi_\sigma})^\natural$ sur $\underline{C}(W, q; \chi)^\natural$ et un isomorphisme d'algèbres involutives de $\underline{K}(W, q;\overline{\chi_\sigma})^\natural$ sur $\underline{K}(W, q; \chi)^\natural$.

(v) Soit $\zeta \in \underline{C}(W, q;\overline{\chi_\sigma})^\natural$ et posons $\omega = \chi*\zeta$. Alors ζ est virtuellement bornée [resp. de type positif] par rapport à q si et seulement si ω l'est.

(2.5.2) Une fonction ω sur W appartenant à $\underline{C}(W, q; \chi)^\natural$ est appelée <u>fonction sphérique</u> de type χ et de hauteur p si l'algèbre unifère $\underline{K}(W, q; \chi)^\natural$ admet une représentation irréductible ρ de dimension p telle que l'on ait $d(\chi)^{-1}f*\omega(e) = \mathrm{Tr}(\rho(f))$ pour toute $f \in \underline{K}(W, q; \chi)^\natural$.

Les fonctions sphériques de type χ sont ainsi en correspondance biunivoque avec les classes d'équivalence de représentations irréductibles de dimension finie de $\underline{K}(W, q; \chi)^\natural$.

L'analogue du théorème de Godement et Dieudonné (1.3.4) s'énonce de la manière suivante:

Soit π une représentation topologiquement irréductible de l'algèbre $\underline{K}(W, q)$ dans un espace localement convexe tonnelé $\underline{H}$ telle que $\pi(\chi)\underline{H}$ soit de dimension finie positive, et posons $\omega(w) = q(w)^{-1}\mathrm{Tr}(\pi(\chi)\pi(\varepsilon_{w^{-1}}))$ pour tout $w \in W$; alors ω est la fonction sphérique de type χ associée à π. Réciproquement, toute fonction sphérique sur W de type χ est ainsi associée à une représentation de $\underline{K}(W, q)$.

On peut ajouter également les remarques suivantes:

(i) Si $q(w) \geq 1$ pour tout $w \in W$ et si ω est bornée sur W, on peut prendre pour π une représentation de $\underline{K}(W, q)$ dans un espace de Banach telle que $\|\pi(f)\| \leq \|f\|_1$ pour toute $f \in \underline{K}(W, q)$ et l'on a donc $|\omega(w)| \leq \omega(e)\|\chi\|_1$ pour tout $w \in W$.

(ii) Si ω est de type positif pour q, on peut prendre pour π une représentation unitaire de $\underline{K}(W, q)$ dans un espace hilbertien. Si ω est de carré q-intégrable, alors ω est de type positif pour q et est associée à une représentation unitaire irréductible de carré intégrable de $\underline{K}(W, q)$.

(iii) Si les fonctions sphériques de type χ associées à des représentations unitaires irréductibles π, π' de $\underline{K}(W, q)$ sont proportionnelles l'une à l'autre, alors π et π' sont équivalentes.

(2.5.3) Soit θ une fonction quasi-multiplicative sur W telle que, pour tout $s \in S$, $\theta(s)$ soit égal à 1 où à $-q(s)^{-1}$. Rappelons que (2.2.5) définit une application T de $\underline{C}(W, q)$ sur $\underline{C}(W, q\theta^2)$. Si χ est un idempotent auto-adjoint simplicateur de $\underline{K}(W', q')$, $T\chi$ en est un de $\underline{K}(W', q'\theta^2)$; de plus, si $\omega \in \underline{C}(W, q)$ est une fonction sphérique de type χ, alors $T\omega \in \underline{C}(W, q\theta^2)$ est une fonction sphérique de type $T\chi$.

(2.5.4) On suppose maintenant que χ est l'idempotent central simplificateur de $\underline{K}(W', q')$ associé à la représentation triviale de celle-ci. L'espace $\underline{C}(W, q; \chi)$, composé des fonctions sur W bi-invariantes par W', est noté $\underline{C}(W, q; W')$, et l'algèbre $\underline{K}(W, q; \chi)$ est désignée par $\underline{K}(W, q; W')$. Rappelons que le lemme (2.1.11) donne une condition suffisante pour la commutativité de $\underline{K}(W, q; W')$.

En supposant $\underline{K}(W, q; W')$ commutative, nous allons lui appliquer la transformation de Fourier.

Soit Ω l'ensemble des fonctions sphériques de type χ; on munira Ω de la topologie de la convergence compacte sur W. Pour $f \in \underline{K}(W, q; W')$, $\hat{f}$ désigne la fonction continue sur Ω définie par $\hat{f}(\omega) = f*\omega(e)$. Si l'algèbre commutative $\underline{K}(W, q; W')$ est de type fini, Ω s'identifie à un ensemble algébrique affine. Dans Ω, on considère l'ensemble Ω^h des fonctions sphériques auto-adjointes, l'ensemble Ω^∞ de celles qui sont virtuellement bornées par rapport à q et l'ensemble Ω^+ de celles de type positif pour q. On voit que Ω^∞ est un sous-espace compact de Ω et que Ω^+ est un fermé de Ω^h et de Ω^∞.

Le théorème de Plancherel-Godement s'énonce alors de la manière suivante:

Soit μ une fonction sur W de type positif pour q. Alors:

(i) Il existe sur Ω^+ une mesure positive m telle que, pour toute $f \in \underline{K}(W, q; W')$, on ait $f*\mu(e) = \int_{\Omega^+} \hat{f}(\omega)\, dm(\omega)$.

(ii) Soient S' un sous-espace compact de Ω^h et m' une mesure sur S', de support égal à S', tels que $f*\mu(e) = \int_{S'} \hat{f}(\omega)\, dm'(\omega)$ pour toute $f \in \underline{K}(W, q; W')$; alors, S' est égal au support de m et l'image canonique de m' sur Ω^+ est égale à m.

Pour $\mu = \varepsilon_e$, la mesure m est la <u>mesure de Plancherel</u> pour $\underline{K}(W, q; W')$. Si $\omega \in \Omega \cap L^2(W, q)$, on a $m(\{\omega\}) = \|\omega\|_2^{-2}$; réciproquement, si $\omega \in \Omega^+$ avec $m(\{\omega\}) > 0$, alors $\omega \in L^2(W, q)$. Pour toute $f \in \underline{K}(W, q; W')$ et tout $x \in W$, on a la formule d'inversion de Fourier:

$$f(x) = \int_{\Omega^+} \omega(x)\hat{f}(\omega)\, dm(\omega) .$$

Signalons enfin que, si $q(w) \geqslant 1$ pour tout $w \in W$, cette formule est valable pour toute $f \in L^1(W, q; W')$, $\hat{f}$ étant la fonction continue sur Ω^∞ définie par $\hat{f}(\omega) = f*\omega(e)$.

2.6. Le cas exemplaire des groupes diédraux

Ce numéro est consacré à des résultats explicites sur les groupes diédraux.

(2.6.1) Soit (W, S) le groupe diédral d'ordre infini, où S se compose de deux éléments s_1 et s_2. On pose $t_1 = s_2 s_1$ et $t_2 = s_1 s_2$, et W_1 désigne le sous-groupe de W engendré par s_1 et T le sous-groupe, distingué, de W engendré par t_1 et t_2. Si l'on associe les indéteminées ξ_1 et ξ_2 à s_1 et à s_2 respectivement, la série $W(\xi)$ définie en (2.1.7) est égale à $(1 + \xi_1)(1 + \xi_2)/(1 - \xi_1\xi_2)$.

Soit q une fonction quasi-multiplicative sur W à valeurs réelles positives, et posons $q_1 = q(s_1)$, $q_2 = q(s_2)$. Nous déterminerons les représentations unitaires irréductibles de $\underline{K}(W, q)$, les fonctions sphériques sur W/W_1 et la mesure de Plancherel pour $\underline{K}(W, q)$.

(2.6.2) Pour $i = 1, 2$, posons $\sigma_i = (q_i+1)^{-1}\{2\varepsilon_{s_i} + (1-q_i)\varepsilon_e\}$. D'après (2.1.13), il existe un isomorphisme d'algèbres involutives de $\underline{K}(W, q)$ sur $\underline{K}(W, 1)$ qui transforme σ_1 en ε_{s_1} et σ_2 en ε_{s_2}. Le résultat bien connu sur les représentations du groupe W va donc nous permettre de déterminer les représentations unitaires irréductibles de $\underline{K}(W, q)$.

Soit $\{u, v\}$ une base orthonormale d'un espace hilbertien $\underline{H}$ de dimension 2. Pour tout $\eta \in \underline{C}^*$, π_η désigne la représentation de l'algèbre $\underline{K}(W, q)$ dans $\underline{H}$ définie de la manière suivante: $\pi'_\eta(\sigma_1)$ permute u et v, $\pi'_\eta(\sigma_2)$ transforme u en ηv et v en $\eta^{-1}u$.

Sur ces représentations de $\underline{K}(W, q)$, on a le résultat suivant:

(i) $\pi'_{\eta'}$ esf équivalente à π'_η si et seulement si $\eta' = \eta^{\pm 1}$.

(ii) Si $|\eta| = 1$, π'_η est unitaire.

(iii) Si $\eta \neq \pm 1$, π'_η est irréductible. Les composantes irréductibles de π'_1 et de π'_{-1} donnent les quatre représentations, inéquivalentes, de dimension 1 de $\underline{K}(W, q)$.

(iv) On obtient ainsi, à équivalence près, toutes les représentations irréductibles de dimension finie de l'algèbre $\underline{K}(W, q)$ et toutes les représentations unitaires irréductibles de $\underline{K}(W, q)$.

(v) Si ω'_η est la fonction sphérique sur W/W_1 associée à π'_η ou à une de ses composantes irréductibles, on a

$$\omega'_\eta(t_1) = \omega'_\eta(s_2) = \frac{1}{4q_2}\{(q_2+1)(\eta+\eta^{-1}) + 2(q_2-1)\}.$$

(2.6.3) L'algèbre $\underline{K}(W, q; W_1)$ est commutative. Nous allons donner, à l'aide d'un calcul élémentaire, une formule explicite pour les fonctions sphériques sur W/W_1.

Posons, pour tout entier $k \geqslant 1$,

$$f_k = q_1^{-k+1} q_2^{-k}\, f_o * \varepsilon_{t_1^k s_1^{-1}} * f_o$$

où $f_o = (1+q_1)^{-1}(\varepsilon_e + \varepsilon_{s_1})$ est l'élément unité de $\underline{K}(W, q; W_1)$. Les éléments f_k $(k \geqslant 0)$ forment une base de $\underline{K}(W, q; W_1)$.

Un calcul direct montre alors que, pour tout $k \geqslant 1$, on a

$$f_1 * f_k = (1+q_1)^{-1}\left\{ q_1 f_{k+1} + (1-q_2^{-1})f_k + q_2^{-1} f_{k-1} \right\}.$$

Introduisons, par ailleurs, la fonction méromorphe c_1 sur $\underline{\underline{C}}^*$ définie par

$$c_1(\xi) = \sqrt{q_1}\,(1 - \sqrt{q_1 q_2}^{-1}\xi^{-1})(1 + \sqrt{q_2/q_1}\,\xi^{-1})(1 - \xi^{-2})^{-1}.$$

On a $\quad c_1(\xi) + c_1(\xi^{-1}) = \sqrt{q_1} + \sqrt{q_1}^{-1}$.

Soit ω_ξ la fonction sphérique sur W/W_1 déterminée par

$$\omega_\xi(t_1) = (1 + q_1^{-1})^{-1} \sqrt{q_1 q_2}^{-1} \left\{ \xi + \xi^{-1} + \sqrt{q_1 q_2}^{-1}(q_2 - 1) \right\}$$

$$= (\sqrt{q_1} + \sqrt{q_1}^{-1})^{-1} \sqrt{q_1 q_2}^{-1} \left\{ c_1(\xi)\, \xi + c_1(\xi^{-1})\xi^{-1} \right\}.$$

D'après l'expression de $f_1 * f_k$ indiquée ci-dessus, on a, pour $k \geq 1$,

$$(1+q_1)\, \omega_\xi(t_1)\, \omega_\xi(t_1^k) = q_1\, \omega_\xi(t_1^{k+1}) + (1-q_2^{-1})\omega_\xi(t_1^k) + q_2^{-1} \omega_\xi(t_1^{k-1}) .$$

On voit donc que, pour k fixé, $\omega_\xi(t_1^k)$ est une fonction holomorphe

de ξ . De plus, si l'on pose $\psi_\xi(x) = (\sqrt{q_1}+\sqrt{q_1}^{-1})q(x)^{1/2}\omega_\xi(x)$ pour

$x \in W$, on a, pour $k \geq 1$,

$$\psi_\xi(t_1^{k+1}) + \psi_\xi(t_1^{k-1}) = (\xi + \xi^{-1})\psi_\xi(t_1^k) .$$

Il en résulte, par récurrence sur k, que l'on a, pour tout $k \geq 0$,

$$\omega_\xi(t_1^k) = (\sqrt{q_1} + \sqrt{q_1}^{-1})^{-1} q(t_1^k)^{-1/2} \left\{ c_1(\xi)\xi^k + c_1(\xi^{-1})\xi^{-k} \right\} .$$

Si $\xi = \pm 1$, cette formule se réduit à la suivante:

$$\omega_\xi(t_1^k) = (k\,\alpha_\xi + 1)q(t_1^k)^{-1/2}\, \xi^k \ ;$$

où α_ξ est un nombre ne dépendant pas de k. Signalons que, si

$\alpha_\xi = 0$, ξ est égal à $\sqrt{q_1 q_2}$ ou à $-\sqrt{q_1/q_2}$.

(2.6.4) Pour tout $\xi \in \underline{C}^*$, π_ξ désigne la représentation π'_η de

$\underline{K}(W, q)$ définie en (2.6.2), où $\eta \in \underline{C}^*$ est lié à ξ par la relation

$$(1+q_1)(1+q_2)(\eta + \eta^{-1}) = 4\sqrt{q_1 q_2}(\xi+\xi^{-1}) - 2(1-q_1)(1-q_2) .$$

La fonction sphérique ω_ξ sur W/W_1 est associée à π_ξ ou à une

de ses composantes irréductibles. La représentation π_ξ est unitaire

si et seulement si $-(\sqrt{q_1/q_2} + \sqrt{q_2/q_1}) \leq \xi + \xi^{-1} \leq \sqrt{q_1 q_2} + \sqrt{q_1 q_2}^{-1}$.

Notons que la fonction méromorphe $c_1(\xi)c_1(\xi^{-1})$ sur $\underline{C}^*$ reste

inchangée lorsqu'on remplace le couple (q_1, q_2) par (q_2, q_1) ou

(q_1^{-1}, q_2^{-1}) .

(2.6.5) Nous allons déterminer la mesure de Plancherel pour

$\underline{K}(W, q; W_1)$.

Soient $\underline{\underline{T}}$ le groupe multiplicatif des nombres complexes de module 1 et $d\xi$ la mesure de Haar sur $\underline{\underline{T}}$ de masse totale 1; la fonction c_1^{-1} n'a pas de pôle sur $\underline{\underline{T}}$. Posons d'autre part $\xi' = \sqrt{q_1 q_2}$ et $\xi'' = -\sqrt{q_1/q_2}$.

Alors, pour toute $f \in \underline{K}(W, q; W_1)$, on a la formule suivante:

$$f(e) = \frac{1}{2}\int_{\underline{\underline{T}}} \hat{f}(\omega_\xi)\,|c_1(\xi)|^{-2}\,d\xi$$
$$+ \max\left\{0, \frac{1-q_1q_2}{(1+q_1)(1+q_2)}\right\}\hat{f}(\omega_{\xi'})$$
$$+ \max\left\{0, \frac{1-q_1q_2^{-1}}{(1+q_1)(1+q_2^{-1})}\right\}\hat{f}(\omega_{\xi''}) .$$

Il suffit de vérifier cette formule pour les éléments f_k de (2.6.3) formant une base de $\underline{K}(W, q; W_1)$. Pour f_k où $k \geq 0$, on a

$$\frac{1}{2}\int_{\underline{\underline{T}}} \hat{f}_k(\omega_\xi)\left|c_1(\xi)\right|^{-2} d\xi$$
$$= 2^{-1}(\sqrt{q_1}+\sqrt{q_1}^{-1})^{-1}q(t_1^k)^{-1/2}\int_{\underline{\underline{T}}}\left\{c_1(\xi^{-1})^{-1}\xi^k + c_1(\xi)^{-1}\xi^{-k}\right\}d\xi$$
$$= (\sqrt{q_1}+\sqrt{q_1}^{-1})^{-1}q(t_1^k)^{-1/2}\int_{\underline{\underline{T}}} c_1(\xi^{-1})^{-1}\xi^k\,d\xi$$
$$= (1+q_1)^{-1}q(t_1^k)^{-1/2}\int_{|z|=1}\frac{(1-z^2)z^k}{(1-\xi'^{-1}z)(1-\xi''^{-1}z)}\frac{dz}{2\pi i z} .$$

Puis la formule des résidus appliquée à cette intégrale curviligne entraîne la formule à vérifier.

(2.6.6) On suppose maintenant que $1 \leq q_1 \leq q_2$.

L'isomorphisme de $\underline{K}(W, q)$ sur $\underline{K}(W, 1)$, donné en (2.6.2), se prolonge en un morphisme continu de $L^1(W, q)$ dans $L^1(W, 1)$ et en un isomorphisme d'algèbres stellaires de $St(W, q)$ sur $St(W, 1)$ [cf. (2.3.5)]. Le spectre de $St(W, q)$ est donc homéomorphe au dual du groupe W.

Pour la représentation π_ξ de $\underline{K}(W, q)$ définie en (2.6.4), soit φ_ξ la fonction sur W telle que l'on ait $f * \varphi_\xi(e) = Tr(\pi_\xi(f))$

pour toute $f \in \underline{K}(W, q)$. Alors, en utilisant la formule de (2.6.3) pour ω_ξ, on montre que φ_ξ est bornée sur W si et seulement si $\sqrt{q_1q_2}^{-1} \leq |\xi| \leq \sqrt{q_1q_2}$.

Nous allons donner la mesure de Plancherel pour $L^1(W, q)$. Soient σ et χ_1 les représentations de dimension 1 de $\underline{K}(W, q)$ définies de la manière suivante: $\sigma(\varepsilon_{s_1}) = \sigma(\varepsilon_{s_2}) = -1$, $\chi_1(\varepsilon_{s_1}) = q_1$ et $\chi_1(\varepsilon_{s_2}) = -1$.

Alors, pour toute $f \in L^1(W, q)$, on a

$$f(e) = \frac{1}{2}\int_{\underline{\underline{T}}} \mathrm{Tr}(\pi_\xi(f)) \left|c_1(\xi)\right|^{-2} d\xi + \frac{1-q_1^{-1}q_2^{-1}}{(1+q_1^{-1})(1+q_2^{-1})} \mathrm{Tr}(\sigma(f)) + \frac{1-q_1q_2^{-1}}{(1+q_1)(1+q_2^{-1})} \mathrm{Tr}(\chi_1(f)) .$$

Nous allons déduire cette formule de celle de (2.6.4); il s'agit d'un raisonnement bien connu en théorie des fonctions sphériques. Soit ε_1 [resp. ε_1'] l'idempotent de $\underline{K}(W_1, q)$ associé à la représentation triviale [resp. spéciale] de $\underline{K}(W_1, q)$; on a $\varepsilon_e = \varepsilon_1 + \varepsilon_1'$. Il suffit donc de vérifier la formule ci-dessus dans les quatre cas suivants: (i) $f = \varepsilon_1*f*\varepsilon_1$; (ii) $f = \varepsilon_1*f*\varepsilon_1'$; (iii) $f = \varepsilon_1'*f*\varepsilon_1$; (iv) $f = \varepsilon_1'*f*\varepsilon_1'$. Dans le cas (i), on a $f \in L^1(W, q; W_1)$ et la formule à vérifier se réduit à celle de (2.6.4). Dans les cas (ii) et (iii), on a $f(e) = 0$ et $\mathrm{Tr}(\pi(f)) = 0$ pour toute représentation unitaire irréductible π de $\underline{K}(W, q)$. Enfin, dans le cas (iv), on note θ la fonction quasi-multiplicative sur W telle que $\theta(s_1) = -q_1^{-1}$ et que $\theta(s_2) = -q_2^{-1}$ et l'on considère la transformation T de $\underline{C}(W, q)$ sur $\underline{C}(W, q^{-1})$ [cf. (2.2.5), (2.5.3)]. Alors Tf appartient à $\underline{C}(W, q^{-1}; W_1)$ et la formule à vérifier pour f résulte facilement de celle de (2.6.4) appliquée à $\underline{K}(W, q^{-1}; W_1)$.

(2.6.7) Le groupe diédral W_{2n} d'ordre $2n$ $(n \geq 2)$ est le quotient du groupe W par son sous-groupe engendré par $(s_1s_2)^n$. Pour tout $w \in W$, $\bar{w}$ désignera son image dans W_{2n}.

Soit $\bar{q}$ une fonction quasi-multiplicative sur W_{2n} à valeurs réelles positives et soit q la fonction quasi-multiplicative sur W déterminée par $q(s_1) = q_1 = \bar{q}(\bar{s}_1)$ et $q(s_2) = q_2 = \bar{q}(\bar{s}_2)$. Si n est pair, l'algèbre involutive $\underline{K}(W_{2n}, \bar{q})$ admet quatre représentations de dimension 1. Si n est impair, on a $q_1 = q_2$ et $\underline{K}(W_{2n}, \bar{q})$ admet deux représentations de dimension 1.

Si n est pair et si l'on associe les indéterminées ξ_1 et ξ_2 à s_1 et à s_2 respectivement, le polynôme $W_{2n}(\xi)$ de (2.1.7) est égal à $(1+\xi_1)(1+\xi_2)(1-(\xi_1\xi_2)^{n/2})/(1-\xi_1\xi_2)$. Si n est impair et si l'on associe l'indéterminée ξ à s_1 et à s_2, le polynôme $W_{2n}(\xi)$ est égal à $(1+\xi)(1-\xi^n)/(1-\xi)$. Les degrés formels des représentations de dimension 1 de $\underline{K}(W_{2n}, \bar{q})$ se calculent facilement à l'aide de cette expression de $W_{2n}(\xi)$.

(2.6.8) Nous allons considérer les représentations irréductibles de dimension $\geqslant 2$ de $\underline{K}(W_{2n}, \bar{q})$. Si ρ en est une, alors, en la composant avec le morphisme β de $\underline{K}(W, q)$ sur $\underline{K}(W_{2n}, \bar{q})$ défini en (2.1.12), on obtient une représentation unitaire irréductible de $\underline{K}(W, q)$. Par suite, d'après (2.6.2) et (2.6.4), ρ est de dimension 2 et $\rho\circ\beta$ est équivalente à π_ξ pour un élément ξ de $\underline{C}^*$.

Nous avons alors le théorème suivant:

<u>Soit</u> π_ξ ($\xi \in \underline{C}^*$) <u>une représentation irréductible de dimension</u> 2 <u>de</u> $\underline{K}(W, q)$ <u>définie en</u> (2.6.4). <u>Pour que</u> π_ξ <u>provienne d'une représentation de</u> $\underline{K}(W_{2n}, \bar{q})$, <u>il faut et il suffit que</u> $\xi^n = 1$ et $\xi^2 \neq 1$.

Pour démontrer la nécessité de la condition sur ξ, on suppose que π_ξ provient d'une représentation de $\underline{K}(W_{2n}, \bar{q})$. Alors on a

$\pi_\xi(\varepsilon_{w_1}) = \pi_\xi(\varepsilon_{w_2})$ pour les deux éléments w_1, w_2 de longueur n dans W. On en déduit, d'une part, que $\pi_\xi(\varepsilon_{t_1^n}) = \pi_\xi(\varepsilon_{t_2^n})$ et donc que $\pi_\xi(\varepsilon_{t_1^n})$ commute avec $\pi_\xi(\varepsilon_{s_1})$ et $\pi_\xi(\varepsilon_{s_2})$. D'autre part, on voit que l'opérateur $\pi_\xi(\varepsilon_{w_1}) = \pi_\xi(\varepsilon_{w_2})$ est auto-adjoint et donc que son carré est auto-adjoint positif. Par conséquent, on a

$\pi_\xi(\varepsilon_{t_1^n}) = q(t_1^n)^{1/2}\pi_\xi(\varepsilon_e)$ et $\omega_\xi(t_1^{nk}) = q(t_1^{nk})^{-1/2}$ pour tout entier $k \geq 0$, où ω_ξ est la fonction sphérique sur W/W_1 associée à π_ξ. Grâce à la formule explicite de (2.6.3) pour ω_ξ, on en conclut que $\xi^2 \neq 1$ et $\xi^n = 1$. La réciproque se vérifie alors facilement, en comparant le nombre des racines n-ièmes non réelles de 1 avec le nombre des classes d'équivalence de représentations irréductibles de dimension 2 de $\underline{K}(W_{2n}, \bar{q})$.

Nous allons donner les degrés formels de ces représentations unitaires irréductibles de $\underline{K}(W_{2n}, \bar{q})$. Soit ρ une représentation de $\underline{K}(W_{2n}, q)$ telle que $\rho\circ\beta$ soit équivalente à π_ξ où $\xi^n = 1$ et $\xi^2 \neq 1$. Notons ω_ρ la fonction sphérique sur $W_{2n}/\bar{W}_1$ associée à ρ où $\bar{W}_1 = \{e, \bar{s}_1\}$. Alors on a $\omega_\rho(\bar{w}) = \omega_\xi(w)$ pour tout élément w de longueur $\leq n$ dans W. Par conséquent, la formule de (2.6.3) pour ω_ξ permet de calculer facilement le degré formel d_ρ de ρ; on a en effet

$$d_\rho^{-1} = \|\omega_\rho\|_2^2 = \sum_{W_{2n}} \bar{q}(\bar{w})\,|\omega_\rho(\bar{w})|^2 = nc_1(\xi)c_1(\xi^{-1}) = n|c_1(\xi)|^2.$$

(2.6.9) Supposons maintenant que la fonction $\bar{q}$ sur W_{2n} soit rationnelle. Alors l'algèbre involutive $\underline{K}(W_{2n}, \bar{q})$ est canoniquement définie sur $\underline{\mathbb{Q}}$.

Toutes les représentations de dimension 1 de $\underline{K}(W_{2n}, \bar{q})$ sont évidemment définies sur $\underline{\underline{Q}}$. Soit ρ une représentation irréductible de dimension 2 de $\underline{\underline{K}}(W_{2n}, \bar{q})$; alors, pour que ρ soit définie sur $\underline{\underline{Q}}$, il faut et il suffit que la fonction sphérique ω_ρ sur $W_{2n}/\bar{W}_1$ associée à ρ soit rationnelle, ce qui revient à dire que $\omega_\rho(\bar{s}_2) \in \underline{\underline{Q}}$.

En utilisant les formules explicites pour les fonctions sphériques sur $W_{2n}/\bar{W}_1$ et pour les degrés formels des représentations unitaires irréductibles de $\underline{\underline{K}}(W_{2n}, \bar{q})$, on démontre aisément les critères de rationalité suivants:

(i) Toutes les représentations unitaires irréductibles de $\underline{\underline{K}}(W_{2n}, \bar{q})$ sont de degré formel rationnel si et seulement si les nombres n, q_1 et q_2 satisfont l'une au moins des conditions suivantes:

(a) $n = 2$, 3 ou 4; (b) $\sqrt{q_1 q_2} \in \underline{\underline{Q}}$ et $n = 6$; (c) $\sqrt{2q_1 q_2} \in \underline{\underline{Q}}$ et $n = 8$; (d) $(1-q_1)(1-q_2) = 0$ et $n = 6$, 8 ou 12; (e) $q_1 = q_2 = 1$.

(ii) Toutes les représentations irréductibles de $\underline{\underline{K}}(W_{2n}, \bar{q})$ sont définies sur $\underline{\underline{Q}}$ si et seulement si les nombres n, q_1 et q_2 vérifient l'une des conditions (a), (b) et (c) ci-dessus.

2.7. Application à un problème combinatoire

Dans ce numéro, nous verrons qu'on peut associer à un certain graphe combinatoire une représentation unitaire d'une algèbre involutive étudiée au nº 2.6, et nous montrerons que les graphes polygonaux finis traités par Feit et Higman [10] sont caractérisés par les représentations unitaires qui leur sont ainsi associées. Nous emploierons la terminologie de Bourbaki sur les graphes combinatoires(cf. [1], p. 33-36).

(2.7.1) Dans ce numéro, Γ désignera toujours un graphe combinatoire (A, S) vérifiant les conditions suivantes:

(a) Γ <u>est connexe et</u> A <u>n'est pas vide</u>;

(b) S <u>est la réunion disjointe de deux parties</u> S_1 <u>et</u> S_2 <u>de telle sorte que toute arête de</u> Γ <u>rencontre à la fois</u> S_1 <u>et</u> S_2 .

Pour tout sommet x de Γ, on notera $q(x)+1$ le nombre des sommets de Γ liés à x. Si q prend une valeur finie unique sur S_1 ou S_2, on posera $q_1 = q(S_1)$ ou $q_2 = q(S_2)$.

Pour tout $x, y \in S$, on notera $\lambda(x, y)$ la longueur des plus courts chemins dans Γ joignant x à y. Si $x, y \in S_1$ ou si $x, y \in S_2$, alors $\lambda(x, y)$ est pair. Si $x \in S_1$ et si $y \in S_2$, alors $\lambda(x, y)$ est impair.

(2.7.2) Soit n un entier ≥ 2. Nous dirons, suivant J. Tits, que $\Gamma = (A, S)$ est n-<u>gonal</u>, si Γ possède les propriétés suivantes:

(i) $q(x) \geq 1$ pour tout $x \in S$;

(ii) $\lambda(x, y) \leq n$ pour tout $x, y \in S$;

(iii) Si $\lambda(x, y) < n$ pour $x, y \in S$, alors il existe dans Γ un seul chemin de longueur $\lambda(x, y)$ joignant x à y.

Le lemme suivant est évident:

<u>Lemme</u>.--- <u>Supposons</u> Γ n-<u>gonal</u>. <u>Alors</u>:

(i) <u>Si</u> $x \in S$, <u>il existe un élément</u> y <u>de</u> S <u>tel que</u> $\lambda(x, y) = n$.

(ii) <u>Si</u> $\lambda(x, y) = n$ <u>pour</u> $x, y \in S$, <u>alors on a</u> $q(x) = q(y)$.

(iii) <u>Si</u> $q(x) \geq 2$ <u>pour tout</u> $x \in S_1$, q <u>est constante sur</u> S_2.

(2.7.3) On suppose maintenant que $q(x)$ est fini pour tout $x \in S$.

Soient $\underline{C}(A)$ l'espace vectoriel des fonctions complexes sur A et $\underline{K}(A)$ son sous-espace formé des fonctions sur A à support fini. Par rapport à la mesure positive évidente sur l'espace discret A, on définit les espaces de Banach $L^p(A)$ pour les nombres réels $p \geq 1$.

On associe à S_1 et à S_2 respectivement les opérateurs σ_1 et

σ_2 dans $\underline{C}(A)$ définis de la manière suivante: pour $i = 1$ ou 2, $f \in \underline{C}(A)$ et $a \in A$, $\sigma_i f(a)$ est la somme des valeurs $f(a')$ où a' parcourt l'ensemble des arêtes a' de Γ telles que $a \cap a' = a \cap S_i$.

Lemme.--- (i) $\underline{K}(A)$ est stable par les opérateurs σ_1 et σ_2.

(ii) σ_1 et σ_2 commutent avec tout automorphisme de Γ conservant S_1 et S_2 respectivement.

(iii) Si q est bornée sur S_i où $i = 1$ ou 2, alors σ_i définit, pour tout $p \geqslant 1$, un opérateur borné dans $L^p(A)$; de plus, pour $p = 2$, c'est un opérateur auto-adjoint.

(iv) Supposons que $q(S_i) = q_i \geqslant 1$ pour $i = 1$ ou 2. Alors on a $\sigma_i^2 = (q_i - 1)\sigma_i + q_i I$, où I est l'application identique de $\underline{C}(A)$; en outre, pour toute $f \in L^1(A)$, on a $\sum_{a \in A} \sigma_i f(a) = q_i \sum_{a \in A} f(a)$.

Nous considérons par ailleurs le groupe diédral $(W, \{s_1, s_2\})$ d'ordre infini, où les éléments s_1 et s_2 de W sont identifiés à S_1 et à S_2 respectivement, et nous désignons par γ l'application linéaire, possédant les propriétés suivantes, de $\underline{K}(W)$ dans l'algèbre des endomorphismes de $\underline{C}(A)$:

(i) $\gamma(\varepsilon_e) = I$, $\gamma(\varepsilon_{s_1}) = \sigma_1$ et $\gamma(\varepsilon_{s_2}) = \sigma_2$;

(ii) $\gamma(\varepsilon_{ww'}) = \gamma(\varepsilon_w)\gamma(\varepsilon_{w'})$ si $\ell(ww') = \ell(w) + \ell(w')$.

Supposons que $q_1 = q(S_1) \geqslant 1$ et $q_2 = q(S_2) \geqslant 1$. Alors γ définit une représentation unitaire dans $L^2(A)$ de l'algèbre involutive $\underline{K}(W, q)$, où q est la fonction quasi-multiplicative sur W telle que $q(s_1) = q_1$ et $q(s_2) = q_2$. La question se pose donc d'étudier la représentation unitaire γ, qui peut refléter certaines propriétés de Γ. Pour commencer, on voit facilement que, si A est fini, la représentation triviale de $\underline{K}(W, q)$ est de multiplicité 1 dans γ.

(2.7.4) Supposons désormais que S soit fini et notons $m(\Gamma)$ la plus grande valeur prise par λ sur $S \times S$. Nous allons signaler une propriété caractéristique des graphes polygonaux finis.

Si $a, a' \in A$, $\mu(a, a')$ désigne la demi-somme des $\lambda(x, x')$ où $x \in a$ et $x' \in a'$; on a $1 \leqslant \mu(a, a') \leqslant 2m(\Gamma) - 1$. Pour tout $x \in S$, $U(x)$ est l'ensemble des éléments y de S tels que $\lambda(x, y) = m(\Gamma)$. Pour toute $a \in A$, $V(a)$ est l'ensemble des éléments a' de A tels que $\mu(a, a') = 2m(\Gamma) - 1$.

<u>Lemme</u>.--- (i) $2\mathrm{Card}(A) = \mathrm{Card}(S) + \sum_{x \in S} q(x)$.

(ii) <u>Pour tout</u> $x \in S$, <u>on a</u>

$$\sum_{y \in U(x)} q(y) \leq 1 + \mathrm{Card}(A) - \mathrm{Card}(S) .$$

(iii) <u>Supposons</u> $m(\Gamma) \geqslant 2$. <u>Si</u> $a \in A$ <u>et si</u> $x \in a$, <u>alors on a</u>

$$\mathrm{Card}(V(a)) \leq \sum_{y \in U(x)} q(y) .$$

(iv) <u>Pour que</u> Γ <u>soit polygonal, il faut et il suffit que, pour toute</u> $a \in A$, <u>on ait</u> $\mathrm{Card}(V(a)) = 1 + \mathrm{Card}(A) - \mathrm{Card}(S) > 0$.

L'énoncé (i) est évident. Pour démontrer (ii), on considère l'application p_x de A dans S définie de la manière suivante: $p_x(a) = y$ si $a = \{y, z\}$ et si $\lambda(x, y) \leqslant \lambda(x, z)$. Alors $\mathrm{Card}(p_x^{-1}(y))$ est égal à 0 pour $y \in U(x)$, est égal à $q(x)+1$ pour $y = x$ et est inférieur ou égal à $q(y)$ dans les autres cas. On a donc

$$\mathrm{Card}(A) \leq 1 + \sum_{y \notin U(x)} q(y) ;$$

cette inégalité équivaut à celle de (ii), compte tenu de l'identité de (i). On démontre (iii) et (iv) par des raisonnements analogues.

(2.7.5) On suppose maintenant que S est fini et que $q(x) \geq 1$ pour tout $x \in S$.

Pour tout entier $n \geqslant 2$, $\wp_n$ désigne la fonction sur W définie de la manière suivante: $\varphi_n(w) = 1$ si $\ell(w) < n$, $\varphi_n(w) = 1/2$ si $\ell(w) = n$ et $\varphi_n(w) = 0$ si $\ell(w) > n$. D'autre part, pour toute partie B de A, f_B est la fonction sur A telle que $f_B(a) = 1$ pour $a \in B$ et $f_B(a) = 0$ pour $a \notin B$. Si $B = \{a\}$, f_B est notée simplement f_a.

Le lemme suivant résulte directement de définitions:

Lemme.--- (i) Si Γ est n-gonal et si w est un élément de longueur n dans W, alors on a $\gamma(\varepsilon_w)f_a = f_{V(a)}$ pour toute $a \in A$.
(ii) Pour que Γ soit n-gonal, il faut et il suffit que, pour toute $a \in A$, on ait $\gamma(\varphi_n)f_a = f_A$.
(iii) Si Γ est n-gonal et si $\varphi \in \underline{K}(W)$ est nulle en dehors du support de φ_n, alors on a $\mathrm{Tr}(\gamma(\varphi)) = \mathrm{Card}(A)\ \varphi(e)$.

Supposons qu'on ait $\gamma(\varepsilon_{w_1}) = \gamma(\varepsilon_{w_2})$ pour les deux éléments w_1 et w_2 de longueur n dans W, et rappelons le groupe diédral W_{2n} d'ordre $2n$ et le morphisme canonique de W sur W_{2n} défini en (2.6.7). Alors on note $\bar{\gamma}$ l'application linéaire de $\underline{K}(W_{2n})$ dans l'algèbre des endomorphismes de $\underline{C}(A)$ telle que l'on ait $\bar{\gamma}(\varepsilon_{\bar{w}}) = \gamma(\varepsilon_w)$ pour tout élément w de longueur $\leqslant n$ dans W. Si en outre Γ est n-gonal, le lemme ci-dessus montre que, pour toute $\varphi \in \underline{K}(W_{2n})$, on a $\mathrm{Tr}(\bar{\gamma}(\varphi)) = \mathrm{Card}(A)\ \varphi(e)$.

(2.7.6) Nous pouvons maintenant démontrer le résultat suivant:

Théorème.--- Supposons que S soit fini et que $q_1 = q(S_1) \geqslant 1$ et $q_2 = q(S_2) \geqslant 1$. Pour que Γ soit n-gonal, il faut et il suffit que la représentation unitaire γ de $\underline{K}(W, q)$ dans $L^2(A)$ possède les propriétés suivantes:

(i) γ provient canoniquement d'une représentation unitaire $\bar{\gamma}$ de $\underline{K}(W_{2n}, \bar{q})$, où $\bar{q}$ est la fonction quasi-multiplicative sur W_{2n}

<u>telle que</u> $\bar{q}(\bar{s}_1) = q_1$ <u>et</u> $\bar{q}(\bar{s}_2) = q_2$;

(ii) <u>Pour toute représentation unitaire irréductible</u> ρ <u>de</u> $\underline{K}(W_{2n}, \bar{q})$, <u>la multiplicité de</u> ρ <u>dans</u> $\tilde{\gamma}$ <u>est égale à</u> $d_o^{-1}d_\rho$ <u>où</u> d_ρ <u>est le degré formel de</u> ρ <u>et</u> d_o <u>celui de la représentation triviale de</u> $\underline{K}(W_{2n}, \bar{q})$.

Supposons que Γ soit n-gonal. Alors, d'après le lemme (2.7.5), γ provient d'une représentation $\tilde{\gamma}$ de $\underline{K}(W_{2n}, \bar{q})$ et l'on a $\mathrm{Tr}(\tilde{\gamma}(\varphi)) = \mathrm{Card}(A)\varphi(e)$ pour toute $\varphi \in \underline{K}(W_{2n}, \bar{q})$. Par suite, en comparant cette formule avec celle du théorème (2.4.5), on voit que la multiplicité d'une représentation irréductible ρ de $\underline{K}(W_{2n}, \bar{q})$ dans $\tilde{\gamma}$ est égale à $\mathrm{Card}(A)d_\rho$. Enfin, puisque la représentation triviale de $\underline{K}(W_{2n}, \bar{q})$ est de multiplicité 1 dans $\tilde{\gamma}$, son degré formel est égal à $\mathrm{Card}(A)^{-1}$.

Supposons réciproquement que γ possède les propriétés énoncées. Tout d'abord, en vertu du théorème (2.4.5), on a $\mathrm{Tr}(\tilde{\gamma}(\varphi)) = d_o^{-1}\varphi(e)$ pour toute $\varphi \in \underline{K}(W_{2n}, \bar{q})$; on en déduit que

$$\mathrm{Card}(A) = \mathrm{Tr}(\tilde{\gamma}(\varepsilon_e)) = d_o^{-1} = \sum_{\bar{w}\in W_{2n}} \bar{q}(\bar{w}) .$$

Soit $f \in \underline{C}(A)$. D'une part, avec les notations de (2.7.5), $\gamma(\wp_n)f$ est constante sur A, puisque la représentation triviale de $\underline{K}(W_{2n}, \bar{q})$, de multiplicité 1 dans $\tilde{\gamma}$, est réalisée dans l'espace des fonctions constantes sur A. D'autre part, d'après le lemme (2.7.3.iv), on a

$$\sum_{a\in A} (\gamma(\wp_n)f)(a) = (\sum_{\bar{w}\in W_{2n}} \bar{q}(\bar{w}))(\sum_{a\in A} f(a)) = \mathrm{Card}(A) \sum_{a\in A} f(a) .$$

Alors, en utilisant le lemme (2.7.5.ii), on en conclut que Γ est n-gonal.

(2.7.7) Supposons que Γ soit n-gonal et que $q_1 = q(S_1)$ et $q_2 = q(S_2)$. Alors il résulte du théorème (2.7.6) que toutes les représentations unitaires irréductibles de $\underline{\underline{K}}(W_{2n}, \bar{q})$ sont de degré formel rationnel. En conséquence, les entiers n, q_1 et q_2 doivent satisfaire l'une au moins des cinq conditions du critère de rationalité de (2.6.9); c'est exactement l'énoncé du théorème de Feit et Higman [10]. En fait, les multiplicités dans $\bar{\gamma}$ des représentations irréductibles de dimension 2 de $\underline{\underline{K}}(W_{2n}, \bar{q})$ ont elles-mêmes été calculées dans [10]. Notons enfin que Kilmoyer et Solomon [15] ont donné du théorème de Feit-Higman une démonstration très proche de la nôtre.

§ 3 Systèmes de racines et groupes de Weyl affines

3.1. Définitions et rappels

Nous rappelons dans ce numéro quelques propriétés fondamentales des systèmes de racines et des groupes de Weyl affines (cf. [1]).

(3.1.1) Soit V un espace vectoriel sur $\underline{\underline{R}}$ de dimension r et soit $R^{\vee}$ un système de racines réduit, de rang r, dans le dual V^* de V. Notons R le système de racines inverse de $R^{\vee}$; on a la bijection canonique $\alpha \longmapsto \alpha^{\vee}$ de R sur $R^{\vee}$.

Soit W^o le groupe de Weyl de $R^{\vee}$; il opère sur V^* et donc sur V, et est ainsi isomorphe au groupe de Weyl de R. On munit V d'un produit scalaire invariant par W^o.

Soit R_b une base de R. Tout élément de R est une combinaison linéaire des éléments de R_b à coefficients entiers de même signe, et R_+ désigne l'ensemble des racines de R positives relativement à R_b. Soit $R_b^{\vee}$ la base de $R^{\vee}$ correspondant à R_b, et soit P_f la base de V duale à $R_b^{\vee}$. Le sous-module de V engendré par P_f est désigné par $P = P(R)$, et $Q = Q(R)$ désigne son sous-module engendré par R.

(3.1.2) Soit S^o l'ensemble des réflexions s_α de V associées aux éléments α de R_b. Alors (W^o, S^o) est un système de Coxeter. Les éléments de W^o qui sont conjugués à des éléments de S^o correspondent bijectivement aux racines positives de R. Si ℓ désigne la fonction longueur sur le système de Coxeter (W^o, S^o), $\ell(w)$ est égal à $\mathrm{Card}(R_+ \cap w(-R_+))$.

(3.1.3) Notons V^+ le sous-ensemble de V formé des combinaisons linéaires des éléments de R_b à coefficients ≥ 0, et considérons l'ordre partiel sur V déterminé par V^+: $x \leq y$ si $y - x \in V^+$.

Soit V^{++} l'ensemble des éléments x de V tels que $wx \leqslant x$ pour tout $w \in W^o$. Alors V^{++} est contenu dans V^+ et toute orbite de W^o dans V admet un unique élément de V^{++}. On pose $P^{++} = P \cap V^{++}$, $Q^{++} = Q \cap V^{++}$ et $Q^+ = Q \cap V^+$.

Signalons que, si $x \geqslant y \in V^{++}$, alors on a $(x|x) \geqslant (y|y)$, l'égalité n'ayant lieu que si $x = y$.

(3.1.4) Posons

$$\rho = \frac{1}{2}\sum_{\alpha \in R_+} \alpha = \sum_{p \in P_f} p \ ;$$

c'est un élément de P^{++}. Si $w \in W^o$, $\rho - w\rho$ est la somme des éléments de $R_+ \cap w(-R_+)$. Soit C_ρ l'ensemble des éléments x de V tels que $wx \leqslant \rho$ pour tout $w \in W^o$; c'est un compact convexe de V stable par W^o.

Notons que, pour $x \in V^{++}$, $z \in C_\rho$ et $w \in W^o$, on a $w(x+z) \leqslant x+\rho$, l'égalité n'ayant lieu que si $wx = x$ et $wz = \rho$.

(3.1.5) Soit E l'espace affine sous-jacent à V. Pour $p \in P$, on notera t_p la translation de E de vecteur p. Soit $\widetilde{T}$ le groupe des translations de E associées ainsi aux éléments de P et soit T son sous-groupe correspondant à Q. Alors $\widetilde{W} = \widetilde{T}W^o$ est un groupe de transformations affines de E, et $W = TW^o$ est un sous-groupe distingué de $\widetilde{W}$. Un élément de W appartient à T si et seulement si ses conjugués dans W sont en nombre fini.

Le groupe W est appelé le <u>groupe de Weyl affine</u> associé au système de racines $R^\vee$.

(3.1.6) Soit D l'ensemble des éléments x de E tels que $0 \leqslant \langle \alpha^\vee, x \rangle \leqslant 1$ pour toute $\alpha^\vee \in R_+^\vee$, et soit S l'ensemble, fini, des réflexions orthogonales de E par rapport aux murs de D. Alors (W, S) est un système de Coxeter, et (W^o, S^o) en est un sous-système. Si Γ est le normalisateur de S dans $\widetilde{W}$, alors $\widetilde{W}$ est produit semi-direct de Γ par W. En outre, si (W', S') est un sous-système de Coxeter fini de (W, S) tel que l'on ait $W = TW'$, alors W' est le conjugué de W^o par un élément de Γ.

(3.1.7) Soit w^o l'élément de longueur maximum dans W^o et soit ι l'automorphisme de $\widetilde{W}$ tel que $\iota(w) = w$ pour tout $w \in W^o$ et que $\iota(t) = t^{-1}$ pour tout $t \in T$. Alors $\sigma = \iota \circ \mathrm{Ad}(w^o)$ est un automorphisme de $\widetilde{W}$ possédant les propriétés suivantes:

(i) $\sigma(W) = W$ et $\sigma(S) = S$;

(ii) Pour tout $s \in S$, $\sigma(s)$ est conjugué à s dans W;

(iii) $\sigma(w^{-1}) \in W^o w W^o$ pour tout $w \in \widetilde{W}$;

(iv) $\sigma(\gamma) = \gamma^{-1}$ pour tout $\gamma \in \Gamma$.

Signalons que ces propriétés de σ sont en rapport avec le lemme (2.1.11).

(3.1.8) <u>Dans le reste de ce numéro, nous supposerons</u> $R^\vee$ <u>irréductible</u>.

Soit $\tilde{\alpha}$ l'élément de R tel que $-\tilde{\alpha}^\vee$ soit la plus grande racine de $R^\vee$ par rapport à $R_b^\vee$. Alors $-\tilde{\alpha}$ appartient à Q^{++} et l'on a $\langle \beta^\vee, \tilde{\alpha} \rangle = 0$ ou -1 pour toute racine positive $\beta^\vee$ de $R^\vee$ différente de $-\tilde{\alpha}^\vee$.

Posons $\tilde{s} = s_{\tilde{\alpha}} t_{\tilde{\alpha}}$ où $s_{\tilde{\alpha}}$ est la réflexion de V associée à $\tilde{\alpha}$; alors on a $S = S^o \cup \{\tilde{s}\}$. On a ainsi une bijection canonique $s \mapsto \alpha_s^\vee$ de S sur $R_b^\vee \cup \{\tilde{\alpha}^\vee\}$ prolongeant celle de S^o sur $R_b^\vee$.

(3.1.9) Puisque R est irréductible, tout élément non nul de P^{++} est une combinaison linéaire des éléments de R_b à coefficients positifs. Soit P_m l'ensemble des éléments de P_f tels que $\langle \tilde{\alpha}^\vee, p \rangle = -1$.

Si w_p désigne, pour $p \in P^{++}$, l'élément de longueur maximum dans le stabilisateur de p dans W^o, on a les assertions suivantes:

(i) Si $p \in P^{++}$ et si $p \notin P_m \cup \{o\}$, alors $w_p(p+\tilde{\alpha}) \in P^{++}$ et $p - w_p(p+\tilde{\alpha}) \in R_+$;

(ii) Si $p \in P_m$, alors $\gamma_p = t_p w_p w_o$ appartient à Γ et l'on a $\gamma_p \tilde{s} \gamma_p^{-1} = s_\alpha$ où α est l'élément de R_b tel que $\langle \alpha^\vee, p \rangle = 1$; de plus, on a ainsi une bijection de $P_m \cup \{o\}$ sur Γ.

(3.1.10) Si $\alpha^\vee \in R^\vee$, on a $\langle \alpha^\vee, \alpha \rangle = 2$ et donc $\langle \alpha^\vee, Q \rangle = \mathbb{Z}$ ou $2\mathbb{Z}$. A ce propos, on a les assertions suivantes:

(i) Si $\langle \alpha^\vee, Q \rangle = 2\mathbb{Z}$, alors $\alpha^\vee$ est transformée en $\tilde{\alpha}^\vee$ par un élément de W^o;

(ii) Si $\langle \alpha^\vee, Q \rangle = \mathbb{Z}$, on a $\langle \alpha^\vee, w\tilde{\alpha} \rangle = 1$ pour un élément w de W^o;

(iii) Si $\langle \alpha^\vee, Q \rangle = \mathbb{Z}$, alors $s_\alpha \in W^o$ et $s_\alpha t_\alpha \in W$ sont conjugués dans W.

(3.1.11) Supposons par contre que $\langle \tilde{\alpha}^\vee, Q \rangle = 2\mathbb{Z}$. Alors:

(i) Les transformées de $\tilde{\alpha}^\vee$ par W^o sont deux à deux proportionnelles ou orthogonales, une seule d'entre elles appartient à $R_b^\vee$, et Q est d'indice 2 dans P;

(ii) Pour $\alpha^\vee \in R^\vee$, posons

$$\bar{\alpha}^\vee = \begin{cases} \alpha^\vee & \text{si } \langle \alpha^\vee, Q \rangle = \mathbb{Z} \ ; \\ \frac{1}{2}\alpha^\vee & \text{sinon.} \end{cases}$$

Alors les éléments $\bar{\alpha}^\vee$ forment dans V^* un système de racines $\bar{R}^\vee$ réduit et irréductible, dont une base $\bar{R}_b^\vee$ est constituée par les éléments correspondant à ceux de $R_b^\vee$. En outre, si $\bar{R}$ désigne le système de racines inverse de $\bar{R}^\vee$, le groupe de Weyl de $\bar{R}$ s'identifie à W^o, et l'on a $Q = P(\bar{R})$ et $Q^{++} = P(\bar{R})^{++}$.

(3.1.12) Si $\alpha^\vee$, $\beta^\vee$ sont deux éléments de $R_b^\vee \cup \{\tilde{\alpha}^\vee\}$, alors $\alpha^\vee - \beta^\vee \notin R^\vee$. Soit (W', S') un sous-système de Coxeter fini de (W, S) et soit R_b'' l'image de S' par la bijection de S sur $R_b^\vee \cup \{\tilde{\alpha}^\vee\}$ (3.1.8). Alors R_b'' est une base d'un unique système de racines R" contenu dans $R^\vee$, et (W', S') est canoniquement isomorphe au système de Coxeter (W", S") où W" est le groupe de Weyl de R", regardé comme sous-groupe de W^o, et où S" est l'ensemble des réflexions de V^* associées aux éléments de R_b''. Il en résulte notamment que, pour tout $x \in W^o$, W"x admet un unique élément w tel que $w^{-1}(R_b'') \subset -R_+^\vee$.

3.2. <u>Fonctions quasi-multiplicatives sur</u> W

Nous conservons les hypothèses et les notations du nº 3.1 en supposant que le système de racines $R^\vee$ est irréductible. Ce numéro est consacré à une étude de la fonction longueur sur (W, S) et des fonctions quasi-multiplicatives sur W à valeurs positives.

(3.2.1) Définissons tout d'abord quelques sous-ensembles du sous-groupe $\tilde{T}$ de $\tilde{W}$: $\tilde{T}^{++}$ [resp. T^{++}, T^+] désignera l'ensemble des translations de E associées aux éléments de P^{++} [resp. Q^{++}, Q^+].

Soit ℓ la fonction longueur sur le système de Coxeter (W, S); pour $w \in W$, $\ell(w)$ est la longueur de w par rapport à S. Ensuite, puisque $\tilde{W}$ est le produit semi-direct de Γ par W et que Γ normalise S, nous posons $\ell(x) = \ell(w)$ si $x = w\gamma$ avec $w \in W$ et $\gamma \in \Gamma$. On a $\ell(x) = \ell(x^{-1})$ pour tout $x \in \tilde{W}$.

(3.2.2) Le théorème suivant, dû à [14], est un résultat primordial sur ℓ:

<u>Théorème</u>--- <u>Si</u> $p \in P$ <u>et si</u> $w \in W^o$, <u>on a</u>

$$\ell(t_p w) = \sum_{\alpha \in R_+ \cap w(R_+)} |\langle \alpha^\vee, p\rangle| + \sum_{\alpha \in R_+ \cap w(-R_+)} |1 - \langle \alpha^\vee, p\rangle| .$$

(3.2.3) Le corollaire suivant est une première conséquence de la formule ci-dessus.

Corollaire--- (i) Si $t \in \widetilde{T}$ et si $w \in \widetilde{W}$, on a $\ell(t) = \ell(wtw^{-1})$.
(ii) Si $p \in P^{++}$, on a $\ell(t_p) = 2\langle \rho^\vee, p\rangle$ où $\rho^\vee$ est la demi-somme des racines positives de $R^\vee$. Par suite, $\ell(t)$ est pair pour tout $t \in T$.
(iii) Si $t, t' \in \widetilde{T}^{++}$, on a $\ell(tt') = \ell(t) + \ell(t')$.
(iv) Un élément t de T appartient à $\widetilde{T}^{++}$ si et seulement si $\ell(wt) = \ell(t) + \ell(w)$ pour tout $w \in W^o$.

(3.2.4) On rappelle la bijection, définie en (3.1.8), de S sur $R_b^\vee \cup \{\widetilde{\alpha}^\vee\}$. Le résultat suivant est repris de [14].

Proposition--- Soient $p \in P$ et $w \in W^o$.
(i) Soit $s \in S^0$; on a $\ell(t_p ws) = \ell(t_p w) + 1$ si et seulement si l'une des conditions suivantes est vérifiée:

a) $w(\alpha_s^\vee) \in R_+^\vee$ et $\langle w(\alpha_s^\vee), p\rangle \leq 0$;

b) $w(\alpha_s^\vee) \in -R_+^\vee$ et $\langle w(\alpha_s^\vee), p\rangle \leq -1$.

(ii) On a $\ell(t_p w\widetilde{s}) = \ell(t_p w) + 1$ si et seulement si l'une des conditions suivantes est vérifiée:

a) $w(\widetilde{\alpha}^\vee) \in -R_+^\vee$ et $\langle w(\widetilde{\alpha}^\vee), p\rangle \leq 0$;

b) $w(\widetilde{\alpha}^\vee) \in R_+^\vee$ et $\langle w(\widetilde{\alpha}^\vee), p\rangle \leq 1$.

(3.2.5) On sait que $\widetilde{W}$ est la réunion disjointe des doubles classes $W^o t W^o$ où t parcourt $\widetilde{T}^{++}$.

Lemme--- Pour $t \in \widetilde{T}^{++}$, soit W_t le stabilisateur de t dans W^o et soit W_t' l'ensemble des éléments w de W^o qui soient de longueur minimum dans wW_t. Alors:

(i) $W^{o}tW^{o}$ <u>est la réunion disjointe de</u> $w'tW^{o}$ <u>où</u> w' <u>parcourt</u> W'_t.

(ii) <u>Si</u> $w' \in W'_t$, <u>alors</u> $w'tw_t w_o$ <u>est de longueur minimum dans</u> $w'tW^{o}$, <u>où</u> w_t <u>est l'élément de longueur maximum dans</u> W_t <u>et</u> w_o <u>l'élément de longueur maximum dans</u> W^{o}.

La première assertion est évidente. On établit la deuxième assertion en montrant pour $w'tw_t w_o$ que l'une des conditions de (3.2.4.i) est vérifiée pour chaque $s \in S^{o}$.

(3.2.6) Avant de passer à l'étude des fonctions quasi-multiplicatives sur W à valeurs positives, nous signalons un lemme général qui nous sera utile.

<u>Lemme</u>--- <u>Soit</u> f <u>une application quasi-multiplicative de</u> W <u>dans un monoïde à élément unité</u>. <u>Alors</u>:

(i) <u>Si</u> $t, t' \in T^{++}$, <u>alors on a</u> $f(t)f(t') = f(tt') = f(t')f(t)$.

(ii) <u>Si</u> $t \in T^{++}$ <u>et si</u> $w \in W^{o}$, <u>alors on a</u>

$f(w)f(t) = f(wt) = f(wtw^{-1})f(w)$.

Ces assertions résultent immédiatement du corollaire (3.2.3).

(3.2.7) Soit maintenant q une fonction quasi-multiplicative sur W à valeurs positives. Nous énonçons d'abord quelques propriétés élémentaires de q.

<u>Proposition</u>--- (i) <u>Si</u> $t \in T$ <u>et si</u> $w \in W$, <u>on a</u> $q(t) = q(wtw^{-1})$.

(ii) <u>Si</u> $t \in T^{++}$, <u>on a</u>

$$\sum_{x \in W^{o}tW^{o}} q(x) = q(t)\Big(\sum_{w \in W^{o}} q(w)\Big)\Big(\sum_{w \in W^{o}} q(w)^{-1}\Big)\Big/\Big(\sum_{w \in W_t} q(w)^{-1}\Big)$$

<u>où</u> W_t <u>est le stabilisateur de</u> t <u>dans</u> W^{o}.

(iii) <u>Les conditions suivantes pour</u> q <u>sont équivalentes</u>:

a) $\sum_{x \in W} q(x) < \infty$;

b) $\sum_{t \in T^{++}} q(t) < \infty$;

c) $q(t)$ 1 <u>pour tout</u> $t \in T^{++}-\{e\}$.

L'assertion (i) résulte de (3.2.6.ii) ou directement de (3.2.3.i). L'assertion (ii) se déduit de (3.2.5) en combinant les égalités suivantes (où l'on utilise les notations de (3.2.5)):

$$(1)\quad \sum_{x \in W^o t W^o} q(x) = \Big(\sum_{w \in W^o} q(w)\Big)\Big(\sum_{w' \in W'_t} q(w' t w_t w_o)\Big) \quad ;$$

$$(2)\quad q(w' t w_t w_o) = q(t) q(w' w_t w_o)^{-1} = q(t) q(w_o)^{-1} q(w' w_t)$$
$$= q(t) q(w_o)^{-1} q(w_t) q(w') \quad ;$$

$$(3)\quad \sum_{w' \in W'_t} q(w') = \Big(\sum_{w \in W^o} q(w)\Big) \Big/ \Big(\sum_{w \in W_t} q(w)\Big) .$$

Quant à l'assertion (iii), on voit que la condition b) entraîne a) en vertu de (ii). D'autre part, les conditions b) et c) sont équivalentes, puisque la restriction de q à T^{++} est un morphisme dans $\underline{\underline{R}}^*$ du monoïde commutatif T^{++} de type fini et sans torsion.

(3.2.8) Pour $\alpha \in R$, nous posons $q_\alpha = q(s)$ et $q'_\alpha = q(s')$ où s est un élément de S^o conjugué dans W^o à la réflexion s_α de V associée à α et où s' est un élément de S conjugué à $s_\alpha t_\alpha$ dans W. On rappelle que, d'après (3.1.10), $q_\alpha = q'_\alpha$ si $\langle \alpha^\vee, Q \rangle = \underline{\underline{Z}}$.

Avec ces notations, nous pouvons donner une formule pour q généralisant celle de (3.2.2).

<u>Théorème</u>--- <u>Si</u> $p \in Q$ <u>et si</u> $w \in W^o$, <u>on a</u>

$$q(t_p w) = \prod_{\alpha \in R_+} \sqrt{q_\alpha q'_\alpha}^{\,|\langle \alpha^\vee, p \rangle|} \prod_{\alpha \in R_+ \cap w(-R_+)} q_\alpha^{\,|1-\langle \alpha^\vee, p\rangle| - |\langle \alpha^\vee, p \rangle|} .$$

La démonstration du théorème (3.2.2) donnée dans [14] est valable également pour notre théorème, après des modifications appropriées.

(3.2.9) Notons δ le morphisme du groupe T dans $\underline{\underline{R}}^*$ coïncidant sur T^{++} avec q. Le lemme suivant résulte facilement du théorème précédent:

Lemme--- (i) Si $p \in Q$, on a $\delta(t_p) = \prod_{\alpha \in R_+} \sqrt{q_\alpha q'_\alpha}^{\langle \alpha^\vee, p\rangle}$.

(ii) En particulier, si $\beta \in R_b$, on a $\delta(t_\beta) = q_\beta q'_\beta$.

(3.2.10) On rappelle que $\tilde{s} = s_{\tilde{\alpha}} t_{\tilde{\alpha}}$ et donc que $t_{\tilde{\alpha}}^{-1} = \tilde{s} s_{\tilde{\alpha}}$. Le lemme suivant nous sera utile au § 4.

Lemme--- Si $w \in W^0$ et si $\tilde{\alpha} \in w(-R_+)$, alors on a

$$\delta(w^{-1} t_{\tilde{\alpha}}^{-1} w) = q(w)^{-1} q(t_{\tilde{\alpha}}^{-1} w) .$$

Notons d'abord que, par hypothèse, $-\tilde{\alpha}$ n'appartient pas à $w(-R_+)$. Alors, d'après (3.1.8), si $\beta \in R_+ \cap w(-R_+)$, on a soit $\langle \beta^\vee, \tilde{\alpha}\rangle = 0$ soit $\langle \beta^\vee, \tilde{\alpha}\rangle = -1$ et $q_\beta = q'_\beta$. Le théorème (3.2.8) donne donc les égalités suivantes (où l'on convient que β parcourt $R_+ \cap w(-R_+)$):

$$\begin{aligned} q(t_{\tilde{\alpha}}^{-1} w) &= q(t_{\tilde{\alpha}}^{-1}) \prod_\beta q_\beta^{1+2\langle \beta^\vee, \tilde{\alpha}\rangle} \\ &= q(t_{\tilde{\alpha}}^{-1}) q(w) \prod_\beta q_\beta^{2\langle \beta^\vee, \tilde{\alpha}\rangle} \\ &= q(t_{\tilde{\alpha}}^{-1}) q(w) \prod_\beta \sqrt{q_\beta q'_\beta}^{2\langle \beta^\vee, \tilde{\alpha}\rangle} . \end{aligned}$$

Ensuite, puisque $\delta(t_{\tilde{\alpha}}^{-1}) = q(t_{\tilde{\alpha}}^{-1})$, on a

$$\begin{aligned} q(w)^{-1} q(t_{\tilde{\alpha}}^{-1} w) &= \delta(t_{\tilde{\alpha}}^{-1}) \prod_\beta \sqrt{q_\beta q'_\beta}^{2\langle \beta^\vee, \tilde{\alpha}\rangle} \\ &= \prod_{\alpha \in R_+} \sqrt{q_\alpha q'_\alpha}^{\langle w\alpha^\vee, -\tilde{\alpha}\rangle} \\ &= \delta(w^{-1} t_{\tilde{\alpha}}^{-1} w) . \end{aligned}$$

(3.2.11) Nous allons rappeler quelques formules pour q, dans le cas particulier où $q(s) = \xi$ pour tout $s \in S$. Dans ce cas, on a $q(w) = \xi^{\ell(w)}$ pour $w \in W$ et $\delta(t_p)^{\frac{1}{2}} = \xi^{\langle \rho^\vee, p\rangle}$ pour $p \in Q$, où $\rho^\vee$ est la demi-somme des racines positives de $R^\vee$. Pour $\alpha \in R$, nous posons $h(\alpha) = \langle \rho^\vee, \alpha\rangle$. Par ailleurs, soient $m_1, m_2, \ldots, m_r$ les exposants du groupe de Weyl W^0.

On connaît alors les résultats suivants (voir [1], p. 230-231).

(i) D'après B. Kostant, on a

$$\sum_{\alpha\in R_+} \xi^{h(\alpha)} = \xi(1-\xi)^{-1}\sum_{j=1}^{r}(1-\xi^{m_j}) .$$

(ii) D'après C. Chevalley, on a

$$W^o(q) = \sum_{w\in W^o} \xi^{\ell(w)} = (1-\xi)^{-r}\prod_{j=1}^{r}(1-\xi^{m_j+1}) .$$

Compte tenu de (i), ceci équivaut à dire que

$$W^o(q) = \prod_{\alpha\in R_+} (1-\xi^{h(\alpha)+1})(1-\xi^{h(\alpha)})^{-1} .$$

(iii) La série $W(q) = \sum_{w\in W} \xi^{\ell(w)}$ converge si $\xi < 1$. D'après R. Bott, on a alors

$$W(q) = W^o(q)\prod_{j=1}^{r}(1-\xi^{m_j})^{-1}$$

$$= W^o(q)(1-\xi)^{-r}\prod_{\alpha\in R_+-R_b} (1-\xi^{h(\alpha)-1})(1-\xi^{h(\alpha)})^{-1} .$$

Dans le cas général, des formules analogues pour $W^o(q)$ et $W(q)$ seront données aux n°s 3.3 et 4.5.

3.3. Algèbre involutive des invariants exponentiels

Nous étudions, suivant [1], l'algèbre involutive des invariants exponentiels de W^o, en reprenant les notations du nº 3.1. En particulier, R est un système de racines réduit dans V, P est le groupe des poids de R, Q est son sous-groupe formé des poids radiciels de R. Le groupe de Weyl W^o de R opère sur P, et R_b est une base de R fixée une fois pour toutes; P^{++}, Q^{++} et Q^+ sont des sous-monoïdes de P définis relativement à R_b.

(3.3.1) Soit $\underline{\underline{C}}[P]$ l'algèbre du groupe additif P et soit $\{e^p\}$ la base canonique de $\underline{\underline{C}}[P]$. Notons tout d'abord que $\underline{\underline{C}}[P]$ admet l'élément unité $e^o = 1$, qu'elle est un anneau commutatif factoriel et qu'elle est aussi une algèbre involutive.

Notons $X(P)$ le groupe de Lie complexe connexe des morphismes de P dans $\underline{\underline{C}}^*$. Pour $\varphi \in \underline{\underline{C}}[P]$ et $\lambda \in X(P)$, nous posons

$$\hat{\lambda}(\varphi) = \hat{\varphi}(\lambda) = \sum_{p \in P} \varphi(p)\lambda(p^{-1})$$

lorsque $\varphi = \sum_{p \in P} \varphi(p)e^p$.

On peut ainsi identifier $X(P)$ avec l'espace des morphismes de $\underline{\underline{C}}[P]$ sur $\underline{\underline{C}}$. Pour tout $\varphi \in \underline{\underline{C}}[P]$, $\hat{\varphi}$ est une fonction holomorphe sur $X(P)$.

(3.3.2) Le groupe W^o agit sur $\underline{\underline{C}}[P]$ et sur $X(P)$: pour $w \in W^o$, $p \in P$ et $\lambda \in X(P)$, on a $w(e^p) = e^{wp}$ et $(w\lambda)(p) = \lambda(w^{-1}(p))$.

Un élément φ de $\underline{\underline{C}}[P]$ est <u>anti-invariant</u> par W^o, si l'on a $w(\varphi) = (-1)^{\ell(w)}\varphi$ pour tout $w \in W^o$, la longueur $\ell(w)$ étant prise par rapport à S^o. Pour $\varphi \in \underline{\underline{C}}[P]$, on pose

$$J\varphi = \sum_{w \in W^o} (-1)^{\ell(w)} w(\varphi) \quad ;$$

alors $J\varphi$ est un élément anti-invariant par W^o. De plus, nous posons

$$d = J(e^\rho) = e^\rho \prod_{\alpha \in R_+} (1 - e^{-\alpha}) \quad ;$$

alors, pour tout $w \in W^o$, on a

$$(-1)^{\ell(w)} d = e^{w\rho} \prod_{\alpha \in R_+} (1 - e^{-w\alpha}) \; .$$

On sait que tout élément anti-invariant de $\underline{\underline{C}}[P]$ est divisible par d et que les éléments $J(e^{\rho+p})$, où $p \in P^{++}$, forment une base de l'espace vectoriel des éléments anti-invariants de $\underline{\underline{C}}[P]$.

(3.3.3) Notons $A = \underline{\underline{C}}[P]^{W^o}$ la sous-algèbre de $\underline{\underline{C}}[P]$ formée des éléments invariants par W^o. On voit que A est une sous-algèbre involutive de $\underline{\underline{C}}[P]$.

On sait que A est une algèbre commutative de type fini. De plus, l'espace des morphismes de A sur $\underline{\underline{C}}$ s'identifie canoniquement avec l'espace quotient de $X(P)$ par W^o. Soit $X(P)_o$ le sous-espace fermé de $X(P)$ formé des éléments λ tels que λ et $\overline{\lambda}^{-1}$ soient dans une même orbite de W^o dans $X(P)$. Notons qu'un élément λ de $X(P)$ donne un morphisme hermitien de A sur $\underline{\underline{C}}$ si et seulement si λ appartient à $X(P)_o$.

(3.3.4) Soit m une mesure positive à support compact sur l'espace localement compact $X(P)_o$, et posons, pour $\varphi \in A$,

$$\mu(\varphi) = \int \hat{\varphi}(\lambda)\, dm(\lambda)\ .$$

Alors la forme linéaire μ sur A possède les propriétés suivantes:

(i) $\mu(\varphi^*\varphi) \geqslant 0$ pour tout $\varphi \in A$;

(ii) Si $\varphi \in A$, il existe un nombre $M_\varphi \geqslant 0$ tel que, pour tout $\psi \in A$, on ait

$$\mu(\psi^*\varphi^*\varphi\psi) \leqslant M_\varphi \mu(\psi^*\psi)\ .$$

(3.3.5) Réciproquement, soit μ une forme linéaire sur A possédant les propriétés ci-dessus. Alors, d'après le théorème de Plancherel-Godement (voir [13]), il existe une mesure m à support compact sur $X(P)_o$ telle que, pour tout $\varphi \in A$, on ait

$$\mu(\varphi) = \int \hat{\varphi}(\lambda)\, dm(\lambda)\ .$$

De plus, une telle mesure m sur $X(P)_o$ invariante par W^o est déterminée de manière unique par μ et elle est positive.

(3.3.6) D'après ce que nous venons de rappeler en (3.3.2), les éléments $J(e^{\rho+p})/d$, où $p \in P^{++}$, forment une base de A.

Pour $p \in P^{++}$, nous posons

$$\chi_p = J(e^{\rho+p})/d = \sum_{r \in P} m_p(r)e^r \ ;$$

alors, les résultats suivants sur les coefficients $m_p(r)$ sont bien connus.

(i) $m_p(r) = m_p(wr)$ pour tout $r \in R$ et $w \in W^o$.

(ii) $m_p(r) \in \underline{\underline{Z}}$ pour tout $r \in P$; on a $m_p(p) = 1$ et $m_p(r) = 0$ à moins que $p-r \in Q^+$.

(iii) Pour tout $r \in P$, on a

$$\{(\rho+p|\rho+p)-(\rho+r|\rho+r)\}m_p(r) = 2\sum_{\alpha \in R_+} \sum_{j=1}^{\infty} (r+j\alpha|\alpha)m_p(r+j\alpha) \ ;$$

c'est la formule de récurrence de H. Freudenthal (cf. [11]).

(iv) $m_p(r) \geq 0$ pour tout $r \in P$; si $r \in P^{++}$ et si $p-r \in Q^+$, alors $m_p(r) > 0$.

Signalons que l'assertion (iv) résulte des précédentes en vertu de (3.1.3) et qu'elle sera utilisée au nº 4.4.

(3.3.7) On désigne par D la fonction méromorphe sur $X(P)$ définie par

$$D(\lambda) = \prod_{\alpha \in R_+} (1 - \lambda(\alpha)^{-1})^{-1} \ .$$

Nous disons que $\lambda \in X(P)$ est <u>régulier</u> si D est définie en λ et donc en λ^{-1}. Pour $p \in P^{++}$ fixé, on a une identité entre fonctions méromorphes

$$\hat{\chi}_p(\lambda^{-1}) = \sum_{w \in W^o} D(w\lambda)(w\lambda)(p) \ ;$$

en particulier, on a

$$1 = \sum_{w \in W^o} D(w\lambda) \ .$$

Si $\lambda \in X(P)$ n'est pas régulier, la valeur de $\hat{\chi}_p$ en λ^{-1}

s'obtient par une application de la règle de De l'Hôpital. Par exemple, on a

$$\hat{\chi}_p(1) = \prod_{\alpha \in R_+} (\rho+p|\alpha)(\rho|\alpha)^{-1} .$$

Généralement, si $\lambda \in X(P)$ est fixé, on peut associer aux transformés λ' de λ par W^o des polynômes $\delta_{\lambda'}$ sur P^{++}, de degré $\leq \mathrm{Card}(R_+)$, de telle sorte que, pour tout $p \in P^{++}$, on ait

$$\hat{\chi}_p(\lambda^{-1}) = \sum_{w \in W^o} \delta_{w\lambda}(p)(w\lambda)(p) \quad ;$$

l'unicité des polynômes $\delta_{w\lambda}$ est traitée au nº 3.4 dans un cadre général.

Enfin, soit μ la forme linéaire sur A telle que $\mu(\chi_0) = 1$ et que $\mu(\chi_p) = 0$ pour tout $p \in P^{++}-\{o\}$. Alors, pour tout $\varphi \in A$, on a

$$\mu(\varphi) = \mathrm{Card}(W^o)^{-1} \int_{\hat{P}} |D(\lambda)|^{-2} \hat{\varphi}(\lambda)\, d\lambda \quad ;$$

où $d\lambda$ désigne la mesure de Haar normalisée sur le groupe $\hat{P}$ des caractères unitaires de P. C'est la célèbre formule d'intégration de H. Weyl.

(3.3.8) Nous allons maintenant nous donner une autre base de A.

Supposons que des nombres positifs q_α soient associés aux racines α de R de telle sorte que $q_{w\alpha} = q_\alpha$ si $w \in W^o$ et si $\alpha \in R$. Soit q la fonction quasi-multiplicative sur (W^o, S^o) telle que $q(s_\beta) = q_\beta$ pour toute $\beta \in R_b$. D'autre part, δ désigne le morphisme de P dans $\underline{\underline{R}}^*_+$ tel que $\delta(\alpha) = q_\beta^2$ pour toute $\beta \in R_b$.

Avec ces notations, si $p \in P^{++}$, nous posons

$$\varphi_p = \Big(\sum_{w \in W^o} q(w)^{-1}\Big)^{-1} \delta(p)^{-\frac{1}{2}} J\Big\{e^{\rho+p} \prod_{\alpha \in R_+} (1 - q_\alpha^{-1} e^{-\alpha})\Big\} \Big/ d \quad .$$

Nous allons étudier certaines propriétés de la base de A constituée par les éléments φ_p.

(i) En vertu de (3.1.4), on voit que $p-r \in Q^+$ si $r \in P$ est dans le support de φ_p et, de plus, que l'on a

$$\varphi_p(p) = \Big(\sum_{w \in W^o} q(w)^{-1}\Big)^{-1} \delta(p)^{-\frac{1}{2}} \Big(\sum_{w \in W_p} q(w)^{-1}\Big)$$

où W_p désigne le stabilisateur de p dans W^o.

Par conséquent, les éléments φ_p, où $p \in P^{++}$, forment une base de A.

(ii) Si $\alpha \in R$, nous posons, pour $\lambda \in X(P)$,

$$c_\alpha(\lambda) = \sqrt{q_\alpha}\,(1 - q_\alpha^{-1}\lambda(\alpha)^{-1}) \Big/ (1 - \lambda(\alpha)^{-1}) .$$

Puis nous posons

$$c(\lambda) = \prod_{\alpha \in R_+} c_\alpha(\lambda) \quad ;$$

c'est une fonction méromorphe sur $X(P)$ définie au moins à tous les points réguliers.

Alors, pour $p \in P^{++}$ fixé, on a une identité entre fonctions méromorphes

$$q(w_o)^{\frac{1}{2}} \Big(\sum_{w \in W^o} q(w)^{-1}\Big) \delta(p)^{\frac{1}{2}} \hat{\varphi}_p(\lambda^{-1}) = \sum_{w \in W^o} c(w\lambda)(w\lambda)(p)$$

où w_o est l'élément de longueur maximum dans W^o.

Si $\lambda \in X(P)$ est fixé, il existe des polynômes $\gamma_{w\lambda}$ sur P^{++}, de degré $\leqslant \mathrm{Card}(R_+)$, tels que, pour tout $p \in P^{++}$, on ait

$$q(w_o)^{\frac{1}{2}} \Big(\sum_{w \in W^o} q(w)^{-1}\Big) \delta(p)^{\frac{1}{2}} \hat{\varphi}_p(\lambda^{-1}) = \sum_{w \in W^o} \gamma_{w\lambda}(p)(w\lambda)(p) .$$

(iii) En particulier, en posant $p = o$, on a

$$\sum_{w \in W^o} c(w\lambda) = q(w_o)^{\frac{1}{2}} \sum_{w \in W^o} q(w)^{-1} .$$

Ensuite, en supposant $\delta^{\frac{1}{2}}$ régulier, on a

$$c(\delta^{\frac{1}{2}}) = q(w_o)^{\frac{1}{2}} \sum_{w \in W^o} q(w)^{-1} \quad ;$$

c'est la formule de Macdonald [19], qui généralise celle de Chevalley rappelée en (3.2.11).

Notons également que, pour tout $\lambda \in X(P)$, on a

$$\sum_{w \in W^o} \gamma_{w\lambda}(o) = q(w_o)^{\frac{1}{2}} \sum_{w \in W^o} q(w)^{-1} \neq 0 .$$

(iv) Nous donnons aussi un énoncé plus général, qui se déduit de la dernière assertion appliquée à un système de racines de rang inférieur.

Soit R_b' une partie de R_b et soit R_+' l'ensemble des racines positives de R qui soient des combinaisons linéaires des éléments de R_b'. Supposons, pour $\lambda \in X(P)$ fixé, que $c_\alpha(\lambda)$ soit défini et non nul pour toute $\alpha \in R_+ - R_+'$. Alors on a

$$\sum_{w \in W'} \gamma_{w\lambda}(o) \neq 0 ,$$

où W' est le sous-groupe de W^o engendré par les éléments de S^o associés à ceux de R_b'.

(v) Soit μ la forme linéaire sur A définie de la manière suivante:

$$\mu(\varphi_p) = \begin{cases} \left(\sum_{w \in W^o} q(w)\right)^{-1} & \text{si } p = o ; \\ 0 \quad \text{si } p \in P^{++} - \{o\}. \end{cases}$$

Supposons en outre que $q_\alpha \geq 1$ pour toute $\alpha \in R$. Alors, pour tout $\varphi \in A$, on a

$$\mu(\varphi) = \mathrm{Card}(W^o)^{-1} \int_{\hat{P}} \hat{\varphi}(\lambda) \left|c(\lambda)\right|^{-2} d\lambda \quad ;$$

où $d\lambda$ désigne la mesure de Haar normalisée sur le groupe $\hat{P}$ des caractères unitaires de P.

En effet, pour $p \in P^{++}$, nous avons tout d'abord

$$(\sum_{w \in W^o} q(w))\mathrm{Card}(W^o)^{-1}\int_{\hat{P}} \hat{\varphi}_p(\lambda)\,|c(\lambda)|^{-2}d\lambda$$

$$= \mathrm{Card}(W^o)^{-1}\delta(p)^{-\frac{1}{2}}\,q(w_o)^{\frac{1}{2}}\sum_{w \in W^o}\int_{\hat{P}} c(w\lambda)(w\lambda)(p)\,|c(\lambda)|^{-2}d\lambda$$

$$= \delta(p)^{-\frac{1}{2}}\,q(w_o)^{\frac{1}{2}}\int_{\hat{P}}\lambda(p)c(\lambda^{-1})^{-1}d\lambda \quad .$$

Puis, si $p \notin Q^{++}$, on voit aisément que cette dernière intégrale s'annule. Si $p \in Q^{++}$, nous posons $z_\alpha = \lambda(\alpha)$ pour chaque $\alpha \in R_b$ et transformons la mesure de Haar $d\lambda$ en le produit des intégrales curvilignes $(2\pi i)^{-1}z_\alpha^{-1}dz_\alpha$ sur les cercles unité; alors, $\lambda(p)$ devient un monôme en les z_α, et, d'après notre hypothèse sur q, la fonction $c(\lambda^{-1})^{-1}$, des variables z_α, n'a pas de singularité dans le polydisque unité. Nous en déduisons donc le résultat désiré, en vertu du théorème des résidus de Cauchy.

(3.3.9) Pour un certain système de racines réduit, nous allons nous donner une nouvelle base de A.

On suppose que R est irréductible et que l'on a $\langle\alpha^\vee, Q\rangle = 2\mathbb{Z}$ pour au moins une racine $\alpha^\vee$ de $R^\vee$. On introduit alors, suivant (3.1.11), un système de racines $\bar{R}$ réduit et irréductible. Le groupe de Weyl de $\bar{R}$ s'identifie avec W^o, et l'on a $P(\bar{R}) = Q = Q(R)$ et $P(\bar{R})^{++} = Q^{++}$.

Soit $\mathbb{C}[Q]$ l'algèbre du groupe additif Q sur $\mathbb{C}$ et soit A sa sous-algèbre formée des éléments invariants par W^o. Notons $\bar{\rho}$ la demi-somme des racines positives de $\bar{R}$, et posons $\bar{d} = Je^{\bar{\rho}}$ comme en (3.3.2). D'autre part, $X(Q)$ désigne le groupe de Lie complexe des morphismes de Q dans $\mathbb{C}^*$.

Supposons, par ailleurs, que des nombres positifs q_α et q'_α associés aux éléments α de R vérifient les conditions suivantes:

(a) Si $w \in W^o$ et si $\alpha \in R$, on a $q_{w\alpha} = q_\alpha$ et $q'_{w\alpha} = q'_\alpha$;

(b) Si $\langle \alpha^\vee, Q \rangle = \mathbb{Z}$ pour $\alpha \in R$, on a $q_\alpha = q'_\alpha$.

Soit alors q la fonction quasi-multiplicative sur W^o telle que $q(s_\beta) = q_\beta$ pour toute $\beta \in R_b$, et soit δ le morphisme de Q dans $\mathbb{R}^*$ tel que $\delta(\beta) = q_\beta q'_\beta$ pour toute $\beta \in R_b$.

D'autre part, pour $\alpha \in R$, c_α désigne la fonction méromorphe sur $X(Q)$ définie par

$$c_\alpha(\lambda) = \sqrt{q_\alpha}\,(1 - \sqrt{q_\alpha q'_\alpha}^{\,-1}\lambda(\alpha)^{-1})(1 + \sqrt{q'_\alpha/q_\alpha}\,\lambda(\alpha)^{-1}) \Big/ (1 - \lambda(\alpha)^{-2}) \ .$$

Puis la fonction méromorphe c sur $X(Q)$ est définie par

$$c(\lambda) = \prod_{\alpha \in R_+} c_\alpha(\lambda) \ .$$

Enfin, pour $p \in Q^{++}$, nous posons

$$(\sum_{w \in W^o} q(w)^{-1})\,\delta(p)^{\frac{1}{2}} \varphi_p$$

$$= J\Big\{e^{\bar{\rho}+p} \prod_{\alpha \in R_+} (1 - \sqrt{q_\alpha q'_\alpha}^{\,-1} e^{-\alpha}) \prod_{\substack{\alpha \in R_+ \\ \alpha \notin \bar{R}}} (1 + \sqrt{q'_\alpha/q_\alpha}\, e^{-\alpha})\Big\} \Big/ \bar{d} \ .$$

Alors, avec toutes ces notations, les assertions (i), (ii), (iii) et (iv) de (3.3.8) restent entièrement valables, tandis que la formule d'intégration de (v) est valide si l'on suppose que $q_\alpha^{-1} \leq q'_\alpha \leq q_\alpha$ pour toute $\alpha \in R$.

(3.3.10) Afin de traiter simultanément des situations décrites en (3.3.8) et (3.3.9), nous considérerons désormais l'algèbre involutive $A = \mathbb{C}[Q]^{W^o}$ en supposant R irréductible. Le groupe des morphismes de Q dans $\mathbb{C}^*$ étant désigné par $X(Q)$, on notera $X(Q)_o$ le sous-groupe de $X(Q)$ formé des éléments λ tels que λ et $\bar{\lambda}^{-1}$ soient dans une même orbite de W^o dans $X(Q)$.

Supposons que des nombres positifs q_α et q'_α soient associés aux éléments α de R de telle sorte que les conditions (a) et (b) de (3.3.9) soient remplies.

Si $q_\alpha = q'_\alpha$ pour toute $\alpha \in R$, les éléments φ_p de A, où $p \in Q^{++}$, sont définis en (3.3.8). Si $\langle \alpha^\vee, Q \rangle = 2\mathbb{Z}$ pour au moins un élément α de R, les éléments φ_p de A sont définis en (3.3.9). Les deux définitions coïncident dans les cas où elles sont toutes les deux applicables. Les éléments φ_p constituent une base de A, et la forme linéaire μ sur A est définie comme en (3.3.8).

Pour $p \in Q^{++}$, nous posons

$$f_p = \sum_{w \in W^o} e^{wp} = \sum_{r \in Q^{++}} C_{p,r}\, \varphi_r .$$

Alors, les éléments f_p forment une base de A et les coefficients $C_{p,r}$ dépendent des nombres q_α et q'_α. Si p et r sont fixés et si les q_α et les q'_α sont regardés comme des variables réelles positives vérifiant les identités (a) et (b) de (3.3.9), alors $C_{p,r}$ est une fonction rationnelle des racines carrées de ces variables. En particulier, il en est ainsi pour $\mu(f_p)$.

Enfin, si $q_\alpha = q'_\alpha$ pour toute $\alpha \in R$, nous posons $\theta = J(e^\rho)J(e^{-\rho})$; sinon, nous posons $\theta = J(e^{\bar\rho})J(e^{-\bar\rho})$ en utilisant les notations de (3.3.9). Notons que θ est un élément auto-adjoint de A.

(3.3.11) En conservant les notations de (3.3.10), nous allons donner une formule d'intégration qui exprime la restriction de μ à un certain idéal auto-adjoint de A.

<u>Théorème</u>--- <u>Posons</u>

$$q(w_o)^{-1}\varphi = \prod_{\alpha \in R} (1 - \sqrt{q_\alpha q'_\alpha}^{\,-1} e^\alpha) \prod_{\substack{\alpha \in R \\ q_\alpha \neq q'_\alpha}} (1 + \sqrt{q'_\alpha / q_\alpha}\, e^\alpha) ,$$

où w_o est l'élément de longueur maximum dans W^o. Alors:

(i) Si $f \in A$ et si $f\theta = \sum_{p \in Q} (f\theta)_p e^p$, on a $\mu(f\varphi) = \mathrm{Card}(W^o)^{-1}(f\theta)_o$.

(ii) Si $f \in A$, on a

$$\mu(f\varphi) = \mathrm{Card}(W^o)^{-1} \int_{\hat{Q}} \hat{f}(\lambda)\hat{\varphi}(\lambda) \, |c(\lambda)|^{-2} \, d\lambda$$

où $d\lambda$ désigne la mesure de Haar normalisée sur le groupe $\hat{Q}$ des caractères unitaires de Q.

Notons d'abord que $\hat{\varphi}(\lambda)\theta(\lambda)^{-1} = c(\lambda)c(\lambda^{-1})$ sur $X(Q)$. Si $f \in A$, on a donc

$$(f\theta)_o = \int_{\hat{Q}} \hat{f}(\lambda)\hat{\theta}(\lambda) \, d\lambda = \int_{\hat{Q}} \hat{f}(\lambda)\hat{\varphi}(\lambda) \, |c(\lambda)|^{-2} \, d\lambda \, .$$

Or, on sait déjà que, dans le cas particulier où $1 \leqslant q'_\alpha \leqslant q_\alpha$ pour toute $\alpha \in R$, cette dernière intégrale est égale à $\mathrm{Card}(W^o)\mu(f\varphi)$. Compte tenu de la remarque de (3.3.10) et du principe de prolongement des identités rationnelles, on a donc $(f\theta)_o = \mathrm{Card}(W^o)\mu(f\varphi)$ dans le cas général. Les deux assertions de notre théorème sont ainsi démontrées.

(3.3.12) En vue de donner une autre formule d'intégration, nous rappelons tout d'abord que δ est le morphisme de Q dans $\underline{\underline{R}}^*$ tel que $\delta(\beta) = q_\beta q'_\beta$ pour toute $\beta \in R_b$.

A toute partie X de R_b, on va associer plusieurs objets déterminés par X. Soit W^o_X le sous-groupe de W^o engendré par e et les éléments s_β de S^o lorsque β parcourt X, et soit N_X l'ensemble des éléments w de W^o tels que R_b contienne wX. Soit H_X l'ensemble des éléments λ de $X(Q)$ tels que $\lambda(\beta) = \delta(\beta)^{1/2}$ pour toute $\beta \in X$ et que $w_*\lambda = \bar{\lambda}^{-1}$ pour l'élément w_* de longueur maximum dans W^o_X. Si $\lambda \in H_X$, $T_X = \lambda^{-1}H_X$ est un sous-groupe compact connexe de $X(Q)$ et il opère transitivement sur H_X. Si $X = \phi$, on a

$N_X = W^o$ et $H_X = \hat{Q}$; si $X = R_b$, on a $N_X = \{e\}$ et $H_X = \{\delta^{1/2}\}$. En outre, γ_X désigne la fonction méromorphe sur $X(Q)$ définie par

$$\gamma_X(\lambda) = c(\lambda)c(\lambda^{-1})\prod_{\beta \in X}(1 - \delta(\beta)^{-1/2}\lambda(\beta))^{-1}.$$

En utilisant ces notations, nous pouvons énoncer le résultat suivant:

Théorème--- *En supposant que* $q_\alpha q'_\alpha < 1$ *pour toute* $\alpha \in R$, *nous posons*

$$f_+ = q(w_o)\prod_{\alpha \in R-R_b}(1 - \sqrt{q_\alpha q'_\alpha}^{-1}e^{-\alpha})\prod_{\substack{\alpha \in R \\ q_\alpha \neq q'_\alpha}}(1 + \sqrt{q'_\alpha/q_\alpha}\, e^{-\alpha}) ,$$

$$\varphi = \sum_{w \in W^o} wf_+ ,$$

où w_o *est l'élément de longueur maximum dans* W^o. *Alors:*

(i) φ *est un élément auto-adjoint de* A *et* $\hat{\varphi}(\delta^{1/2})$ *est différent de* 0.

(ii) *Si* $f \in A$ *et si* $f\theta = \sum_{p \in Q}(f\theta)_p e^p$, *alors on a*

$$\mu(f\varphi) = \sum_{p \in Q^+} \delta(p)^{-1/2}(f\theta)_p .$$

(iii) *Si* X *est une partie de* R_b, *la fonction* $\hat{\varphi}\gamma_X^{-1}$ *est définie à tous les points de* H_X. *Si* $X = R_b$, *on a* $\hat{\varphi}(\delta^{1/2}) = \gamma_X(\delta^{1/2})\hat{\theta}(\delta^{1/2})$.

(iv) *Si* $f \in A$, *on a*

$$\mu(f\varphi) = \sum_{X \subset R_b} \mathrm{Card}(N_X)^{-1}\int_{H_X} \hat{f}(\lambda)\hat{\varphi}(\lambda)\gamma_X(\lambda)^{-1}\, d\lambda$$

où, pour chaque partie X *de* R_b, $d\lambda$ *désigne la mesure sur* H_X *invariante par* T_X *et de masse totale* 1.

Démontrons l'assertion (i). D'une part, φ est un élément auto-adjoint de A puisque $f_+ + w_o f_+$ est un élément auto-adjoint de $\underline{C}[Q]$. D'autre part, on a

$$\hat{\varphi}(\delta^{1/2}) = \hat{f}_+(\delta^{1/2}) = c_\varphi \prod_{\alpha \in R-R_b}(1 - \sqrt{q_\alpha q'_\alpha}^{-1}\delta(\alpha)^{1/2}) ,$$

où c_φ est un nombre positif. Or notre hypothèse entraîne facilement que $\delta(\alpha) > 1$ si $\alpha \in -R_+$ et que $\delta(\alpha) < q_\alpha q'_\alpha$ si $\alpha \in R_+ - R_b$. D'où résulte notre assertion.

Pour examiner (ii), nous abandonnons notre hypothèse sur les nombres q_α et q'_α tout en conservant la définition de φ. On a sur $X(Q)$

$$\hat{\varphi}(\lambda)c(\lambda)^{-1}c(\lambda^{-1})^{-1} = \sum_{w \in W^0} \hat{\theta}(w\lambda) \prod_{\beta \in R_b} (1 - \sqrt{q_\beta q'_\beta}^{-1}\lambda(w^{-1}\beta))^{-1} .$$

Si $f \in A$ et si $1 < q'_\alpha \leq q_\alpha$ pour toute $\alpha \in R$, on a donc

$$\begin{aligned} \mu(f\varphi) &= \mathrm{Card}(W^0)^{-1}\int_{\hat{Q}} \hat{f}(\lambda)\hat{\varphi}(\lambda)\,|c(\lambda)|^{-2}\,d\lambda \\ &= \int_{\hat{Q}} \hat{f}(\lambda)\hat{\theta}(\lambda)\prod_{\beta \in R_b} (1 - \sqrt{q_\beta q'_\beta}^{-1}\lambda(\beta))^{-1}\,d\lambda \\ &= \sum_{p \in Q^+} \delta(p)^{-1/2}(f\theta)_p . \end{aligned}$$

Puis, par le raisonnement déjà utilisé en (3.3.11), on en conclut que, pour tout $f \in A$, on a

$$\mu(f\varphi) = \sum_{p \in Q^+} \delta(p)^{-1/2}(f\theta)_p$$

sans aucune restriction sur les nombres q_α et q'_α.

Quant à (iii), on voit d'abord que, si $\lambda \in H_X$, on a

$$\hat{\varphi}(\lambda)\gamma_X(\lambda)^{-1} = \sum_{w \in N_X} \hat{\theta}(w\lambda) \prod_{\beta \in R_b - wX} (1 - \sqrt{q_\beta q'_\beta}^{-1}(w\lambda)(\beta))^{-1} ;$$

or, si $w \in N_X$ et si $\lambda \in wH_X = H_{wX}$, d'après notre hypothèse on a $|\lambda(\beta)| \geq 1$ pour toute $\beta \in R_b - wX$. En conséquence, $\hat{\varphi}\gamma_X^{-1}$ est définie à tous les points de H_X.

Nous allons maintenant considérer la formule d'intégration de (iv). D'après ce qui précède, la valeur à comparer avec $\mu(f\varphi)$ est égale à

$$I(f) = \sum_{X \subset R_b} \int_{H_X} \hat{f}(\lambda)\hat{\theta}(\lambda) \prod_{\beta \in R_b - X} (1 - \sqrt{q_\beta q'_\beta}^{-1}\lambda(\beta))^{-1}\,d\lambda .$$

Or, la formule des résidus permet de calculer immédiatement ces dernières intégrales.

Afin d'exprimer les valeurs de celles-ci, nous allons associer à chaque partie Y de R_b une forme linéaire R_Y sur $\underline{\underline{C}}[Q]$. En rappelant que R_b est une base de Q, on note Q_Y le sous-monoïde de Q formé des éléments p ayant leurs coordonnées $n_\beta(p) \geqslant 0$ pour les éléments β de $R_b - Y$. Puis, si $f \in \underline{\underline{C}}[Q]$ et si $f = \sum_{p \in Q} f_p e^p$ par rapport à la base canonique de $\underline{\underline{C}}[Q]$, nous posons

$$R_Y(f) = \sum_{p \in Q_Y} \delta(p)^{-1/2} f_p \ ;$$

on a ainsi une forme linéaire R_Y sur $\underline{\underline{C}}[Q]$.

Alors, si X est une partie de R_b, on a

$$\int_{H_X} \hat{f}(\lambda)\hat{\theta}(\lambda) \prod_{\beta \in R_b - X} (1 - \sqrt{q_\beta q_\beta'}^{\,-1} \lambda(\beta))^{-1} \, d\lambda$$

$$= \sum_{Y \supset X} (-1)^{\mathrm{Card}(Y-X)} R_Y(f\theta).$$

En conséquence, on a

$$I(f) = R_\phi(f\theta) = \sum_{p \in Q^+} \delta(p)^{-1/2} (f\theta)_p \ ;$$

compte tenu de l'assertion (ii), $I(f)$ est donc égal à $\mu(f\varphi)$. Notre formule d'intégration est ainsi démontrée.

(3.3.13) Certains résultats de ce numéro seront utilisés aux n°s 4.4 et 4.5. D'autre part, on y verra que la forme linéaire μ sur A définie en (3.3.10) satisfait les conditions de (3.3.5) et que la détermination explicite d'une mesure m sur $X(Q)_0$ correspondant à μ relève essentiellement de l'Analyse complexe. Enfin, on trouvera en (5.3.20) une remarque sur la formule des caractères et le théorème de conjugaison de Weyl pour les groupes de Lie compacts connexes.

3.4. Polynômes et caractères sur un monoïde commutatif

Ce numéro, qui est un supplément au nº 3.3, donne quelques résultats élémentaires concernant certaines fonctions sur un monoïde commutatif à zéro.

(3.4.1) Soit M un monoïde commutatif à zéro. Soit $A(M)$ l'espace vectoriel sur $\mathbb{C}$ des morphismes de M dans $\mathbb{C}$, et soit $X(M)$ le groupe multiplicatif des morphismes de M dans $\mathbb{C}^*$.

Nous étudions l'algèbre de fonctions $F(M)$ sur M engendrée par $A(M)$ et $X(M)$, dont la sous-algèbre engendrée par $\mathbb{C}$ et $A(M)$ est désignée par $P(M)$. Les éléments de $P(M)$ sont appelés polynômes sur M, et ceux de $X(M)$ caractères de M.

Le monoïde M agit sur $F(M)$ par translation: si $x \in M$ et si $\varphi \in F(M)$, alors $(T_x\varphi)(y) = \varphi(x+y)$. Pour tout $\chi \in X(M)$, $\mathbb{C}\chi$ et $P(M)\chi$ sont stables par translation. Il en est de même de l'espace vectoriel des fonctions de $F(M)$ bornées sur M.

(3.4.2) Nous allons définir le degré d'un polynôme f sur M. Si $f = 0$, on pose $d^\circ(f) = -\infty$. Si $f \neq 0$, $d^\circ(f)$ est le plus petit entier $d \geq 0$ tel que, pour tout $x \in M$, $f(nx)n^{-d-1}$ converge vers 0 lorsque l'entier naturel n tend vers l'infini.

Le lemme suivant découle facilement de cette définition.

Lemme--- (i) Les éléments de $A(M)$, différents de 0, sont de degré 1.

(ii) Si $f, f' \in P(M)$, alors $d^\circ(f+f') \leq \max\{d^\circ(f), d^\circ(f')\}$.

(iii) Si $f, f' \in P(M)-\{0\}$, alors $d^\circ(ff') = d^\circ(f) + d^\circ(f')$.

(iv) Si $f \in P(M)$ est de degré 0, f est une fonction constante.

(v) Si $x \in M$ et si $f \in P(M)-\{0\}$, alors $d^\circ(f - T_xf) < d^\circ(f)$.

(3.4.3) Nous pouvons maintenant énoncer la proposition suivante:

Proposition--- Soient $\chi_1, \chi_2, \ldots, \chi_k$ des caractères distincts de M et soient $f_1, f_2, \ldots, f_k$ des polynômes non nuls sur M. Posons

$$\varphi = \sum_{j=1}^{k} f_j \chi_j .$$

(i) Le sous-espace vectoriel de F(M) engendré par les translatées de φ contiennent les caractères $\chi_1, \chi_2, \ldots, \chi_k$ de M.

(ii) φ n'est pas identiquement nulle sur M.

(iii) Si φ est bornée sur M, il en est de même des caractères χ_1, $\chi_2, \ldots, \chi_k$ de M.

Notons d'abord que la première assertion entraîne immédiatement les deux autres. Pour établir que χ_1 appartient à l'espace vectoriel E défini dans (i), nous procédons par récurrence sur k et sur la somme des degrés des polynômes f_j. Si $k = 1$ et si $d^o(f_1) = 0$, notre assertion est triviale. Ensuite, nous distinguons deux cas:

(a) Supposons que $d^o(f_1) \neq 0$. Alors, nous choisissons un élément x de M tel que $f_1(x) \neq f_1(o)$ et nous posons

$$\varphi' = \varphi - \chi_1(x)^{-1} T_x \varphi = \sum_{j=1}^{k} f'_j \chi_j \ ;$$

où, d'après (3.4.2), $0 \leq d^o(f'_1) < d^o(f_1)$ et $d^o(f'_j) \leq d^o(f_j)$ pour $j = 2, 3, \ldots, k$. D'après l'hypothèse de récurrence, χ_1 appartient donc à E.

(b) Supposons que $k \geq 2$ et que $d^o(f_1) = 0$. Alors, nous choisissons un élément x de M tel que $\chi_1(x) \neq \chi_2(x)$ et nous posons

$$\varphi' = \varphi - \chi_2(x)^{-1} T_x \varphi = \sum_{j=1}^{k} f'_j \chi_j \ ;$$

où, d'après (3.4.2), $d^o(f'_1) = 0$, $d^o(f'_2) < d^o(f_2)$ et $d^o(f'_j) \leq d^o(f_j)$

pour $j = 3, 4, \ldots, k$. D'après l'hypothèse de récurrence, χ_1 appartient donc à E.

(3.4.4) Signalons enfin un lemme élémentaire et bien connu, qui donne une réciproque partielle de l'énoncé (iii) de (3.4.3) et qui sera utilisé au nº 4.3.

Lemme--- Supposons que M soit engendré par un nombre fini d'éléments. Si f est un polynôme sur M et si χ est un caractère de M tel que $|\chi(x)| < 1$ pour tout $x \in M-\{o\}$, alors la fonction $f\chi$ est bornée sur M et la somme $\sum_{x \in M} |f(x)\chi(x)|$ est convergente.

§ 4 Analyse harmonique dans les groupes de Weyl affines

4.1. Représentations de la série principale

Le but de ce paragraphe est de développer l'analyse harmonique, telle qu'elle est formulée au §2, dans les groupes de Weyl affines W et d'en donner des théorèmes fondamentaux et quelques résultats explicites. On notera que notre méthode s'applique également aux groupes $\widetilde{W}$ de (3.1.6) et à certaines algèbres involutives $\underline{K}(\widetilde{W}, q)$ sur $\widetilde{W}$ définies en (2.1.15).

Dans ce paragraphe, nous adoptons généralement les hypothèses et les notations des n°s 3.1 et 3.2. En particulier, (W, S) est le système de Coxeter, défini en (3.1.6), dans le groupe de Weyl affine W associé à un système de racines $R^{\vee}$ réduit et irréductible, et T est le sous-groupe commutatif de W formé des éléments de W dont les conjugués sont en nombre fini. De plus, on choisit un sous-système (W^o, S^o) de (W, S) tel que W soit produit semi-direct de W^o par T; alors T^{++} est le sous-monoïde de T formé des éléments t de T tels que $\ell(wt) = \ell(w) + \ell(t)$ pour tout $w \in W^o$, et T^+ est le sous-monoïde de T engendré par les éléments de T s'écrivant sous la forme $(twt^{-1}w^{-1})^{\frac{1}{2}}$ avec $t \in T^{++}$ et $w \in W^o$.

Soit q une fonction quasi-multiplicative sur W à valeurs réelles positives et soit $\underline{K}(W, q)$ l'algèbre de convolution sur W définie par q [voir (2.1.8), (2.1.14)]. L'algèbre $\underline{K}(W^o, q)$ définie sur W^o devient une sous-algèbre involutive de $\underline{K}(W, q)$. En outre, $X(T)$ désigne le groupe de Lie complexe connexe des morphismes de T dans $\underline{\underline{C}}^*$ et δ est, comme en (3.2.9), le morphisme de T dans $\underline{\underline{R}}^*$ coïncidant sur T^{++} avec q.

(4.1.1) Nous allons définir une représentation π de l'algèbre $\underline{K}(W, q)$ dans l'espace vectoriel $\underline{C}(W)$ des fonctions sur W à valeurs complexes. Rappelons tout d'abord que $\underline{K}(W, q)$ est engendrée par les éléments ε_s où $s \in S$, et que (3.1.8) donne une bijection de S sur $R_b^\vee \cup \{\alpha^\vee\}$.

Si $s \in S$ et si $f \in \underline{C}(W)$, nous posons pour $w \in W^o$ et $t \in T$,

$$(\pi(\varepsilon_s)f)(wt) = \begin{cases} f(swt) + (q(s)-1)f(wt) & \text{si } w^{-1}(\alpha_s^\vee) \in R_+^\vee \,; \\ q(s)f(swt) & \text{sinon.} \end{cases}$$

Nous avons à vérifier que π se prolonge en une représentation de $\underline{K}(W, q)$. D'une part, on voit aisément que, pour tout $s \in S$, on a

$$\pi(\varepsilon_s)^2 = (q(s)-1)\pi(\varepsilon_s) + q(s)\pi(\varepsilon_e)$$

où $\pi(\varepsilon_e)$ est l'automorphisme identique de $\underline{C}(W)$.

D'autre part, soit (W', S') un sous-système fini de (W, S). D'après (3.1.12), si $x \in W$, $W'x$ admet un unique élément $z = wt$ où $w \in W^o$, $t \in T$ et où $w^{-1}(\alpha_s^\vee) \in -R_+$ pour tout $s \in S'$. Alors, pour tout $s \in S'$, $w' \in W'$ et $f \in \underline{C}(W)$, on a

$$(\pi(\varepsilon_s)f)(w'z) = \begin{cases} q(s)f(sw'z) & \text{si } \ell(sw') = \ell(w') + 1 \,; \\ f(sw'z) + (q(s)-1)f(w'z) & \text{sinon.} \end{cases}$$

En comparant cette formule avec celle de (2.1.9), on voit immédiatement que π définit effectivement une représentation de l'algèbre de convolution $\underline{K}(W', q)$ sur W'.

En conséquence, en vertu de (2.1.6), π se prolonge en une représentation de $\underline{K}(W, q)$.

Signalons enfin que π peut se définir uniquement en termes de ℓ et de T^{++}. En effet, pour $s \in S$ et $x \in W$, on voit d'après (3.2.4) que x appartient à wT avec $w \in W^o$ et $w^{-1}(\alpha_s^\vee) \in R_+$ si et seulement s'il existe un élément t de T tel que $\ell(sxt') = \ell(xt') + 1$ pour tout $t' \in tT^{++}$.

(4.1.2) On désigne par $\underline{K}(W)$ le sous-espace de $\underline{C}(W)$ formé des fonctions sur W à support fini.

Lemme--- (i) $\underline{K}(W)$ est stable par π.

(ii) Pour $f = \varepsilon_e \in \underline{K}(W)$, l'application $\varphi \mapsto \pi(\varphi)f$ est une bijection de $\underline{K}(W, q)$ sur $\underline{K}(W)$.

La partie (i) est évidente. Quant à (ii), il résulte de la définition de π que, si $w \in W$, le support de $\pi(\varepsilon_w)f$ est composé de w et éventuellement d'autres éléments de W de longueur $< \ell(w)$, et ceci entraîne facilement notre assertion.

(4.1.3) Le lemme suivant nous sera très utile au nº 4.4.

Lemme--- Soient w, x des éléments de W. Alors une partie finie $Z(w, x)$ de W, déterminée par le couple (w, x) indépendamment de q, possède les propriétés suivantes:

(a) Il existe, z parcourant $Z(w, x)$, des nombres réels $c(w, x; z)$ dépendant de q, de telle sorte que, pour toute $f \in \underline{C}(W)$, on ait

$$(\pi(\varepsilon_w)f)(x) = \sum c(w, x; z)f(z) ;$$

(b) De plus, si $q(s) \geq 1$ pour tout $s \in S$, alors $c(w, x; z) \geq 0$ pour tout $z \in Z(w, x)$, et, si $q(s) > 1$ pour tout $s \in S$, alors $c(w, x; z) > 0$ pour tout $z \in Z(w, x)$.

Supposons provisoirement que $q(s) > 1$ pour tout $s \in S$. Alors, d'après la définition de π, pour $w, x \in W$ fixés, il existe un ensemble fini $Z(w, x)$ d'éléments z de W accompagnés chacun d'un nombre positif $c(w, x; z)$, de telle sorte que, pour toute $f \in \underline{C}(W)$, on ait

$$(\pi(\varepsilon_w)f)(x) = \sum c(w, x; z)f(z) .$$

Il est clair que $Z(w, x)$ et les coefficients $c(w, x; z)$ sont déterminés de manière unique par q, w et x. Or, nous vérifions aisément les énoncés suivants:

(i) $Z(e, x) = \{x\}$ pour tout $x \in W$.

(ii) Posons $x = w't$ avec $w' \in W^o$ et $t \in T$, et supposons que $\ell(sw) = \ell(w) + 1$ pour $s \in S$ et $w \in W$. Alors, si $\alpha_s^\vee \in w'(-R_+)$, $Z(sw, x)$ est identique à $Z(w, sx)$, et, si $\alpha_s^\vee \in w'(R_+)$, $Z(sw, x)$ est la réunion de $Z(w, sx)$ et $Z(w, x)$.

Nous déduisons de là, par récurrence sur $\ell(w)$, que $Z(w, x)$ est bien déterminé par le couple (w, x), indépendamment de q. Le reste du lemme est maintenant facile à vérifier.

(4.1.4) Nous pouvons explicitement formuler un cas particulier du lemme précédent.

<u>Proposition</u>--- <u>Si</u> $x \in W^oT^{++}$ <u>et si</u> $f \in \underline{C}(W)$, <u>on a</u>

$$(\pi(\varepsilon_x)f)(x) = q(x)f(e) .$$

La fonction f étant fixée, nous posons $F(x) = q(x)^{-1}(\pi(\varepsilon_x)f)(x)$. Tout d'abord, si $w \in W^o$ et si $t \in T^{++}$, d'après (3.2.3) on a $\ell(wt) = \ell(w) + \ell(t)$; d'après (4.1.1), on a donc

$$\begin{aligned} F(wt) &= q(w)^{-1}q(t)^{-1}(\pi(\varepsilon_w)\pi(\varepsilon_t)f)(wt) \\ &= q(t)^{-1}(\pi(\varepsilon_t)f)(t) \\ &= F(t) . \end{aligned}$$

Ensuite, pour prouver notre assertion pour $t \in T^{++}$, nous procédons par récurrence sur $\ell(t)$. Supposons $t \neq e$, et soit $w = w_t$ l'élément de longueur maximum dans le centralisateur de t dans W^o. Alors, d'après (3.2.4), on a $\ell(\tilde{s}wt) = \ell(wt) - 1$ où $\tilde{s} = s_{\tilde{\alpha}}t_{\tilde{\alpha}} \in S - S^o$. De plus, d'après (3.1.9), on a $\tilde{s}wt = s_{\tilde{\alpha}}wt'$ où $t' \in T^{++}$ et où $\ell(t') < \ell(t)$. Par suite, d'après (4.1.1), on a

$$\begin{aligned} F(t) = F(wt) &= q(\tilde{s})^{-1}q(\tilde{s}wt)^{-1}(\pi(\varepsilon_{\tilde{s}})\pi(\varepsilon_{\tilde{s}wt})f)(wt) \\ &= q(\tilde{s}wt)^{-1}(\pi(\varepsilon_{\tilde{s}wt})f)(\tilde{s}wt) \\ &= F(\tilde{s}wt) = F(s_{\tilde{\alpha}}wt') = F(t') . \end{aligned}$$

D'après l'hypothèse de récurrence, on a donc $F(t) = F(e)$.

(4.1.5) Pour chaque $\lambda \in X(T)$, M_λ désigne le sous-espace de $\underline{C}(W)$ formé des fonctions sur W telles que, pour tout $x \in W$ et tout $t \in T$, on ait

$$f(xt) = f(x)(\delta^{\frac{1}{2}}\lambda)(t) .$$

Alors M_λ, de dimension égale à $\mathrm{Card}(W^o)$, est stable par π, et la sous-représentation de π définie dans M_λ est notée π_λ.

Les représentations π_λ de $\underline{K}(W, q)$, paramétrées ainsi par $X(T)$, constituent par définition la <u>série principale</u> pour $\underline{K}(W, q)$.

Le lemme suivant résulte directement de (4.1.1).

<u>Lemme</u>--- <u>Soit</u> λ <u>un morphisme de</u> T <u>dans</u> $\underline{\underline{C}}^*$.

(i) <u>Si</u> $s \in S$, $\det(\pi_\lambda(\varepsilon_s))$ <u>est égal à</u> $(-q(s))^{(\dim M_\lambda)/2}$.

(ii) <u>Soit</u> L <u>la bijection de</u> M_λ <u>sur</u> $\underline{K}(W^o, q)$ <u>définie par</u> $(Lf)(w) = f(ww_o)$, <u>où</u> w_0 <u>est l'élément de longueur maximum dans</u> W^o. <u>Alors on a</u> $L(\pi(\varphi)f) = \varphi * (Lf)$ <u>pour toute</u> $\varphi \in \underline{K}(W^o, q)$ <u>et toute</u> $f \in M_\lambda$.

(4.1.6) Nous énonçons un résultat élémentaire qui fait suite à (4.1.2).

<u>Lemme</u>--- (i) <u>Si</u> $\lambda \in X(T)$, <u>on désigne</u> P_λ <u>l'application de</u> $\underline{K}(W)$ <u>dans</u> $\underline{C}(W)$ <u>définie par</u>

$$(P_\lambda f)(x) = \sum_{t \in T} f(xt)(\delta^{\frac{1}{2}}\lambda)(t^{-1}) .$$

<u>Alors</u> P_λ <u>commute avec</u> π <u>et applique</u> $\underline{K}(W)$ <u>sur</u> M_λ.

(ii) <u>Si</u> $f \in \underline{K}(W)$ <u>est différent de</u> 0, <u>il existe un élément</u> λ <u>de</u> $X(T)$ <u>tel que</u> $P_\lambda f \neq 0$.

L'énoncé (i) est évident. L'énoncé (ii) résulte, comme on le sait, soit du théorème des zéros de Hilbert appliqué à l'algèbre $\underline{K}(T)$ du groupe commutatif T, soit de l'analyse de Fourier dans T.

(4.1.7) Pour $\lambda \in X(T)$, les espaces vectoriels M_λ et $M_{\lambda^{-1}}$ sont en dualité lorsque nous posons, si $f \in M_\lambda$ et si $f' \in M_{\lambda^{-1}}$,

$$\langle f, f' \rangle = \sum_{w \in W^o} q(ww_o)f(w)f'(w) \ ;$$

où w_o est l'élément de longueur maximum dans W^o.

Rappelons aussi l'anti-automorphisme $\varphi \longrightarrow \check{\varphi}$ de $\underline{K}(W, q)$ défini en (2.1.8). Le résultat suivant signifie que $\pi_{\lambda^{-1}}$ est la représentation de $\underline{K}(W, q)$ contragrédiente à π_λ.

<u>Proposition</u>--- <u>Si</u> $\varphi \in \underline{K}(W, q)$, <u>si</u> $f \in M_\lambda$ <u>et si</u> $f' \in M_{\lambda^{-1}}$, <u>on a</u>

$$\langle \pi(\varphi)f, f' \rangle = \langle f, \pi(\check{\varphi})f' \rangle \ .$$

Pour démontrer la proposition, il suffit d'établir la formule en question pour $\varphi = \varepsilon_s$ avec $s \in S$. Tout d'abord, pour tout $\varphi \in \underline{K}(W^o, q)$, d'après (4.1.5) on a

$$\begin{aligned}
\langle \pi(\varphi)f, f' \rangle &= (L(\pi(\varphi)f))*(Lf')^\vee(e) = \varphi*(Lf)*(Lf')^\vee(e) \\
&= (Lf)*(Lf')^\vee*\varphi(e) = (Lf)*(\check{\varphi}*(Lf'))^\vee(e) \\
&= (Lf)*(L(\pi(\check{\varphi})f'))^\vee(e) \\
&= \langle f, \pi(\varphi)f' \rangle \ .
\end{aligned}$$

Posons maintenant $\varphi = \varepsilon_{\tilde{s}}$ où $\tilde{s} = s_\alpha t_\alpha \in S-S^o$. Si $w \in W^o$, on a

$$f(\tilde{s}w)f'(w) = \delta(w^{-1}t_\alpha w)f(s_\alpha w)f'(\tilde{s}s_\alpha w) \ ;$$

ensuite, si $\alpha \in w(-R_+)$, d'après (3.2.10) on a

$$q(ww_o)q(\tilde{s}) = q(s_\alpha ww_o)\delta(w^{-1}t_\alpha^{-1}w)$$

et donc

$$q(ww_o)q(\tilde{s})f(\tilde{s}w)f'(w) = q(s_\alpha ww_o)f(s_\alpha w)f'(\tilde{s}s_\alpha w) \ .$$

Par conséquent, d'après (4.1.1), on a

$$\begin{aligned}
&\langle \pi(\varphi)f, f' \rangle \\
&= \sum_{w_1} q(w_1w_o)q(\tilde{s})f(\tilde{s}w_1)f'(w_1) + \sum_{w_2} q(w_2w_o)f'(w_2)\left\{f(\tilde{s}w_2) + (q(\tilde{s})-1)f(w_2)\right\}
\end{aligned}$$

$= \sum_{w_2} q(w_2 w_0)(q(\tilde{s})-1)f(w_2)f'(w_2) + \sum_{w_2} q(w_2 w_0)\{f(w_2)f'(\tilde{s}w_2)+f(\tilde{s}w_2)f'(w_2)\}$

$= \langle f, \pi(\varphi)f' \rangle$;

où w_1 parcourt l'ensemble W_1 des éléments w de W^o tels que $\alpha \in w(-R_+)$ et où w_2 parcourt $W^o - W_1$.

(4.1.8) En particulier, si λ est un caractère unitaire de T, M_λ devient un espace hilbertien lorsque l'on pose

$$(f_1|f_2) = \langle f_1, \overline{f_2} \rangle = \sum_{w \in W^o} q(ww_o)f_1(w)\overline{f_2(w)} .$$

La proposition précédente a ainsi pour conséquence le résultat suivant:

<u>Corollaire</u>--- <u>Si</u> λ <u>est un caractère unitaire de</u> T, π_λ <u>définit une représentation unitaire de</u> $\underline{K}(W, q)$.

(4.1.9) On notera ξ_λ l'élément de M_λ définie par $L\xi_\lambda = \varepsilon_{w_0}$ avec les notations de (4.1.5).

<u>Lemme</u>--- (i) M_λ <u>coïncide avec son plus petit sous-espace contenant</u> ξ_λ <u>et stable par</u> $\underline{K}(W^o, q)$.

(ii) <u>Si</u> $t \in (T^{++})^{-1}$, <u>on a</u>

$$\pi(\varepsilon_t)\xi_\lambda = (\delta^{\frac{1}{2}}\lambda)(t^{-1})\xi_\lambda .$$

(iii) <u>Si</u> $f' \in M_{\lambda^{-1}}$ <u>et si</u> $w \in W^o$, <u>on a</u>

$$f'(w) = q(ww_o)^{-1}\langle \xi_\lambda, \pi(\varepsilon_w)^{-1}f' \rangle .$$

La partie (i) résulte facilement de (4.1.5). Démontrons (ii). Si $f' \in M_{\lambda^{-1}}$, d'après (4.1.4), on a en effet

$$\langle \pi(\varepsilon_t)\xi_\lambda, f' \rangle = \langle \xi_\lambda, \pi(\varepsilon_{t^{-1}})f' \rangle = q(w_0)(\pi(\varepsilon_{t^{-1}})f')(e)$$

$$= q(w_0)(\delta^{\frac{1}{2}}\lambda^{-1})(t)(\pi(\varepsilon_{t^{-1}})f')(t^{-1}) = q(w_0)(\delta^{\frac{1}{2}}\lambda^{-1})(t)q(t^{-1})f'(e)$$

$$= (\delta^{\frac{1}{2}}\lambda)(t^{-1})\langle \xi_\lambda, f' \rangle .$$

Pour prouver (iii), notons d'abord que, si $\varphi \in \underline{K}(W^o, q)$, on a

$$\varphi(ww_o) = q(w)(\varepsilon_w)^{-1} * \varphi(w_o) .$$

Ensuite, si $f' \in M_{\lambda-1}$, on a

$$f'(w) = (Lf')(ww_o) = q(w)(\varepsilon_w)^{-1} * (Lf')(w_o)$$
$$= q(w)L(\pi(\varepsilon_w)^{-1}f')(w_o) = q(w)(\pi(\varepsilon_w)^{-1}f')(e)$$
$$= q(ww_o)^{-1}\langle \xi_\lambda, \pi(\varepsilon_w)^{-1}f' \rangle .$$

(4.1.10) Nous pouvons maintenant énoncer un théorème important.

<u>Théorème</u>--- <u>Soit</u> ρ <u>une représentation de</u> $\underline{K}(W, q)$ <u>dans un espace vectoriel</u> E, <u>et supposons qu'un vecteur</u> ξ <u>possède les propriétés suivantes</u>:

(a) <u>Il existe un morphisme</u> λ <u>de</u> T <u>dans</u> $\underline{\underline{C}}^*$ <u>tel que, si</u> $t \in (T^{++})^{-1}$, <u>on ait</u>

$$\rho(\varepsilon_t)\xi = (\delta^{\frac{1}{2}}\lambda)(t^{-1})\xi ;$$

(b) E <u>coïncide avec son plus petit sous-espace contenant</u> ξ <u>et stable par</u> ρ.

<u>Alors il existe un opérateur d'entrelacement surjectif de</u> π_λ <u>en</u> ρ <u>transformant</u> ξ_λ <u>en</u> ξ; <u>en particulier</u> E <u>est de dimension finie</u> $\leq \mathrm{Card}(W^o)$.

Soit E^* l'espace dual de E et soit ρ^* la représentation, contragrédiente à ρ, de $\underline{K}(W, q)$ dans E^*. Pour tout $u \in E^*$, notons F_u la fonction de $M_{\lambda-1}$ déterminée sur W^o de la façon suivante:

$$F_u(w) = q(ww_o)^{-1}\langle \xi, \rho^*(\varepsilon_w)^{-1}u \rangle .$$

Nous verrons, en utilisant l'hypothèse (a), que l'application F est un opérateur d'entrelacement de ρ^* en $\pi_{\lambda-1}$. Une fois démontrée, cette assertion entraînera facilement la conclusion du théorème; en effet, d'après (4.1.9), l'application F^*, transposée de F, de M_λ

dans l'espace dual de E^* transforme ξ_λ en ξ et définit donc un opérateur d'entrelacement de π_λ en ρ, l'hypothèse (b) assurant alors la surjectivité de F^*.

Il nous reste à établir que, pour toute $\varphi \in \underline{K}(W, q)$ et $u \in E^*$, on a

$$F_{\rho^*(\varphi)u} = \pi(\varphi)F_u .$$

Nous posons $\eta = \rho(\varepsilon_{w_0})^{-1}\xi$. Alors, si $w \in W^o$, on a

$$\varepsilon_{w_0} = (\varepsilon_w)^\vee * \varepsilon_{ww_o}$$

et donc

$$F_u(w) = q(ww_o)^{-1}\langle \rho(\varepsilon_{ww_o})\eta, u\rangle .$$

Par suite, on a

$$(LF_u)(w) = q(w)^{-1}\langle \eta, \rho^*(\varepsilon_{w^{-1}})u\rangle .$$

Puis, si $\varphi \in \underline{K}(W^o, q)$, on a

$$\begin{aligned}(L(\pi(\varphi)F_u))(w) &= \varphi*(LF_u)(w) = q(w)^{-1}(\varepsilon_{w^{-1}})*\varphi*(LF_u)(e)\\ &= q(w)^{-1}\sum_{x \in W^o} q(x)((\varepsilon_{w^{-1}})*\varphi)(x)(LF_u)(x^{-1})\\ &= q(w)^{-1}\sum_{x \in W^o} ((\varepsilon_{w^{-1}})*\varphi)(x)\langle \eta, \rho^*(\varepsilon_x)u\rangle\\ &= q(w)^{-1}\langle \eta, \rho^*(\varepsilon_{w^{-1}})\rho^*(\varphi)u\rangle\\ &= (LF_{\rho^*(\varphi)u})(w) ;\end{aligned}$$

ce qui démontre notre assertion pour $\varphi \in \underline{K}(W^o, q)$.

Posons maintenant $\varphi = \varepsilon_{\tilde{s}}$ où $\tilde{s} = s_\alpha t_\alpha \in S-S^o$. Notons tout d'abord que, d'après (3.2.6) et l'hypothèse (a), si $t \in T^{++}$, on a

$$\rho(\varepsilon_t)\eta = (\delta^{\frac{1}{2}}\lambda)(w_0 t^{-1} w_0)\eta .$$

Pour $w \in W^o$, supposons que $\tilde{\alpha}^\vee \in w(-R_+^\vee)$. Alors, d'après (3.2.4), il existe un élément t de T^{++} tel que $\ell(\tilde{s}ww_o t) = \ell(ww_o t) + 1$ et que $t' = t(w_o w^{-1} t_{\tilde{\alpha}} w w_o) \in T^{++}$. On a donc

$$F_{\rho^*(\varphi)u}(w) = q(ww_o)^{-1}\langle \rho(\mathcal{E}_{ww_o})\eta, \rho^*(\mathcal{E}_{\tilde{s}})u\rangle$$

$$= q(ww_o)^{-1}(\delta^{\frac{1}{2}}\lambda)(w_o t w_o)\langle \rho(\mathcal{E}_{\tilde{s}})\rho(\mathcal{E}_{ww_o t})\eta, u\rangle$$

$$= q(ww_o)^{-1}(\delta^{\frac{1}{2}}\lambda)(w_o t w_o)\langle \rho(\mathcal{E}_{\tilde{s}ww_o t})\eta, u\rangle$$

$$= q(ww_o)^{-1}(\delta^{\frac{1}{2}}\lambda)(w_o t w_o)\langle \rho(\mathcal{E}_{s_{\tilde{\alpha}} ww_o})\rho(\mathcal{E}_{t'})\eta, u\rangle$$

$$= q(ww_o)^{-1}(\delta^{\frac{1}{2}}\lambda)(w^{-1}t_{\tilde{\alpha}}^{-1}w)q(s_{\tilde{\alpha}}ww_o)F_u(s_{\tilde{\alpha}}w)$$

$$= q(w)q(s_{\tilde{\alpha}}w)^{-1}\delta(w^{-1}t_{\tilde{\alpha}}^{-1}w)F_u(\tilde{s}w) \ ;$$

or, d'après (3.2.10), cette dernière expression est égale à $q(\tilde{s})F_u(\tilde{s}w)$.

Supposons enfin que $\tilde{\alpha}^\vee \in w(R_+^\vee)$. Alors, d'après (3.2.4), il existe un élément t de T^{++} tel que $\ell(\tilde{s}ww_o t) = \ell(ww_o t) - 1$ et que $t' = t(w_o w^{-1} t_{\tilde{\alpha}} w w_o) \in T^{++}$. On a donc

$$F_{\rho^*(\varphi)u}(w) = q(ww_o)^{-1}(\delta^{\frac{1}{2}}\lambda)(w_o t w_o)\langle \rho(\mathcal{E}_{\tilde{s}})\rho(\mathcal{E}_{ww_o t})\eta, u\rangle$$

$$= q(ww_o)^{-1}(\delta^{\frac{1}{2}}\lambda)(w_o t w_o)\langle \rho(\mathcal{E}_{\tilde{s}})^2\rho(\mathcal{E}_{\tilde{s}ww_o t})\eta, u\rangle$$

$$= q(ww_o)^{-1}(\delta^{\frac{1}{2}}\lambda)(w_o t w_o)$$
$$\times \left\{(q(\tilde{s})-1)\langle \rho(\mathcal{E}_{ww_o t})\eta, u\rangle + q(\tilde{s})\langle \rho(\mathcal{E}_{\tilde{s}ww_o t})\eta, u\rangle\right\}$$

$$= (q(\tilde{s})-1)F_u(w) + q(\tilde{s})q(w)q(s_{\tilde{\alpha}}w)^{-1}\delta(w^{-1}t_{\tilde{\alpha}}^{-1}w)F_u(\tilde{s}w) \ ;$$

or, d'après (3.2.10), le second terme de cette dernière expression est égal à $F_u(\tilde{s}w)$.

Nous avons ainsi achevé notre démonstration.

(4.1.11) La représentation π de $\underline{K}(W, q)$ dans $\underline{C}(W)$ est, en (4.1.1), définie à partir de (W^o, S^o). Elle dépend donc du choix de (W^o, S^o), et il en est de même de ses sous-représentations π_λ définies en (4.1.5).

Soit maintenant (W', S') un autre sous-système de (W, S) tel que W soit produit semi-direct de W' par T; on sait d'après (3.1.6) que l'on a $W' = \gamma W^{o}\gamma^{-1}$ pour un élément γ de Γ. A partir de (W', S'), on définit, comme en (4.1.1), la représentation π' de $\underline{K}(W, q)$ dans $\underline{C}(W)$ et ses sous-représentations π'_{λ} paramétrées par X(T).

Posons $\gamma = w_{\gamma}t_{\gamma}$ avec $w_{\gamma} \in W^{o}$ et $t_{\gamma} \in T$, et considérons l'application A de $\underline{C}(W)$ dans lui-même définie par

$$Af(x) = f(xw_{\gamma}).$$

Alors A est un opérateur d'entrelacement de π en π' et, pour tout $\lambda \in X(T)$, en définit un de π_{λ} en $\pi'_{w_{\gamma}\lambda}$, où $(w_{\gamma}\lambda)(t) = \lambda(w_{\gamma}^{-1}tw_{\gamma})$ sur T.

(4.1.12) Puisque W est produit semi-direct de W^{o} par T, tout morphisme de $\underline{K}(W^{o}, q)$ sur $\underline{\underline{C}}$ se prolonge de manière unique en un morphisme de $\underline{K}(W, q)$ sur $\underline{\underline{C}}$ associé par (2.2.4) à une fonction sphérique ω <u>positive sur</u> T.

Soit donc θ une fonction quasi-multiplicative sur W telle que $\theta(t)$ soit positif pour tout $t \in T$ et que, pour tout $s \in S$, $\theta(s)$ soit égal à 1 ou à $-q(s)^{-1}$. Nous posons $q' = q\theta^{2}$ et définissons l'algèbre involutive $\underline{K}(W, q')$ sur W. D'après (2.2.5), on a un isomorphisme τ de $\underline{K}(W, q)$ sur $\underline{K}(W, q')$ défini par

$$\tau(\varphi)(x) = \varphi(x)\theta(x)^{-1}.$$

On définit, à partir de (W^{o}, S^{0}), la représentation π' de $\underline{K}(W, q')$ dans $\underline{C}(W)$ et ses sous-représentations π'_{λ} paramétrées par X(T).

Notons δ_{θ} le morphisme de T dans $\underline{\underline{R}}^{*}$ coïncidant sur T^{++} avec θ, et considérons l'application A de $\underline{C}(W)$ dans lui-même définie de la façon suivante: pour $w \in W^{o}$ et $t \in T$,

$$Af(wt) = \theta(ww_0)^{-1}\delta(t)f(wt) .$$

Alors, pour toute $\varphi \in \underline{K}(W, q)$, on a

$$A\circ\pi(\varphi) = \pi'(\tau(\varphi))\circ A ;$$

de plus, si $\lambda \in X(T)$, A définit un opérateur d'entrelacement de π_λ en $\pi'_\lambda\circ\tau$.

4.2. Quelques théorèmes fondamentaux

Dans ce numéro, nous donnons quelques théorèmes qui découlent des résultats du nº 4.1 et qui constituent les fondements de l'analyse harmonique dans W.

(4.2.1) Le théorème suivant signifie que la série principale est pour $\underline{K}(W, q)$ une famille séparatrice de représentations.

Théorème--- Soit φ un élément de $\underline{K}(W, q)$. Si $\pi_\lambda(\varphi) = 0$ pour tout $\lambda \in X(T)$, alors $\varphi = 0$.

Cela résulte de (4.1.2) combiné avec (4.1.6).

(4.2.2) Rappelons que $\underline{K}(W, q; W^o)$ est la sous-algèbre de $\underline{K}(W, q)$ formée des fonctions sur W bi-invariantes par W^o. Compte tenu de (4.1.5), le théorème précédent a pour conséquence le résultat suivant:

Corollaire--- L'algèbre $\underline{K}(W, q; W^o)$ est commutative.

On notera que (2.1.11), combiné avec (3.1.7), nous donne une autre démonstration de la commutativité de $\underline{K}(W, q; W^o)$.

(4.2.3) D'après un théorème de I. Kaplansky (voir [9], [12]), on sait que le théorème suivant est également une conséquence de (4.2.1).

Théorème--- Toute représentation unitaire irréductible de l'algèbre involutive $\underline{K}(W, q)$ dans un espace hilbertien est de dimension finie $\leq \mathrm{Card}(W^o)$.

(4.2.4) Nous avons par ailleurs le théorème suivant:

Théorème--- Soit ρ une représentation irréductible de $\underline{K}(W, q)$ dans un espace vectoriel de dimension finie. Alors il existe des morphismes λ et λ' de T dans $\underline{\underline{C}}^*$ tels que ρ soit équivalente à une représentation quotient de π_λ et à une sous-représentation de $\pi_{\lambda'}$.

En effet, à l'aide de (3.2.6), on voit aisément que ρ et sa contragrédiente satisfont chacune les hypothèses de (4.1.10) pour un morphisme de T dans $\underline{\underline{C}}^*$.

(4.2.5) Supposons maintenant que $q(w) \geq 1$ pour tout $w \in W$. Alors $L^1(W, q)$ est une algèbre de Banach involutive et $St(W, q)$ est son algèbre stellaire enveloppante. On sait, d'après (2.4.2), que les représentations unitaires irréductibles de $St(W, q)$ sont canoniquement en correspondance biunivoque avec celles de $\underline{K}(W, q)$.

Le théorème (4.2.3) peut donc s'énoncer de la façon suivante.

Théorème--- Supposons que $q(w) \geq 1$ pour tout $w \in W$. Toute représentation unitaire irréductible de $St(W, q)$ est de dimension finie $\leq Card(W^o)$.

En particulier, dans la terminologie de [9], l'algèbre stellaire $St(W, q)$ est séparable et liminaire.

(4.2.6) Nous conservons l'hypothèse de (4.2.5) et appliquons la théorie des algèbres stellaires (cf. [9]).

Le spectre de $St(W, q)$ est un espace topologique quasi-compact dont les points sont les classes d'équivalence de représentations unitaires irréductibles de $St(W, q)$. Exactement comme pour un groupe unimodulaire séparable postliminaire, nous pouvons établir pour $\underline{K}(W, q)$ l'existence et l'unicité de la mesure de Plancherel, en combinant le théorème (4.2.5) avec la théorie générale du §2.

Théorème--- Supposons que $q(w) \geq 1$ pour tout $w \in W$. Il existe sur le spectre Σ de $St(W, q)$ une mesure positive m, et une seule, telle qu'on ait, pour toute $f \in L^1(W, q)$,

$$f(e) = \int_{\Sigma} Tr(\sigma(f)) \, dm(\sigma) .$$

Ajoutons aussi qu'une classe d'équivalence σ de représentations unitaires irréductibles de $\underline{K}(W, q)$ est de carré intégrable au sens de (2.4.3) si et seulement si $m(\{\sigma\}) > 0$ et que $m(\{\sigma\})$ est alors égal au degré formel de σ [cf. (2.4.4)].

(4.2.7) Nous conservons l'hypothèse de (4.2.5) et choisissons un morphisme ρ de $\underline{K}(W, q)$ sur $\underline{\underline{C}}$ tel que $\rho(\varepsilon_t) > 0$ pour tout $t \in T$.

Soit χ l'idempotent central de $\underline{K}(W^o, q)$ associé à la restriction de ρ à $\underline{K}(W^o, q)$, et soit $\underline{K}(W, q; \chi)$ la sous-algèbre de $\underline{K}(W, q)$ définie en (2.5.1). D'après (4.2.1), $\underline{K}(W, q; \chi)$ est commutative. Soit σ une représentation unitaire irréductible de $\underline{K}(W, q)$. Si $\sigma(\chi) = 0$, on a $Tr(\sigma(f)) = 0$ pour toute $f \in \underline{K}(W, q; \chi)$. Si $\sigma(\chi) \neq 0$, alors, pour toute $f \in \underline{K}(W, q; \chi)$, on a $Tr(\sigma(f)) = f * \omega_\sigma(e)$, où ω_σ est la fonction sphérique de type χ associée à σ.

Soit Σ_χ l'ensemble des éléments σ de Σ tels que $\sigma(\chi) \neq 0$. On peut canoniquement identifier Σ_χ avec l'ensemble $\Omega(W, q; \chi)^+$ des fonctions sphériques de type χ et de type positif pour q, et ce qui précède indique que la restriction à Σ_χ de la mesure m de (4.2.6) donne exactement la mesure sur $\Omega(W, q; \chi)^+$ que le théorème de Plancherel-Godement permet de définir en partant de l'algèbre involutive commutative $\underline{K}(W, q; \chi)$.

Enfin, soit θ la fonction sphérique sur W associée à ρ et posons $q' = q\theta^2$. Alors la transformation de (2.2.5) transforme $\underline{K}(W, q; \chi)$ en $\underline{K}(W, q'; W^o)$ et $\Omega(W, q; \chi)^+$ en l'ensemble des fonctions sphériques sur W/W^o de type positif pour q'. Pour $\underline{K}(W, q'; W^o)$, le théorème de Plancherel-Godement a déjà été énoncé en (2.5.4), en supposant la commutativité de $\underline{K}(W, q'; W^o)$ sur un système de Coxeter général.

(4.2.8) Après les résultats de ce numéro, le problème se pose de déterminer plus ou moins explicitement les représentations unitaires irréductibles de $\underline{K}(W, q)$ et la mesure de Plancherel pour $\underline{K}(W, q)$. Ce problème est résolu si $q(w) = 1$ pour tout $w \in W$ ou si S est composé de deux éléments. En effet, dans le premier cas, il s'agit de la théorie usuelle des représentations unitaires du groupe W, et le second cas, où W est diédral d'ordre infini, a déjà été traité au nº 2.6 par une méthode très particulière.

4.3. Opérateurs d'entrelacement

Nous reprenons, à ce numéro, l'étude des représentations π_λ de $\underline{K}(W, q)$ et, à l'aide de certains opérateurs d'entrelacement, nous obtiendrons notamment quelques théorèmes d'équivalence et d'irréductibilité.

(4.3.1) Nous rappelons que le groupe W^o agit sur $X(T)$ de la manière suivante: pour $w \in W^o$ et $\lambda \in X(T)$, $(w\lambda)(t) = \lambda(w^{-1}tw)$.

Pour la fonction quasi-multiplicative q sur W à valeurs positives, nous définissons, comme en (3.2.8), les nombres q_α et q'_α associés aux racines α de R. Par ailleurs, nous dirons qu'un élément λ de $X(T)$ est <u>régulier</u> relativement à q si λ vérifie la condition suivante: $\lambda(t_\alpha) \neq 1$ si $\alpha \in R$, et $\lambda(t_\alpha)^2 \neq 1$ si $\alpha \in R$ et si $q'_\alpha \neq q_\alpha$. Les éléments réguliers de $X(T)$ forment un ouvert de $X(T)$ stable par W^o.

Pour $\alpha \in R$, c_α désigne la fonction méromorphe sur $X(T)$ définie par

$$c_\alpha(\lambda) = \sqrt{q_\alpha}(1 - \sqrt{q_\alpha q'_\alpha}^{-1}\lambda(t_\alpha)^{-1})(1 + \sqrt{q'_\alpha/q_\alpha}\lambda(t_\alpha)^{-1})/(1 - \lambda(t_\alpha)^{-2}) .$$

Puis, nous posons

$$c(\lambda) = \prod_{\alpha \in R_+} c_\alpha(\lambda) \quad ;$$

c'est une fonction méromorphe sur $X(T)$ définie au moins dans l'ouvert des éléments réguliers.

<u>Lemme</u>--- (i) <u>Si</u> $\alpha \in R$, <u>on a les identités suivantes</u>:

$$c_\alpha(\lambda) + c_\alpha(\lambda^{-1}) = \sqrt{q_\alpha}(1 + q_\alpha^{-1}) \quad ;$$

$$q'_\alpha\lambda(t_\alpha)^2(\sqrt{q_\alpha}^{-1}c_\alpha(\lambda) - 1)$$
$$= q'_\alpha(\sqrt{q_\alpha}^{-1}c_\alpha(\lambda) - q_\alpha^{-1}) + \sqrt{q'_\alpha/q_\alpha}(q'_\alpha-1)\lambda(t_\alpha) \quad .$$

(ii) <u>Si</u> $\alpha \in R$ <u>et si</u> $q'_\alpha = q_\alpha$, <u>on a l'identité suivante</u>:

$$\lambda(t_\alpha)(\sqrt{q_\alpha}^{-1}c_\alpha(\lambda) - 1) = \sqrt{q_\alpha}^{-1}c_\alpha(\lambda) - q_\alpha^{-1} \quad .$$

(iii) <u>La fonction méromorphe</u> $c(\lambda)c(\lambda^{-1})$ <u>sur</u> $X(T)$ <u>est invariante par</u> W^o, <u>et l'on a</u> $c(\lambda^{-1}) = c(w_0\lambda)$ <u>si</u> w_0 <u>est l'élément de longueur maximum dans</u> W^o.

(4.3.2) Nous allons définir certains opérateurs d'entrelacement.

Pour un élément s de S^0, nous posons $\beta^\vee = \alpha_s^\vee$ avec les notations de (3.1.8); β est un élément de R_b. Si $c_\beta(\lambda)$ est défini pour $\lambda \in X(T)$, $A(s,\lambda)$ désigne l'opérateur de M_λ dans $M_{s\lambda}$ déterminé de la manière suivante: pour $f \in M_\lambda$ et $w \in W^o$, on pose

$$(A(s,\lambda)f)(w) = \begin{cases} q_\beta^{-1}f(ws) + (\sqrt{q_\beta}^{-1}c_\beta(\lambda) - q_\beta^{-1})f(w) & \text{si } w\beta \in R_+; \\ f(ws) + (\sqrt{q_\beta}^{-1}c_\beta(\lambda) - 1)f(w) & \text{sinon.} \end{cases}$$

<u>Théorème</u>--- <u>Supposons que</u> $A(s, \lambda)$ <u>soit défini pour</u> $s = s_\beta \in S^o$ <u>et</u> $\lambda \in X(T)$.

(i) $A(s, \lambda)$ <u>est un opérateur d'entrelacement de</u> π_λ <u>en</u> $\pi_{s\lambda}$.

(ii) <u>On a</u> $A(s, s\lambda)A(s, \lambda) = q_\beta^{-1}c_\beta(\lambda)c_\beta(\lambda^{-1})I$, <u>où</u> I <u>est l'application identique de</u> M_λ. <u>De plus, si</u> $c_\beta(\lambda)c_\beta(\lambda^{-1}) = 0$, $A(s, \lambda)$ <u>et</u> $A(s, s\lambda)$ <u>sont de rang</u> $\frac{1}{2}\mathrm{Card}(W^o)$.

Nous posons $s' = w_o s w_o$ où w_o est l'élément de longueur maximum dans W^o; alors s' appartient à S^o et l'on a $q_\beta = q(s) = q(s')$. Nous rappelons d'autre part la bijection L, définie en (4.1.5), de M_λ ou de $M_{s\lambda}$ sur $\underline{K}(W^o, q)$. Alors, d'après les définitions de L et de $A = A(s, \lambda)$, si $f \in M_\lambda$, on a

$$L(Af) = (Lf)*(q_\beta^{-1}\varepsilon_{s'} + (\sqrt{q_\beta}^{-1}c_\beta(\lambda) - 1)\varepsilon_e) \quad .$$

L'assertion (ii) de notre théorème s'en déduit facilement, puisque l'on a

$$\begin{aligned} &q_\beta^{-1}c_\beta(\lambda)c_\beta(\lambda^{-1})\varepsilon_e \\ &= (q_\beta^{-1}\varepsilon_{s'} + (\sqrt{q_\beta}^{-1}c_\beta(\lambda) - 1)\varepsilon_e)*(q_\beta^{-1}\varepsilon_{s'} + (\sqrt{q_\beta}^{-1}c_\beta(s\lambda) - 1)\varepsilon_e) \ . \end{aligned}$$

Ensuite, la formule ci-dessus pour A, combinée avec le lemme (4.1.5), entraîne immédiatement la formule d'entrelacement $A(\pi(\varphi)f) = \pi(\varphi)(Af)$ pour $\varphi \in \underline{K}(W^o, q)$ et $f \in M_\lambda$. Pour établir l'assertion (i) de notre théorème, il nous reste donc à démontrer que, pour $f \in M_\lambda$, $w \in W^o$ et $\varphi = \varepsilon_{\tilde{s}}$ où $\tilde{s} = s_{\tilde{\alpha}}t_{\tilde{\alpha}} \in S\text{-}S^o$, on a

$$(A(\pi(\varphi)f))(w) = (\pi(\varphi)(Af))(w) \ .$$

Pour cette démonstration qui consiste en une série de vérifications, nous allons distinguer les quatre cas suivants: (1°) $\tilde{\alpha} = -w\beta$; (2°) $\tilde{\alpha} = w\beta$; (3°) $\tilde{\alpha} \in w(-R_+)$ et $\tilde{\alpha} \neq -w\beta$; (4°) $\tilde{\alpha} \in wR_+$ et $\tilde{\alpha} \neq w\beta$.

Dans le premier cas, on a $q'_\beta = q(\tilde{s})$ et $\langle w\beta^\vee, \tilde{\alpha}\rangle = -2$. Puis, on a d'une part ,

$$(A(\pi(\varphi)f))(w) = q_\beta^{-1}(\pi(\varphi)f)(ws) + (\sqrt{q_\beta}^{-1}c_\beta(\lambda) - q_\beta^{-1})(\pi(\varphi)f)(w)$$

$$= q_\beta^{-1}f(\tilde{s}ws) + q_\beta^{-1}(q_\beta'-1)f(ws) + q_\beta'(\sqrt{q_\beta}^{-1}c_\beta(\lambda) - q_\beta^{-1})f(\tilde{s}w)$$

$$= q_\beta^{-1}f(\tilde{s}ws) + \left\{ q_\beta^{-1}(q_\beta'-1)\delta(t_\beta)^{1/2}\lambda(t_\beta) + q_\beta'(\sqrt{q_\beta}^{-1}c_\beta(\lambda) - q_\beta^{-1})\right\} f(\tilde{s}w),$$

et d'autre part

$$(\pi(\varphi)(Af))(w) = q_\beta'(Af)(\tilde{s}w) = q_\beta'(\delta^{1/2}(s\lambda))(w^{-1}t_{\tilde{\alpha}}w)(Af)(s_{\tilde{\alpha}}w)$$

$$= q_\beta'(\delta^{1/2}(s\lambda))(w^{-1}t_{\tilde{\alpha}}w)\left\{f(s_{\tilde{\alpha}}ws) + (\sqrt{q_\beta}^{-1}c_\beta(\lambda) - 1)f(s_{\tilde{\alpha}}w)\right\}$$

$$= q_\beta'\delta(t_\beta)^{\frac{1}{2}\langle w\beta^\vee,\tilde{\alpha}\rangle} f(\tilde{s}ws) + q_\beta'(\sqrt{q_\beta}^{-1}c_\beta(\lambda) - 1)\lambda(t_\beta)^{-\langle w\beta^\vee,\tilde{\alpha}\rangle}f(\tilde{s}w)$$

$$= q_\beta'\delta(t_\beta)^{-1}f(\tilde{s}ws) + q_\beta'(\sqrt{q_\beta}^{-1}c_\beta(\lambda) - 1)\lambda(t_\beta)^2 f(\tilde{s}w)\ .$$

Or, ces deux expressions sont égales en vertu des lemmes (3.2.9) et (4.2.1).

Dans le deuxième cas, on a $q_\beta' = q(\tilde{s})$ et $\langle w\beta^\vee,\tilde{\alpha}\rangle = 2$. Puis, on a d'une part

$$(A(\pi(\varphi)f))(w) = (\pi(\varphi)f)(ws) + (\sqrt{q_\beta}^{-1}c_\beta(\lambda) - 1)(\pi(\varphi)f)(w)$$

$$= q_\beta'f(\tilde{s}ws) + (\sqrt{q_\beta}^{-1}c_\beta(\lambda) - 1)f(\tilde{s}w) + (q_\beta'-1)(\sqrt{q_\beta}^{-1}c_\beta(\lambda) - 1)f(w),$$

et d'autre part

$$(\pi(\varphi)(Af))(w) = (Af)(\tilde{s}w) + (q_\beta'-1)(Af)(w)$$

$$= q_\beta^{-1}\delta(t_\beta)f(\tilde{s}ws) + (\sqrt{q_\beta}^{-1}c_\beta(\lambda) - q_\beta^{-1})\lambda(t_\beta)^{-2}f(\tilde{s}w)$$
$$+ (q_\beta'-1)\delta(t_\beta)^{-1/2}\lambda(t_\beta)^{-1}f(\tilde{s}w) + (q_\beta'-1)(\sqrt{q_\beta}^{-1}c_\beta(\lambda) - 1)f(w)\ .$$

L'égalité désirée résulte alors comme dans le premier cas.

Dans le troisième cas, on a d'une part

$$q(\tilde{s})^{-1}(A(\pi(\varphi)f))(w)$$
$$= \begin{cases} q_\beta^{-1}f(\tilde{s}ws) + (\sqrt{q_\beta}^{-1}c_\beta(\lambda) - q_\beta^{-1})f(\tilde{s}w) & \text{si} \quad w\beta \in R_+\ ; \\ f(sws) + (\sqrt{q_\beta}^{-1}c_\beta(\lambda) - 1)f(\tilde{s}w) & \text{sinon.} \end{cases}$$

D'autre part, on a

$$q(\tilde{s})^{-1}(\pi(\varphi)(Af))(w) = (Af)(\tilde{s}w) = (\delta^{1/2}(s\lambda))(w^{-1}t_{\alpha}w)(Af)(s_{\alpha}w)$$

$$=\begin{cases} q_{\beta}^{-1}\delta(t_{\beta})^{\frac{1}{2}\langle w\beta^{\vee},\alpha\rangle}f(\tilde{s}ws) + (\sqrt{q_{\beta}}^{-1}c_{\beta}(\lambda) - q_{\beta}^{-1})\lambda(t_{\beta})^{-\langle w\beta^{\vee},\alpha\rangle}f(\tilde{s}w) & \text{si } s_{\alpha}w\beta \in R_{+} ; \\ \delta(t_{\beta})^{\frac{1}{2}\langle w\beta^{\vee},\alpha\rangle}f(\tilde{s}ws) + (\sqrt{q_{\beta}}^{-1}c_{\beta}(\lambda) - 1)\ (t_{\beta})^{-\langle w\beta^{\vee},\alpha\rangle}f(\tilde{s}w) & \text{sinon.} \end{cases}$$

Puis, si $\langle w\beta^{\vee},\alpha\rangle = 0$, on a $w\beta = s_{\alpha}w\beta$ et l'égalité désirée se vérifie facilement. Si $w\beta \in R_{+}$ et si $\langle w\beta^{\vee},\alpha\rangle \neq 0$, alors on a $\langle w\beta^{\vee},\alpha\rangle = -1$, $q_{\beta} = q'_{\beta}$ et $s_{\alpha}w\beta \in -R_{+}$ [cf. (3.1.8), (3.2.8)]; on obtient donc l'égalité désirée, en vertu des lemmes (3.2.9) et (4.3.1). Si $w\beta \in -R_{+}$ et si $\langle w\beta^{\vee},\alpha\rangle \neq 0$, un raisonnement analogue s'y applique pour établir l'égalité désirée.

Dans le quatrième cas, on a d'une part

$$(A(\pi(\varphi)f))(w) - (q(\tilde{s}) - 1)(Af)(w)$$

$$=\begin{cases} q_{\beta}^{-1}f(\tilde{s}ws) + (\sqrt{q_{\beta}}^{-1}c_{\beta}(\lambda) - q_{\beta}^{-1})f(\tilde{s}w) & \text{si } w\beta \in R_{+} ; \\ f(\tilde{s}ws) + (\sqrt{q_{\beta}}^{-1}c_{\beta}(\lambda) - 1)f(\tilde{s}w) & \text{sinon.} \end{cases}$$

D'autre part, on a

$$(\pi(\varphi)(Af))(w) - (q(\tilde{s}) - 1)(Af)(w)$$

$$= (Af)(\tilde{s}w) = (\delta^{1/2}(s\lambda))(w^{-1}t_{\alpha}w)(Af)(s_{\alpha}w)$$

$$=\begin{cases} q_{\beta}^{-1}\delta(t_{\beta})^{\frac{1}{2}\langle w\beta^{\vee},\alpha\rangle}f(\tilde{s}ws) + (\sqrt{q_{\beta}}^{-1}c_{\beta}(\lambda) - q_{\beta}^{-1})\lambda(t_{\beta})^{-\langle w\beta^{\vee},\alpha\rangle}f(\tilde{s}w) & \text{si } s_{\alpha}w\beta \in R_{+} ; \\ \delta(t_{\beta})^{\frac{1}{2}\langle w\beta^{\vee},\alpha\rangle}f(\tilde{s}ws) + (\sqrt{q_{\beta}}^{-1}c_{\beta}(\lambda) - 1)\lambda(t_{\beta})^{-\langle w\beta^{\vee},\alpha\rangle}f(\tilde{s}w) & \text{sinon.} \end{cases}$$

Ensuite, on vérifie l'égalité désirée exactement comme dans le troisième cas.

Nous avons ainsi achevé la démonstration de notre théorème.

(4.3.3) Si ρ est une représentation de $\underline{K}(W, q)$ de dimension finie, on désigne par ϕ_{ρ} la fonction sur W définie par

$$\phi_{\rho}(x^{-1}) = q(x)^{-1}\mathrm{Tr}(\rho(\varepsilon_{x})) .$$

Alors, pour toute $f \in \underline{K}(W, q)$, on a $Tr(\rho(f)) = f * \phi_\rho(e)$.

D'après le lemme (3.2.6), la restriction de ϕ_ρ à T est invariante par W^o. De plus, puisque les éléments ε_t où $t \in (T^{++})^{-1}$ forment un sous-monoïde commutatif du groupe des éléments inversibles de $\underline{K}(W, q)$, la restriction de ϕ_ρ à T^{++} s'écrit sous la forme

$$\phi_\rho(t) = q(t)^{-\frac{1}{2}} \sum_\lambda m_\rho(\lambda)\lambda(t)$$

où λ parcourt $X(T)$ et où $m_\rho(\lambda)$ est un entier naturel, nul pour presque tout λ. L'entier $m_\rho(\lambda)$ est appelé la multiplicité de λ dans ρ par rapport à T^{++}.

Pour $\rho = \pi_\lambda$ où $\lambda \in X(T)$, ϕ_ρ est notée ϕ_λ. Pour $x \in W$ fixé, $\phi_\lambda(x)$ est holomorphe en λ.

Ces notations étant définies, nous allons énoncer une première conséquence du théorème (4.3.2).

<u>Théorème</u>--- (i) <u>Si</u> $\lambda \in X(T)$ <u>et si</u> $w \in W^o$, <u>on a</u> $\phi_\lambda = \phi_{w\lambda}$.
(ii) <u>Si</u> λ <u>est un caractère unitaire de</u> T <u>et si</u> $w \in W^o$, <u>alors</u> π_λ <u>et</u> $\pi_{w\lambda}$ <u>sont équivalentes</u>.
(iii) <u>Si</u> $\lambda \in X(T)$, <u>on a pour tout</u> $t \in T$

$$\phi_\lambda(t) = q(t)^{-\frac{1}{2}} \sum_{w \in W^o} (w\lambda)(t) .$$

(iv) <u>Si</u> π_λ <u>et</u> $\pi_{\lambda'}$ <u>ont une composante irréductible commune</u>, <u>alors</u> λ' <u>est un des transformés de</u> λ <u>par</u> W^o.

Tout d'abord, puisque le groupe W^o est engendré par S^o, il suffit d'établir l'assertion (i) pour $w = s \in S^o$. Or, d'après le théorème (4.3.2), on a $\phi_\lambda = \phi_{s\lambda}$ pour tout élément λ d'un ouvert non vide de $X(T)$ et donc pour tout $\lambda \in X(T)$, en vertu du principe du prolongement holomorphe. L'assertion (ii) résulte de (i), puisque π_λ est une représentation unitaire de $\underline{K}(W, q)$ si λ est unitaire. Pour démontrer (iii), on peut évidemment supposer que $t \in T^{++}$. Or, d'après le lemme (4.1.9), λ est de multiplicité $\geqslant 1$ dans π_λ par rapport à T^{++}. Par suite, d'après notre assertion (i), les transformés de λ par W^o sont également de multiplicité $\geqslant 1$ dans π_λ. L'assertion (iii) résulte de là lorsque le stabilisateur de λ dans W^o se réduit à $\{e\}$, et le cas général se vérifie alors d'après le principe du prolongement holomorphe. L'assertion (iv) est une conséquence immédiate de la précédente.

(4.3.4) Pour tout $w \in W^o$, nous allons définir un opérateur d'entrelacement $A(w, \lambda)$ de π_λ en $\pi_{w\lambda}$ au moins lorsque λ est un élément régulier de $X(T)$.

Pour $w \in W^o$, nous posons $R_w = R_+ \cap w^{-1}(-R_+)$; on a alors $\ell(w) = \mathrm{Card}(R_w)$. Si $\ell(sw) = \ell(w) + 1$ pour $s \in S^o$ et si $R_s = \{\beta\}$, on a $R_{sw} = w^{-1}\{\beta\} \cup R_w$ et $c_\beta(w\lambda) = c_\alpha(\lambda)$ où $\alpha = w^{-1}\beta$.

Si $w = s_1 s_2 \ldots s_k$ où $k = \ell(w)$ et où $s_1, s_2, \ldots, s_k \in S^o$ et si $c_\alpha(\lambda)$ est défini pour toute $\alpha \in R_w$, nous posons

$$A(w, \lambda) = A(s_1, s_2 s_3 \ldots s_k \lambda) A(s_2, s_3 s_4 \ldots s_k \lambda) \ldots A(s_k, \lambda) \quad ;$$

c'est un opérateur d'entrelacement de π_λ en $\pi_{w\lambda}$.

On voit aisément, par récurrence sur $\ell(w)$, que $(A(w, \lambda)\xi_\lambda)(w^{-1}) = 1$ et que $(A(w, \lambda)\xi_\lambda)(w') = 0$ si $w' \in W^o - \{w^{-1}\}$ et si $\ell(w') \geqslant \ell(w)$. Par conséquent, en vertu de (4.1.9) et de (4.3.3), lorsque le stabilisateur de λ dans W^o se réduit à $\{e\}$, $A(w, \lambda)$ est parfaitement déterminé par w et λ, indépendamment du choix de la décomposition réduite de w. Ensuite, d'après le principe du prolongement analytique, l'opérateur d'entrelacement $A(w, \lambda)$ de π_λ en $\pi_{w\lambda}$ est parfaitement déterminé par w et λ dès que $c_\alpha(\lambda)$ est défini pour toute $\alpha \in R_w$.

Nous avons ainsi le résultat suivant:

<u>Lemme</u>--- (i) <u>Si</u> $c_\alpha(\lambda)$ <u>est défini pour toute</u> $\alpha \in R_+ \cap w^{-1}(-R_+)$,

alors $A(w, \lambda)$ *est un opérateur d'entrelacement de* π_λ *en* $\pi_{w\lambda}$.

(ii) *Si* $\ell(ww') = \ell(w) + \ell(w')$, *on a* $A(ww', \lambda) = A(w, w'\lambda)A(w', \lambda)$.

(iii) *On a* $(A(w, \lambda)\xi_\lambda)(w^{-1}) = 1$ *et* $(A(w, \lambda)\xi_\lambda)(w') = 0$ *si* $w' \in W^o - \{w^{-1}\}$ *et si* $\ell(w') \geq \ell(w)$.

(iv) *Si* w_o *est l'élément de longueur maximum dans* W^o, *alors on a* $A(w_o, w_o\lambda)A(w_o, \lambda) = q(w_o)^{-1}c(\lambda)c(\lambda^{-1})I$ *où* I *est l'application identique de* M_λ.

(4.3.5) Nous pouvons maintenant énoncer le théorème suivant:

Théorème--- *Supposons que le stabilisateur de* $\lambda \in X(T)$ *se réduise à* $\{e\}$. *Alors*:

(i) *Si de plus* λ *est unitaire, alors* $c(\lambda)c(\lambda^{-1}) \neq 0$;

(ii) π_λ *est irréductible si et seulement si* $c(\lambda)c(\lambda^{-1}) \neq 0$.

L'assertion (i) résulte immédiatement de la définition de la fonction c. Pour établir l'énoncé (ii), supposons d'abord que $c(\lambda)c(\lambda^{-1})$ soit différent de 0. Si E est un sous-espace non nul de M_λ stable par π_λ, alors, d'après (4.3.3) combiné avec notre hypothèse primaire, E contient $A(w^{-1}, w\lambda)\xi_{w\lambda}$ pour au moins un élément w de W^o. Or, puisque $A(w_o, w\lambda) = A(w_o w, \lambda)A(w^{-1}, w\lambda)$ est injectif d'après notre hypothèse secondaire, il en est de même de $A(w^{-1}, w\lambda)$. Par suite, d'après (4.1.9), E contient $A(w^{-1}, w\lambda)M_{w\lambda}$ qui coïncide avec M_λ. En conséquence, π_λ est irréductible. Supposons enfin que $c(\lambda)c(\lambda^{-1}) = 0$. Alors, d'après (4.3.4), ni $A(w_o, \lambda)$ ni $A(w_o, w_o\lambda)$ ne s'annulent tandis que notre hypothèse entraîne la nullité de leur composé. Par suite, le noyau de $A(w_o, \lambda)$ est un sous-espace non trivial de M_λ stable par π_λ, ce qui montre que π_λ n'est pas irréductible.

(4.3.6) Le lemme suivant donne une propriété des représentations unitaires irréductibles de $\underline{K}(W, q)$.

<u>Lemme</u>--- <u>Supposons que</u> ρ <u>soit une représentation unitaire irréductible de</u> $\underline{K}(W, q)$ <u>dans un espace hilbertien et que</u> J <u>soit un opérateur d'entrelacement surjectif de</u> π_λ <u>en</u> ρ. <u>Alors</u>:

(i) $\lambda^* = \bar{\lambda}^{-1}$ <u>est un des transformés de</u> λ <u>par</u> W^o;

(ii) <u>Il existe un unique opérateur d'entrelacement</u> C <u>de</u> ρ <u>en</u> π_{λ^*} <u>de telle sorte que, pour</u> $A = CJ$ <u>et pour tout</u> $u, v \in M_\lambda$, <u>on ait</u>

$(Ju|Jv) = \langle u, \overline{Av}\rangle$.

D'après (4.1.7), $\pi_{\lambda^{-1}}$ est la représentation de $\underline{K}(W, q)$ contragrédiente à π_λ. L'assertion (ii) de notre lemme en résulte facilement. L'assertion (i) est une conséquence de (ii), compte tenu du théorème (4.3.3).

(4.3.7) Soit maintenant ρ une représentation de $\underline{K}(W, q)$ dans un espace vectoriel E de dimension finie et soit ρ^* la représentation de $\underline{K}(W, q)$, contragrédiente à ρ, dans le dual E^* de E. Si $u \in E$ et si $v \in E^*$, on désigne par $c_{u,v}$ la fonction sur W définie par $c_{u,v}(x) = q(x)^{-1}\langle u, \rho^*(\varepsilon_x)v\rangle$. Alors on a $c_{u',v} = f*c_{u,v}$ pour $f \in \underline{K}(W, q)$ et $u' = \rho(f)u$.

On rappelle que la notion de polynôme sur T^{++} est définie au nº 3.4 et que, d'après (4.3.3), la restriction de ϕ_ρ à T^{++} s'ecrit sous la forme

$$\phi_\rho(t) = q(t)^{-\frac{1}{2}}\sum_\lambda m_\rho(\lambda)\lambda(t) .$$

<u>Lemme</u>--- <u>Si</u> $u \in E$ <u>et si</u> $v \in E^*$, <u>il existe des polynômes</u> f_λ <u>sur</u> T^{++}, <u>où</u> $\lambda \in X(T)$ <u>avec</u> $m_\rho(\lambda) \neq 0$, <u>de telle sorte que, pour tout</u> $t \in T^{++}$, <u>on ait</u>

$$q(t)^{-1}\langle u, \rho^*(\varepsilon_t)v\rangle = q(t)^{-\frac{1}{2}}\sum_\lambda f_\lambda(t)\lambda(t) .$$

Pour $t \in (T^{++})^{-1}$, nous posons $\rho(\varepsilon_t) = \sigma(t)\eta(t)$ où $\sigma(t)$ [resp. $\eta(t)$] est la composante semi-simple [resp. unipotente] de $\rho(\varepsilon_t)$.

Ensuite, si on définit $\alpha(t) = \log \eta(t)$, on a $\eta(t) = \exp \alpha(t)$. De plus, si $t, t' \in (T^{++})^{-1}$, on a $\sigma(tt') = \sigma(t)\sigma(t')$, $\eta(tt') = \eta(t)\eta(t')$, $\alpha(tt') = \alpha(t) + \alpha(t')$ et $\sigma(t)\eta(t') = \eta(t')\sigma(t)$. En vertu de l'additivité de α, si l'on pose $f(t) = \langle \eta(t^{-1})u, v\rangle$, alors f est un polynôme sur T^{++} de degré $\leq \dim \rho$. En conséquence, tenant compte de la décomposition de E par rapport aux opérateurs $\sigma(t^{-1})$, on obtient finalement la formule de notre lemme.

(4.3.8) Le lemme précédent va nous permettre d'établir le résultat suivant, dont un cas particulier a déjà été traité dans la proposition (3.2.7).

Théorème--- Soit ρ une représentation irréductible de $\underline{K}(W, q)$ de dimension finie. Pour que ρ soit équivalente à une représentation unitaire irréductible de $\underline{K}(W, q)$ de carré intégrable, il faut et il suffit que $|\lambda(t)| < 1$ pour tout $t \in T^{++}-\{e\}$ et tout $\lambda \in X(T)$ de multiplicité $m_\rho(\lambda) \neq 0$ dans ρ par rapport à T^{++}.

Supposons d'abord que ρ soit unitaire de carré intégrable et que l'on ait $m_\rho(\lambda) \neq 0$ pour $\lambda \in X(T)$. Alors il existe dans E un vecteur u de norme 1 tel que, pour tout $t \in (T^{++})^{-1}$, on ait

$$q(t)^{-1}\rho(\varepsilon_t)u = q(t)^{-\frac{1}{2}}\lambda(t^{-1})u .$$

Par suite, avec les notations de (2.4.1), on a $c_{u,u}(t) = q(t)^{-\frac{1}{2}}\lambda(t)$ pour tout $t \in T^{++}$. D'après notre hypothèse et le théorème (2.4.3), on a donc

$$\sum_{t \in T^{++}} q(t)\left|c_{u,u}(t)\right|^2 = \sum_{t \in T^{++}} |\lambda(t)|^2 .$$

Puisque T^{++} est un monoïde commutatif sans torsion, il en résulte que $|\lambda(t)| < 1$ pour tout $t \in T^{++}-\{e\}$.

Supposons maintenant que $|\lambda(t)| < 1$ pour tout $t \in T^{++}-\{e\}$ et tout $\lambda \in X(T)$ avec $m_\rho(\lambda) \neq 0$. On rappelle que, si $u \in E$ et si

$v \in E^*$, on pose $c_{u,v}(x) = \langle u, q(x)^{-1}\rho^*(\varepsilon_x)v\rangle$ pour $x \in W$.

En vertu de (4.3.7) et de (3.4.4), on voit tout d'abord que, pour tout u et v, la somme $\sum_{t \in T^{++}} q(t)\left|c_{u,v}(t)\right|^2$ est convergente.

Par ailleurs, si $x \in W$ et si $s \in S$, $q(sx)^{-1}\varepsilon_{sx}$ est égal à $(q(s)^{-1}\varepsilon_s)*(q(x)^{-1}\varepsilon_x)$ ou à $(q(s)^{-1}\varepsilon_s)^{-1}*(q(x)^{-1}\varepsilon_x)$. Il existe donc un nombre fini d'éléments $f_1, f_2, \ldots, f_k$ de $\underline{K}(W^o, q)$ tels que, pour tout $t \in T^{++}$ et tout $w, w' \in W^o$, $q(wtw')^{-1}\varepsilon_{wtw'}$ soit égal à l'un des éléments $f_i*(q(t)^{-1}\varepsilon_t)*f_j$. Notons ensuite que, si $q(wtw')^{-1}\varepsilon_{wtw'} = f_i*(q(t)^{-1}\varepsilon_t)*f_j$, on a

$$c_{u,v}(wtw') = \langle\rho(\check{f}_i)u,\ q(t)^{-1}\rho^*(\varepsilon_t)\rho^*(f_j)v\rangle = c_{u_i,v_j}(t) ,$$

où $u_i = \rho(\check{f}_i)u$ et $v_j = \rho^*(f_j)v$.

Puisque $W = W^oT^{++}W^o$, on démontre ainsi que, pour tout u et v, $c_{u,v}$ est de carré q-intégrable.

Nous fixons maintenant $v \in E^*-\{o\}$ et nous associons à tout $u \in E$ la fonction $c_{u,v}$ sur W. On obtient ainsi un opérateur d'entrelacement injectif de ρ en la représentation régulière (à gauche) de $\underline{K}(W, q)$ dans $L^2(W, q)$. D'après le théorème (2.4.3), ρ est donc équivalente à une représentation unitaire irréductible de $\underline{K}(W, q)$ de carré intégrable.

(4.3.9) Le lemme (4.3.7) nous permet également de démontrer le résultat suivant:

<u>Proposition</u>--- <u>Supposons que</u> $q(w) \geq 1$ <u>pour tout</u> $w \in W$.

(i) <u>Soit</u> ρ <u>une représentation de</u> $\underline{K}(W, q)$ <u>de dimension finie</u>. <u>Si</u> $|\lambda(t)| < q(t)^{1/2}$ <u>pour tout</u> $t \in T^{++}-\{e\}$ <u>et tout</u> $\lambda \in X(T)$ <u>de multiplicité</u> $m_\rho(\lambda) \neq 0$ <u>dans</u> ρ <u>par rapport à</u> T^{++}, <u>alors</u> ϕ_ρ <u>est bornée sur</u> W.

(ii) La fonction ϕ_λ est bornée sur W si et seulement si $\lambda q^{-1/2}$ l'est sur T.

Rappelons que ϕ_ρ et ϕ_λ sont définies en (4.3.3). Notre première assertion se démontre à l'aide d'un raisonnement analogue à celui de (4.3.8) et inutile à reproduire. Compte tenu du théorème (4.3.3), notre deuxième assertion résulte facilement de la première, puisque les éléments λ de $X(T)$ tels que ϕ_λ soit bornée sur W forment un fermé de $X(T)$.

4.4. Fonctions sphériques sur W/W^o

Ce numéro est consacré à l'étude des fonctions sphériques sur W/W^o telles qu'elles sont définies en (2.5.4). Nous déterminerons notamment une formule explicite pour elles.

(4.4.1) On sait déjà que l'algèbre $\underline{K}(W, q; W^o)$ est commutative. L'idempotent χ de $\underline{K}(W^o, q)$ associé à la représentation triviale de celle-ci est donné par

$$\chi = \Big(\sum_{w \in W^o} q(w)\Big)^{-1} \sum_{w \in W^o} \varepsilon_w .$$

Si $\lambda \in X(T)$, alors $\pi(\chi)M_\lambda$ est de dimension 1. Par suite, nous associons à λ la fonction sphérique ω_λ sur W/W^o définie par

$$\omega_\lambda(x^{-1}) = q(x)^{-1}\mathrm{Tr}(\pi_\lambda(\chi * \varepsilon_x)) .$$

On a $\omega_\lambda = \chi * \phi_\lambda = \phi_\lambda * \chi$, où ϕ_λ est la fonction sur W définie en (4.3.3). Puisque $\pi_{\lambda-1}$ est contragrédiente à π_λ, on a $\phi_\lambda(x^{-1}) = \phi_{\lambda-1}(x)$ et $\omega_\lambda(x^{-1}) = \omega_{\lambda-1}(x)$ pour tout $x \in W$. D'après le théorème (4.3.3), on a également $\omega_\lambda = \omega_{w\lambda}$ si $w \in W^o$.

(4.4.2) Si $\lambda \in X(T)$, on note η_λ l'élément de M_λ tel que $\eta_\lambda(w) = 1$ pour tout $w \in W^o$. D'après (4.1.5), si w_o désigne l'élément de longueur maximum dans W^o, on a

$$\pi(\chi)\xi_\lambda = (\sum_{w\in W^o} q(w))^{-1} q(w_o)\eta_\lambda .$$

<u>Lemme</u>--- <u>Si</u> $\lambda \in X(T)$ <u>et si</u> $t \in T^{++}$, <u>on a</u>

$$\omega_\lambda(t^{-1}) = (\sum_{w\in W^o} q(w))^{-1} q(t)^{-1} \sum_{w\in W^o} (\pi(\varepsilon_{wt})\eta_\lambda)(e) .$$

En effet, on a

$$\begin{aligned}\omega_\lambda(t^{-1}) &= q(w_o)^{-1} q(t)^{-1} \langle \pi(\varepsilon_t)\eta_\lambda , \pi(\chi)\xi_{\lambda^{-1}} \rangle \\ &= q(w_o)^{-1} q(t)^{-1} \langle \pi(\chi)\pi(\varepsilon_t)\eta_\lambda , \xi_{\lambda^{-1}} \rangle \\ &= (\sum_{w\in W^o} q(w))^{-1} q(w_o)^{-1} q(t)^{-1} \sum_{w\in W^o} \langle \pi(\varepsilon_{wt})\eta_\lambda , \xi_{\lambda^{-1}} \rangle \\ &= (\sum_{w\in W^o} q(w))^{-1} q(t)^{-1} \sum_{w\in W^o} (\pi(\varepsilon_{wt})\eta_\lambda)(e) .\end{aligned}$$

(4.4.3) L'algèbre involutive $\underline{K}(T)$ est définie relativement à la mesure de Haar canonique sur le groupe discret T. On note $\underline{K}(T)^{W^o}$ la sous-algèbre involutive de $\underline{K}(T)$ formée des éléments invariants par W^o.

<u>Lemme</u>--- (i) <u>Il existe un morphisme injectif</u> F <u>d'algèbres involutives de</u> $\underline{K}(W, q; W^o)$ <u>dans</u> $\underline{K}(T)^{W^o}$ <u>de telle sorte que l'on ait</u> $F_f * \lambda(e) = f * \omega_\lambda(e)$ <u>pour toute</u> $f \in \underline{K}(W, q; W^o)$ <u>et tout</u> $\lambda \in X(T)$; <u>de plus</u>, <u>si</u> f <u>est à valeurs réelles</u>, <u>il en est de même de</u> F_f.

(ii) <u>Supposons que</u> $q(w) \geq 1$ <u>pour tout</u> $w \in W$. <u>Alors</u>, <u>si</u> $f \in \underline{K}(W, q; W^o)$ <u>est à valeurs réelles non négatives</u>, <u>il en est de même de</u> F_f.

(iii) <u>Supposns que</u> $q(s) > 1$ <u>pour tout</u> $s \in S$. <u>Si</u> $t \in T$ <u>et si</u> g_t <u>désigne la fonction caractéristique de</u> $W^o t W^o$, <u>le support</u> C_t <u>de</u> F_{g_t} <u>est parfaitement déterminé par</u> t, <u>indépendamment de</u> q.

Si $t \in T$, nous posons

$$f_t = (\sum_{x\in W^o t W^o} q(x))^{-1} \sum_{x\in W^o t W^o} \varepsilon_x .$$

Alors, les éléments f_t, où $t \in T^{++}$, forment une base de $\underline{K}(W, q; W^o)$.

D'après (4.4.2), si $t \in T^{++}$, on a

$$f_t * \omega_\lambda(e) = \omega_\lambda(t^{-1})$$
$$= (\sum_{w \in W^o} q(w))^{-1} q(t)^{-1} \sum_{w \in W^o} (\pi(\varepsilon_{wt})\eta_\lambda)(e) .$$

Puis, d'après le lemme (4.1.3), on a

$$(\pi(\varepsilon_{wt})\eta_\lambda)(e) = \sum_z c(wt, e; z)\, \eta_\lambda(z) ,$$

où z parcourt la partie finie $Z(wt, e)$ de W déterminée par wt et où les nombres réels $c(wt, e; z)$ dépendent de q et non de λ. Si on pose $z = w_z t_z^{-1}$ avec $w_z \in W^o$ et $t_z \in T$, on a donc

$$(\pi(\varepsilon_{wt})\eta_\lambda)(e) = \sum_z c(wt, e; z) \delta(t_z^{-1})^{1/2} \lambda(t_z^{-1}) .$$

En conséquence, il existe une application linéaire F de $\underline{K}(W, q; W^o)$ dans $\underline{K}(T)$ telle que l'on ait $F_f * \lambda(e) = f * \omega_\lambda(e)$ pour toute $f \in \underline{K}(W, q; W^o)$ et tout $\lambda \in X(T)$. Puisque $\omega_{w\lambda} = \omega_\lambda$ pour $\lambda \in X(T)$ et $w \in W^o$, F_f appartient à $\underline{K}(T)^{W^o}$. On voit aussi que F est un morphisme d'algèbres de $\underline{K}(W, q; W^o)$ dans $\underline{K}(T)^{W^o}$, puisque tout $\lambda \in X(T)$ définit un morphisme $\hat{\omega}_\lambda$ de $\underline{K}(W, q; W^o)$ sur $\underline{\underline{C}}$ lorsqu'on pose $\hat{\omega}_\lambda(f) = f * \omega_\lambda(e)$. De plus, F est injectif en vertu du théorème (4.2.1).

Les autres assertions de notre lemme résultent directement du lemme (4.1.3).

(4.4.4) Supposons que $q(w) \geqslant 1$ pour tout $w \in W$. Alors on a $q(tt') \leqslant q(t)q(t')$ pour tout $t, t' \in T$. Par conséquent, les fonctions complexes sur T intégrables par rapport à $q^{1/2}$ forment une algèbre de Banach involutive $L^1(T, q^{1/2})$. On note $L^1(T, q^{1/2})^{W^o}$ la sous-algèbre involutive de $L^1(T, q^{1/2})$ formée des éléments invariants par W^o.

Nous énonçons maintenant une première conséquence du lemme (4.4.3).

<u>Proposition</u>--- <u>Supposons que</u> $q(w) \geqslant 1$ <u>pour tout</u> $w \in W$. <u>Alors</u>:

(i) F <u>se prolonge en un morphisme d'algèbres normées involutives de</u> $L^1(W, q; W^o)$ <u>dans</u> $L^1(T, q^{1/2})^{W^o}$;

(ii) <u>Si</u> $\lambda q^{-1/2}$ <u>est bornée sur</u> T, <u>alors</u> ω_λ <u>est bornée sur</u> W.

Fixons provisoirement $\lambda = \delta^{-1/2}$. Alors, puisque $\omega_\lambda = 1$, on a $\|f\|_1 = |f| * \omega_\lambda(e)$ pour toute $f \in \underline{K}(W, q)$. D'autre part, si $f \in \underline{K}(W, q; W^o)$ et si $t \in T$, on a $|F_f(t)| \leqslant F_{|f|}(t)$ en vertu de (4.4.3). Par suite, on a

$$\sum_{t \in T} q(t)^{1/2}|F_f(t)| \leqslant \sum_{t \in T} q(t)^{1/2} F_{|f|}(t)$$

$$\leqslant \mathrm{Card}(W^o) \sum_{t \in T^{++}} q(t)^{1/2} F_{|f|}(t) \leqslant \mathrm{Card}(W^o) \sum_{t \in T} F_{|f|}(t)\delta(t^{-1})^{-1/2}$$

$$= \mathrm{Card}(W^o)|f| * \omega_\lambda(e) = \mathrm{Card}(W^o)\|f\|_1 .$$

En conséquence, on voit que F se prolonge en un morphisme d'algèbres normées de $L^1(W, q; W^o)$ dans $L^1(T, q^{1/2})^{W^o}$. Enfin, notre deuxième assertion résulte facilement soit de la première soit de la proposition (4.3.9).

(4.4.5) Le lemme suivant, dont la démonstration s'appuie sur les opérateurs d'entrelacement définis au nº 4.3, nous permettra d'établir une formule explicite pour F.

<u>Lemme</u>--- (i) <u>Si</u> $t \in T^{++}$, <u>on a</u>

$$q(t)^{-1}(\pi(\varepsilon_t)\eta_\lambda)(e) = q(t)^{-1/2}\lambda(t^{-1}) .$$

(ii) <u>Supposons que</u> $\ell(sw) = \ell(w) + 1$ <u>pour</u> $w \in W^o$ <u>et</u> $s = s_\beta \in S^o$ <u>avec</u> $\beta \in R_b$. <u>Alors, si</u> $t \in T^{++}$ <u>et si</u> $c_\beta(\lambda)$ <u>est défini, on a</u>

$$\sqrt{q_\beta}^{-1} c_\beta(\lambda) q(wt)^{-1}(\pi(\varepsilon_{wt})\eta_{s\lambda})(e)$$

$$= q(swt)^{-1}(\pi(\varepsilon_{swt})\eta_\lambda)(e) + (\sqrt{q_\beta}^{-1}c_\beta(\lambda) - 1)q(wt)^{-1}(\pi(\varepsilon_{wt})\eta_\lambda)(e) .$$

Notre première formule résulte de la proposition (4.1.4); on a en effet

$$q(t)^{-1}(\pi(\varepsilon_t)\eta_\lambda)(e) = q(t)^{-1}(\delta^{1/2}\lambda)(t^{-1})(\pi(\varepsilon_t)\eta_\lambda)(t)$$

$$= (\delta^{1/2}\lambda)(t^{-1})\,\eta_\lambda(e) = q(t)^{-1/2}\lambda(t^{-1}) .$$

Pour démontrer notre deuxième formule, on note tout d'abord que $A(s, \lambda)\eta_\lambda = \sqrt{q_\beta}^{-1}c_\beta(\lambda)\eta_{s\lambda}$ où $A(s, \lambda)$ est l'opérateur d'entrelacement de π_λ en $\pi_{s\lambda}$ défini en (4.3.2). Ensuite, on a

$$\sqrt{q_\beta}^{-1}c_\beta(\lambda)q(wt)^{-1}(\pi(\varepsilon_{wt})\eta_{s\lambda})(e)$$

$$= q(wt)^{-1}(\pi(\varepsilon_{wt})A(s, \lambda)\eta_\lambda)(e) = q(wt)^{-1}(A(s, \lambda)\pi(\varepsilon_{wt})\eta_\lambda)(e)$$

$$= q_\beta^{-1}q(wt)^{-1}(\pi(\varepsilon_{wt})\eta_\lambda)(s) + (\sqrt{q_\beta}^{-1}c_\beta(\lambda) - q_\beta^{-1})q(wt)^{-1}(\pi(\varepsilon_{wt})\eta_\lambda)(e)$$

$$= q(swt)^{-1}(\pi(\varepsilon_{swt})\eta_\lambda)(e) + (\sqrt{q_\beta}^{-1}c_\beta(\lambda) - 1)q(wt)^{-1}(\pi(\varepsilon_{wt})\eta_\lambda)(e) .$$

(4.4.6) Nous pouvons maintenant donner une formule explicite pour les fonctions sphériques ω_λ. Rappelons qu'on a $W = W^oT^{++}W^o$ et que, pour $x \in W$ fixé, $\omega_\lambda(x)$ est holomorphe en λ.

<u>Théorème</u>--- <u>Si</u> $t \in T^{++}$, <u>on a l'identité entre fonctions méromorphes sur</u> $X(T)$:

$$\omega_\lambda(t) = \Big(\sum_{w \in W^o} q(w)\Big)^{-1}q(w_o)^{1/2}q(t)^{-1/2}\sum_{w \in W^o} c(w\lambda)(w\lambda)(t) ,$$

<u>où</u> w_o <u>est l'élément de longueur maximum dans</u> W^o.

Puisqu'il s'agit d'une identité entre fonctions méromorphes, il suffit d'établir l'égalité de ses deux membres lorsque λ appartient à un ouvert non vide de $X(T)$. Nous fixons donc un élément λ de $X(T)$ en supposant que son stabilisateur dans W^o se réduise à $\{e\}$. En vertu des lemmes (4.4.2) et (4.4.5), il existe alors des nombres $\gamma(w\lambda^{-1})$, associés aux transformés $w\lambda^{-1}$ de λ^{-1}, de telle sorte que, pour tout $t \in T^{++}$, on ait

$$\omega_\lambda(t^{-1}) = (\sum_{w\in W^o} q(w))^{-1} q(t)^{-1/2} \sum_{w\in W^o} \gamma(w\lambda^{-1})(w\lambda^{-1})(t) .$$

On sait d'après (3.4.3) que les nombres $\gamma(w\lambda^{-1})$ sont bien déterminés. D'après les formules de (4.4.5), on a de plus

$$\gamma(w_o\lambda^{-1}) = q(w_o) \prod_{\alpha\in R_+} \sqrt{q_\alpha}^{-1} c_\alpha(\lambda)$$

$$= q(w_o)^{1/2} c(\lambda) = q(w_o)^{1/2} c(w_o\lambda^{-1}) .$$

Puisque $\omega_\lambda = \omega_{w\lambda}$ si $w \in W^o$, on en déduit que $\gamma(\lambda') = q(w_o)^{1/2} c(\lambda')$ pour tout transformé $\lambda' = w\lambda^{-1}$ de λ^{-1}. En conséquence, pour tout $t \in T^{++}$, on a finalement

$$\omega_\lambda(t) = \omega_{\lambda^{-1}}(t^{-1})$$

$$= (\sum_{w\in W^o} q(w))^{-1} q(w_o)^{1/2} q(t)^{-1/2} \sum_{w\in W^o} c(w\lambda)(w\lambda)(t) .$$

(4.4.7) Nous allons maintenant décrire une formule explicite pour F, qui n'est évidemment qu'une autre façon d'énoncer le théorème précédent.

Puisque T est, d'après (3.1.5), canoniquement isomorphe à Q, l'algèbre $\underline{K}(T)$ s'identifie à l'algèbre $\underline{\underline{C}}[Q]$ du groupe additif Q et $\underline{K}(T)^{W^o}$ à $\underline{\underline{C}}[Q]^{W^o}$.

On suppose d'abord que $q_\alpha = q'_\alpha$ pour toute racine α de R. Alors, pour utiliser les notations de (3.3.8), nous plongeons Q dans P, $\underline{\underline{C}}[Q]$ dans $\underline{\underline{C}}[P]$ et $\underline{\underline{C}}[Q]^{W^o}$ dans $\underline{\underline{C}}[P]^{W^o}$. Lorsque p parcourt Q^{++}, les éléments φ_p définis en (3.3.8) forment une base de $\underline{\underline{C}}[Q]^{W^o}$. De plus, si $p \in Q^{++}$ et si $\lambda \in X(Q)$, on a

$$\hat{\varphi}_p(\lambda) = (\sum_{w\in W^o} q(w))^{-1} q(w_o)^{1/2} \delta(p)^{-1/2} \sum_{w\in W^o} c(w\lambda^{-1})(w\lambda^{-1})(t) .$$

D'autre part, les éléments f_t définis en (4.4.3) constituent une base de $\underline{K}(W, q; W^o)$ lorsque t parcourt T^{++}. D'après le théorème

(4.4.6), si $p \in Q^{++}$ et si $\lambda \in X(Q) = X(T)$, on a pour $t = t_p$

$$F_{f_t} * \lambda(e) = \omega_\lambda(t^{-1}) = \hat{\varphi}_p(\lambda) = \varphi_p * \lambda(e) .$$

En conséquence, pour $t = t_p$ où $p \in Q^{++}$, on a

$$F_{f_t} = \varphi_p = \Big(\sum_{w \in W^o} q(w)^{-1}\Big)^{-1} \delta(p)^{-1/2} \; J\Big\{e^{\rho+p} \prod_{\alpha \in R_+} (1 - q_\alpha^{-1} e^{-\alpha})\Big\} \Big/ J e^{\rho} .$$

On en conclut notamment que F est un isomorphisme de $\underline{K}(W, q; W^o)$ sur $\underline{K}(T)^{W^o}$.

On suppose enfin que $q_\alpha \neq q'_\alpha$ pour au moins une racine α de R. Alors, en utilisant les notations de (3.3.9), nous pouvons également établir une formule explicite pour F. En particulier, on voit ainsi que F est un isomorphisme de $\underline{K}(W, q; W^o)$ sur $\underline{K}(T)^{W^o}$.

(4.4.8) Nous pouvons énoncer le théorème suivant:

Théorème--- (i) F est un isomorphisme d'algèbres involutives de $\underline{K}(W, q; W^o)$ sur $\underline{K}(T)^{W^o}$.

(ii) Toute fonction sphérique sur W/W^o s'écrit sous la forme ω_λ avec un élément λ de $X(T)$.

(iii) $\omega_\lambda = \omega_{\lambda'}$ si et seulement si λ' est un des transformés de λ par W^o.

Nous venons d'établir la première assertion. Les autres assertions résultent facilement de la première [cf. (1.2.6)].

(4.4.9) La formule explicite pour F nous permet de démontrer le résultat suivant. Rappelons que, si $t \in T$, l'élément f_t de $\underline{K}(W, q; W^o)$ est défini en (4.4.3).

Théorème--- (i) Si $t \in T^{++}$, le support de F_{f_t} est contenu dans $t(T^+)^{-1}$.

(ii) Supposons que $q(s) > 1$ pour tout $s \in S$. Alors, si $t \in T^{++}$ et si C_t désigne le support de F_{f_t}, on a $C_t \cap T^{++} = T^{++} \cap t(T^+)$.

Si $p \in Q^{++}$ et si $t = t_p$, d'après (4.4.7) on a $F_{f_t} = \varphi_p$ avec les notations de (3.3.8) ou de (3.3.9). Or, nous avons déjà signalé au nº 3.3 que le support de φ_p est contenu dans $p-Q^+$ en vertu de (3.1.4). D'où notre première assertion.

Afin de démontrer l'autre assertion, nous fixons $t = t_p$ où $p \in Q^{++}$. Puisque, d'après (4.4.3), C_t est déterminé par t indépendamment de q, on suppose que q prend sur S une valeur unique $q_o > 1$. Nous posons ensuite

$$\varphi'_p = \Big(\sum_{w \in W^o} q(w)^{-1}\Big) \delta(p)^{1/2} \varphi_p = J\Big\{e^{\rho+p} \prod_{\alpha \in R_+} (1 - q_o^{-1} e^{-\alpha})\Big\} \Big/ Je^{\rho} \; ;$$

alors, quel que soit q_o, φ'_p appartient à l'espace vectoriel A_t, de dimension finie, constitué par les éléments de $\underline{C}[Q]^{W^o}$ s'annulant en dehors de C_t. Or, lorsque q_o tend vers l'infini, φ'_p converge dans A_t vers l'élément χ_p défini en (3.3.6). En conséquence, C_t contient le support de χ_p qui est déterminé en (3.3.6). Compte tenu de notre première assertion, on voit ainsi que C_t coïncide avec le support de χ_p. Finalement, on a donc $C_t \cap T^{++} = T^{++} \cap t(T^+)^{-1}$.

(4.4.10) La question que nous allons maintenant traiter est liée à une certaine tradition arithmétique de la théorie des fonctions sphériques sur W/W^o.

On suppose que q est une fonction quasi-multiplicative sur W à valeurs entières positives. On note $\underline{H}(W, q)$ le sous-anneau de $\underline{K}(W, q)$ formé des fonctions à support fini sur W à valeurs entières.

Les éléments de $\underline{H}(W, q)$ bi-invariants par W^o forment un sous-module $\underline{H}(W, q; W^o)$ de $\underline{H}(W, q)$. Si $t \in T$, on désigne par g_t la fonction caractéristique de W^otW^o dans W. Les éléments g_t constituent une base de $\underline{H}(W, q; W^o)$ lorsque t parcourt T^{++}. D'une part, on a $g_e * g_e = Ng_e$ où N est un entier positif. D'autre part, tout élément de $\underline{H}(W, q; W^o)$ est divisible, dans $\underline{H}(W, q)$, par g_e à gauche [resp. à droite]. En conséquence, si $f, f' \in \underline{H}(W, q; W^o)$, alors $N^{-1} f * f' \in \underline{H}(W, q; W^o)$.

Si $f, f' \in \underline{H}(W, q; W^o)$, nous posons $f \circ f' = N^{-1} f * f'$. Ainsi $\underline{H}(W, q; W^o)$ devient un anneau, dont g_e est l'élément unité. En outre, si l'on pose $H_f = N^{-1} F_f$ pour $f \in \underline{H}(W, q; W^o)$, alors H est un isomorphisme de $\underline{H}(W, q; W^o)$ sur un sous-anneau de $\underline{K}(T)^{W^o}$.

<u>Théorème</u>--- (i) <u>Un élément</u> φ <u>de</u> $\underline{K}(T)^{W^o}$ <u>appartient à l'image de</u> H <u>si et seulement si</u> $\varphi q^{-1/2}$ <u>est à valeurs entières</u>. <u>En particulier, si</u> $t \in T$, <u>on a</u> $H_{g_t}(t) = q(t)^{1/2}$.
(ii) <u>Si le monoïde commutatif</u> T^{++} <u>est engendré par</u> $\{t_o = e, t_1, t_2, \dots, t_k\}$, <u>alors l'anneau commutatif</u> $\underline{H}(W, q; W^o)$ <u>est engendré par</u> $\{g_e, g_{t_1}, g_{t_2}, \dots, g_{t_k}\}$.

Nous allons calculer H_{g_t} pour $t \in T^{++}$. Tout d'abord, d'après (3.2.7) on a

$$g_t = \Big(\sum_{x \in W^o t W^o} q(x)\Big) f_t = Nq(t)\Big(\sum_{w \in W^o} q(w)^{-1}\Big)\Big(\sum_{w \in W_t} q(w)^{-1}\Big)^{-1} f_t ,$$

où W_t est le stabilisateur de t dans W^o. Ensuite, d'après (4.4.2) on a pour $\lambda \in X(T)$

$$H_{g_t} * \lambda(e) = q(t)\Big(\sum_{w \in W^o} q(w)^{-1}\Big)\Big(\sum_{w \in W_t} q(w)^{-1}\Big)^{-1} F_{f_t} * \lambda(e)$$

$$= q(w_o)^{-1} q(w_t)\Big(\sum_{w \in W_t} q(w)\Big)^{-1} \sum_{w \in W^o} (\pi(\mathcal{E}_{wt})\eta_\lambda)(e) ,$$

où w_t est, comme en (3.2.5), l'élément de longueur maximum dans W_t. Or, en adoptant les notations de (3.2.5), pour $w' \in W_t'$ on a

$$\sum_{w\in W_t} \pi(\varepsilon_{w'wt})\eta_\lambda = \sum_{w\in W_t} \pi(\varepsilon_{w't})(\pi(\varepsilon_w)\eta_\lambda)$$

$$= (\sum_{w\in W_t} q(w))\pi(\varepsilon_{w't})\eta_\lambda = (\sum_{w\in W_t} q(w))\pi(\varepsilon_{w'tw_tw_o})(\pi(\varepsilon_{w_ow_t})\eta_\lambda)$$

$$= q(w_o)q(w_t)^{-1}(\sum_{w\in W_t} q(w))\pi(\varepsilon_{w'tw_tw_o})\eta_\lambda .$$

En conséquence, on a

$$H_{g_t} * \lambda(e) = \sum_{w'\in W'_t} (\pi(\varepsilon_{w'tw_tw_o})\eta_\lambda)(e)$$

$$= \sum_z n_z \eta_\lambda(z^{-1}) = \sum_z n_z \delta(z)^{-1/2}\lambda(z^{-1}),$$

où z parcourt le support de F_{f_t} et où chaque n_z est un entier positif ne dépendant pas de λ. Si $z \in (T^{++})^{-1}$, on a donc

$$H_{g_t}(z) = n_z\delta(z)^{-1/2} = n_z q(z)^{1/2} ;$$

ce qui démontre que $q^{-1/2}H_{g_t}$ est à valeurs entières, puisque H_{g_t} est invariante par W^o.

D'autre part, d'après (4.4.7) combiné avec (3.3.8) ou (3.3.9), on a pour $t = t_p \in T^{++}$

$$F_{f_t}(t) = \varphi_p(p) = (\sum_{w\in W^o} q(w)^{-1})^{-1}(\sum_{w\in W_t} q(w)^{-1})q(t)^{-1/2} ;$$

ce qui entraîne que $H_{g_t}(t) = q(t)^{1/2}$.

On a ainsi établi que $q^{-1/2}H_f$ est à valeurs entières pour toute $f \in \underline{H}(W, q; W^o)$ et que $H_{g_t}(t) = q(t)^{1/2}$ pour tout $t \in T^{++}$. On sait aussi que, si $t \in T^{++}$, le support de H_{g_t} est contenu dans $t(T^+)^{-1}$. Et ces propriétés de H entraînent facilement les assertions de notre théorème.

(4.4.11) Nous énonçons maintenant une réciproque de la proposition (4.4.4).

<u>Théorème</u>--- <u>Supposons que</u> $q(w) \geqslant 1$ <u>pour tout</u> $w \in W$. <u>Alors</u> ω_λ

<u>est bornée sur</u> W <u>si et seulement si</u> $\lambda q^{-1/2}$ <u>est bornée sur</u> T.

On sait déjà que ω_λ est bornée sur W si $\lambda q^{-1/2}$ l'est sur T. Tout d'abord, nous allons établir la réciproque en supposant que $q_\alpha \leqslant q'_\alpha$ pour toute racine α de R. Le cas ainsi exclu sera ensuite traité séparément.

Chaque orbite de W^o dans $X(T)$ contient un élément λ tel que $|\lambda(t_\beta)| \geqslant 1$ pour toute $\beta \in R_b$. Fixons un tel élément λ de $X(T)$. Alors on a $|\lambda(wtw^{-1})| \leqslant |\lambda(t)|$ si $t \in T^{++}$ et si $w \in W^o$. D'autre part, nous notons R'_+ l'ensemble des racines positives α de R telles que $|\lambda(t_\alpha)| = 1$, et nous posons $R'_b = R_b \cap R'_+$. Alors, si $\alpha \in R_+ - R'_+$, on a $|\lambda(t_\alpha)| > 1$ et donc $c_\alpha(\lambda) \neq 0$ en vertu de notre hypothèse supplémentaire sur q.

D'après le lemme (4.3.7), il existe des polynômes $\gamma_{w\lambda}$ sur T^{++}, associés aux transformés $w\lambda$ de λ, de telle sorte que, pour tout $t \in T^{++}$, on ait

$$\omega_\lambda(t) = q(t)^{-1/2} \sum_{w \in W^o} \gamma_{w\lambda}(t)(w\lambda)(t) .$$

Or, en combinant ce qui précède et une remarque de (3.3.8) ou (3.3.9), on voit que

$$\sum_{w \in W'} \gamma_{w\lambda}(e) \neq 0 ,$$

où W' est le sous-groupe de W^o engendré par les éléments de S^o associés à ceux de R'_b.

En conséquence, si ω_λ est bornée sur T^{++}, alors, d'après (3.4.3), $(w\lambda)q^{-1/2}$ est bornée sur T^{++} pour au moins un élément w de W'. Puisque $|\lambda| = |w\lambda|$ si $w \in W'$, on en conclut que $\lambda q^{-1/2}$ est alors bornée sur T^{++} et donc sur T. Notre théorème est ainsi démontré sous l'hypothèse que $q_\alpha \geqslant q'_\alpha$ pour toute racine α de R.

(4.4.12) Pour achever de démontrer le théorème (4.4.11), il nous reste à traiter le cas où $q_\alpha < q'_\alpha$ pour au moins une racine α de R. L'inégalité entre q_α et q'_α entraîne que l'on a $\langle \alpha^\vee, Q \rangle = 2\mathbb{Z}$ et donc que le système de racines réduit $R^\vee$ irréductible est de type C_r $(r \geq 1)$. En supposant que $R^\vee$ soit de type C_r, nous allons donc présenter une démonstration de (4.4.11), qui s'appuie sur certaines données explicites du système de racines R.

Puisque $R^\vee$ est de type C_r, R est de type B_r. Soit β_1 l'unique élément de R_b tel que $\langle \beta_1^\vee, Q \rangle = 2\mathbb{Z}$. Les éléments de R_+ transformés de β_1 par W^o forment alors une base de Q. Si ces éléments sont désignés dans l'ordre croissant par $\alpha_1, \alpha_2, \ldots, \alpha_r$, alors la base R_b de R est constituée par $\beta_1 = \alpha_1$, $\beta_2 = \alpha_2 - \alpha_1$, $\ldots$, $\beta_r = \alpha_r - \alpha_{r-1}$. Nous posons aussi $p_r = \alpha_r$, $p_{r-1} = p_r + \alpha_{r-1}$, $\ldots$, $p_1 = p_2 + \alpha_1$. Alors $\{\frac{1}{2}p_1, p_2, p_3, \ldots, p_r\}$ est la base duale de $\{\beta_1^\vee, \beta_2^\vee, \ldots, \beta_r^\vee\}$, et le monoïde Q^{++} est engendré par $\{o, p_1, p_2, \ldots, p_r\}$.

Soit θ un morphisme de Q dans $\mathbb{R}$ tel que $\theta(Q^{++})$ ne soit pas supérieurement borné; il existe alors un entier positif $i \leq r$ tel que $\theta(\beta_i)$, $\theta(\alpha_i)$ et $\theta(p_i)$ soient positifs.

En effet, d'après l'hypothèse sur $\theta(Q^{++})$, on a $\theta(p_k) > 0$ pour un indice k. Soit j le plus grand des indices k tels que $\theta(p_k)$ soit positif; alors on a $\theta(\alpha_j) > 0$. Soit ensuite i le plus petit des indices j tels $\theta(p_j)$ et $\theta(\alpha_j)$ soient positifs; alors $\theta(\beta_i)$, $\theta(\alpha_i)$ et $\theta(p_i)$ sont tous positifs.

Soit λ un élément de X(T) tel que $|\lambda(t_\beta)| \geq 1$ pour toute $\beta \in R_b$ et que $\lambda q^{-1/2}$ ne soit pas bornée sur T. Alors, $\lambda \delta^{-1/2}$ n'est pas bornée sur T^{++} et, d'après ce qui précède, pour un indice i on a donc

$$|\lambda(t_{\beta_i})| > \delta(t_{\beta_i})^{1/2} \geq 1 ;$$

$$|\lambda(t_{\alpha_i})| > \delta(t_{\alpha_i})^{1/2} \geq \delta(t_{\alpha_1})^{1/2} = \sqrt{q_{\alpha_1} q'_{\alpha_1}} \geq \sqrt{q'_{\alpha_1}/q_{\alpha_1}} ;$$

$$|\lambda(t_{p_i})| > q(t_{p_i})^{1/2} .$$

Pour procéder comme en (4.4.11), nous posons $R'_b = R_b - \{\beta_i\}$ et notons R'_+ l'ensemble des racines positives de R qui soient des combinaisons linéaires des éléments de R'_b. Alors, d'après ce qu'on vient de voir, si $\alpha \in R_+ - R'_+$, on a $|\lambda(t_\alpha)| > \max\left\{1, \sqrt{q'_\alpha/q_\alpha}\right\}$ et donc $c_\alpha(\lambda) \neq 0$. Comme en (4.4.11), il en résulte que, dans l'expression canonique de ω_λ sur T^{++}, on a $\gamma_{w\lambda}(e) \neq 0$ pour au moins un élément w du sous-groupe W' de W^o engendré par les éléments de S^0 associés à ceux de R'_b. D'autre part, si $w \in W'$, on a $wp_i = p_i$; ce qui entraîne que $(w\lambda)q^{-1/2}$ n'est pas bornée sur T^{++}. En vertu de (3.4.3), on peut ainsi conclure que ω_λ n'est pas bornée sur T^{++}.

La démonstration du théorème (4.4.11) est maintenant complète.

(4.4.13) Dans le cas de rang 1, nous allons donner une détermination des représentations unitaires irréductibles de $\underline{K}(W, q)$. Nous posons $R_b = \{\beta\}$, $S^0 = \{s\}$, $S = \{s, \tilde{s}\}$ et nous supposons, pour simplifier, que $q(s)$ et $q(\tilde{s})$ soient supérieurs ou égaux à 1.

Pour $\lambda \in X(T)$, l'élément η_λ de M_λ est défini en (4.4.2), et η'_λ désigne l'élément de M_λ tel que $\eta'_\lambda(e) = -q(s)^{-1}$ et $\eta'_\lambda(s) = 1$. Alors on a $\langle \eta_\lambda, \eta'_{\lambda^{-1}} \rangle = 0$. En outre, si l'opérateur d'entrelacement $A(s, \lambda)$ de π_λ en $\pi_{s\lambda}$ est défini pour λ, il transforme η_λ en $\sqrt{q_\beta}^{-1} c_\beta(\lambda)\eta_{s\lambda}$ et η'_λ en $-\sqrt{q_\beta}^{-1} c_\beta(\lambda^{-1})\eta'_{s\lambda}$.

Si $\lambda(t_\beta) = \sqrt{q_\beta q'_\beta}^{\pm 1}$, alors π_λ n'est pas irréductible et ses composantes irréductibles sont les représentations triviale et spéciale de

$\underline{K}(W, q)$. Si $\lambda(t_\beta) = (-\sqrt{q_\beta/q'_\beta})^{\pm 1}$, alors les deux composantes irréductibles de π_λ donnent les deux autres représentations de $\underline{K}(W, q)$ de dimension 1. A l'exception de ces deux, trois ou quatre cas, la représentation π_λ de $\underline{K}(W, q)$ est irréductible en vertu de (4.3.3).

On sait d'après (4.1.8) que π_λ devient unitaire si λ est un caractère unitaire de T. Ces représentations unitaires π_λ constituent la série unitaire principale pour $\underline{K}(W, q)$.

Supposons ensuite que λ soit un caractère réel non unitaire de T. Alors, en vertu des formules pour $A(s, \lambda)$ signalées plus haut, on vérifie que $(f|f) = \langle f, \overline{A(s,\lambda)f}\rangle$ est de même signe pour tout $f \in M_\lambda - \{0\}$ si et seulement si $c_\beta(\lambda)c_\beta(\lambda^{-1}) < 0$. On obtient ainsi une série de représentations unitaires irréductibles de $\underline{K}(W, q)$ de dimension 2.

D'après le lemme (4.3.6), nous voyons qu'on a ainsi trouvé toutes les représentations unitaires irréductibles de $\underline{K}(W, q)$. D'ailleurs, le même résultat a déjà été obtenu en (2.6.4) suivant une méthode différente.

En supposant que $q(s) \geqslant q(\check{s}) \geqslant 1$, nous allons enfin décrire plus explicitement les représentations unitaires irréductibles de $\underline{K}(W, q)$ n'appartenant pas à la série unitaire principale.

Si $1 < \lambda(t_\beta) \leqslant \sqrt{q_\beta q'_\beta}$, alors on a $\langle f, \overline{A(s,\lambda)f}\rangle \geqslant 0$ pour tout $f \in M_\lambda$. Si $\lambda(t_\beta) = \sqrt{q_\beta q'_\beta} > 1$, l'espace noyau de $A(s, \lambda)$ définit la représentation spéciale de $\underline{K}(W, q)$ de carré intégrable. Si $-\sqrt{q_\beta/q'_\beta} \leqslant \lambda(t_\beta) < -1$, alors on a $\langle f, \overline{A(s,\lambda)f}\rangle \geqslant 0$ pour tout $f \in M_\lambda$. Si $\lambda(t_\beta) = -\sqrt{q_\beta/q'_\beta} < -1$, l'espace noyau de $A(s, \lambda)$ définit une autre représentation de $\underline{K}(W, q)$ de carré intégrable.

4.5. Mesures de Plancherel partielles

Dans ce numéro, nous donnons quelques résultats explicites sur la mesure de Plancherel pour $\underline{K}(W, q; W^o)$ définie en (2.5.4). En particulier, si la représentation triviale de $\underline{K}(W, q)$ est de carré intégrable, son degré formel est déterminé par une formule de (4.5.3).

(4.5.1) D'après le théorème (4.4.8), on a un isomorphisme F d'algèbres involutives de $\underline{K}(W, q; W^o)$ sur $\underline{K}(T)^{W^o}$ et une application $\lambda \longmapsto \omega_\lambda$ de $X(T)$ sur l'espace topologique séparé Ω des fonctions sphériques sur W/W^o. Plus précisément, l'espace Ω est localement compact et s'identifie à l'espace quotient de $X(T)$ par W^o. Soit $X(T)_o$ l'ensemble des éléments λ de $X(T)$ tels que λ et $\bar{\lambda}^{-1}$ soient dans une même orbite de W^o dans $X(T)$; alors, l'espace quotient de $X(T)_o$ par W^o s'identifie au sous-espace fermé Ω^h de Ω formé des fonctions sphériques auto-adjointes sur W/W^o. Enfin, l'ensemble Ω^+ des fonctions sphériques sur W/W^o de type positif est un sous-espace compact de Ω^h.

Puisque l'application canonique de $X(T)_o$ sur Ω^h est propre, toute mesure sur $X(T)_o$ admet son image qui est une mesure sur Ω^h. De plus, on obtient ainsi une bijection entre l'espace vectoriel des mesures sur Ω^h et celui des mesures sur $X(T)_o$ invariantes par W^o.

D'après le théorème de Plancherel-Godement, il existe une unique mesure m à support compact sur Ω^h de telle sorte que, pour toute $f \in \underline{K}(W, q; W^o)$, on ait

$$f(e) = \int_{\Omega^h} \hat{f}(\omega)\, dm(\omega) .$$

La mesure m est positive et son support est contenu dans Ω^+.

Enfin, en vertu de la formule explicite pour F établie en (4.4.7), on voit ainsi que la détermination de la mesure de Plancherel pour

$\underline{K}(W, q; W^o)$ se ramène aux questions sur $\underline{\underline{C}}[Q]^{W^o}$ formulées en (3.3.5) et (3.3.10).

(4.5.2) On rappelle que q est une fonction quasi-multiplicative sur (W, S) à valeurs positives et que (W^o, S^o) est un sous-système de (W, S) tel que le groupe W soit produit semi-direct de W^o par T.

Supposons que $q(w) \geqslant 1$ pour tout $w \in W$. Alors, d'après (3.1.11) et (3.1.9), on peut choisir (W^o, S^o) de telle sorte qu'on ait $q(\tilde{s}) \leqslant q(s)$ si $\tilde{s} \in S\text{-}S^o$, si $s \in S^o$ et si $T\tilde{s}$ possède un élément de W conjugué à s. La mesure de Plancherel pour $\underline{K}(W, q; W^o)$ est, dans ce cas, déterminée par le théorème suivant:

<u>Théorème</u>--- <u>Supposons que</u> $1 \leqslant q'_\alpha \leqslant q_\alpha$ <u>pour toute</u> $\alpha \in R$. <u>Alors, pour toute</u> $f \in L^1(W, q; W^o)$, <u>on a</u>

$$f(e) = \mathrm{Card}(W^o)^{-1} \int_{\hat{T}} \hat{f}(\omega_\lambda) \left|c(\lambda)\right|^{-2} d\lambda$$

<u>où</u> $d\lambda$ <u>désigne la mesure de Haar normalisée sur le groupe</u> $\hat{T}$ <u>des caractères unitaires de</u> T.

En effet, cette formule d'intégration est déjà établie en (3.3.8) et (3.3.9) pour $\underline{K}(W, q; W^o)$, et son extension à $L^1(W, q; W^o)$ est immédiate.

(4.5.3) D'après le théorème de Plancherel-Godement, une détermination explicite de la mesure de Plancherel pour $\underline{K}(W, q; W^o)$ implique celle des fonctions sphériques de carré intégrable sur W/W^o et de leurs normes dans $L^2(W, q; W^o)$[cf. (2.4.3), (2.5.4)].

On sait que la fonction sphérique sur W/W^o associée à la représentation triviale τ de $\underline{K}(W, q)$ est égale à ω_λ pour $\lambda = \delta^{1/2}$. D'autre part, d'après (3.2.7), τ est de carré intégrable si et seulement si $q(t) < 1$ pour tout $t \in T\text{-}\{e\}$. S'il en est ainsi, une formule multiplicative pour le degré formel d_τ de τ est donnée par le théorème suivant:

Théorème--- Si la représentation triviale τ de $\underline{K}(W, q)$ est de carré intégrable et si $\delta(t_\alpha) \neq 1$ pour toute $\alpha \in R$, alors le degré formel d_τ de τ est donné par

$$d_\tau^{-1} = \left[c(\lambda)c(\lambda^{-1})\prod_{\beta\in R_b}(1 - \delta(t_\beta)^{-1/2}\lambda(t_\beta))^{-1}\right]_{\lambda = \delta^{1/2}} .$$

Cette formule pour d_τ généralise la formule de Bott rappelée en (3.2.11). Notons aussi qu'une formule analogue à la nôtre a été établie par Macdonald [19] suivant un procédé calculatoire.

Afin d'examiner notre théorème, nous posons

$$d_\tau^{-1} = \sum_{w\in W} q(w) ;$$

$$c_\tau = \left[c(\lambda)c(\lambda^{-1})\prod_{\beta\in R_b}(1 - \delta(t_\beta)^{-1/2}\lambda(t_\beta))^{-1}\right]_{\lambda = \delta^{1/2}} .$$

On sait que q est déterminée par ses valeurs $q(s)$ sur S, où l'on a $q(s) = q(s')$ si $s, s' \in S$ sont conjugués dans W. Si les nombres $q(s)$ sont ainsi regardés comme des variables réelles positives vérifiant certaines identités, d_τ^{-1} est dans son domaine connexe de convergence une fonction analytique de ces variables tandis que c_τ représente une fonction rationnelle des racines carrées des mêmes variables. En vertu du principe de prolongement des identités analytiques, il suffit donc de démontrer l'égalité entre d_τ^{-1} et c_τ en supposant que les nombres $q(s)$ sont tous inférieurs à 1. Ajoutons que d_τ^{-1} est ainsi calculable même si $\delta^{1/2}$ n'est pas régulier au sens de (4.3.1).

Notons ω_o la fonction sphérique sur W/W^o associée à τ et supposons que $q(w) < 1$ pour tout $w \in W-\{e\}$. D'après les théorèmes

(3.3.12) et (4.4.8), on peut alors définir des éléments φ, θ de $\underline{K}(W, q; W^{o})$ et une mesure m' à support compact sur Ω^{h} possédant les propriétés suivantes:

(i) $\hat{\varphi}(\omega_{o}) = c_{\tau}\hat{\theta}(\omega_{o}) \neq 0$;

(ii) Pour toute $f \in \underline{K}(W, q; W^{o})$, on a

$$f*\varphi^{*}*\varphi(e) = \int_{\Omega^{h}} \hat{f}(\omega)\, dm'(\omega) ;$$

(iii) $m'(\{\omega_{o}\}) = |\hat{\varphi}(\omega_{o})|^{2} c_{\tau}^{-1}$.

Si m désigne la mesure de Plancherel pour $\underline{K}(W, q; W^{o})$, la propriété (ii) de m' entraîne facilement que m' et $|\hat{\varphi}|^{2}m$ coïncident en tant que mesures à support compact sur Ω^{h}. En conséquence, d'après la propriété (iii) de m', on a

$$|\hat{\varphi}(\omega_{o})|^{2} d_{\tau} = |\hat{\varphi}(\omega_{o})|^{2} m(\{\omega_{o}\}) = m'(\{\omega_{o}\}) = |\hat{\varphi}(\omega_{o})|^{2} c_{\tau}^{-1} ;$$

d'où résulte l'égalité entre d_{τ} et c_{τ}^{-1}, puisque $\hat{\varphi}(\omega_{o})$ est différent de 0. Notre théorème est ainsi démontré.

(4.5.4) Si $\varphi \in \underline{K}(W, q; W^{o})$, nous notons Ω^{h}_{φ} l'ensemble des éléments ω de Ω^{h} tels que $\hat{\varphi}(\omega) \neq 0$. Alors, Ω^{h}_{φ} est un ouvert de Ω^{h} et toute mesure positive sur Ω^{h} induit donc sur Ω^{h}_{φ} une mesure positive.

Le lemme suivant est facile à démontrer.

<u>Lemme</u>--- <u>Supposons qu'un élément</u> φ <u>de</u> $\underline{K}(W, q; W^{o})$ <u>et une mesure positive</u> m' <u>à support compact sur</u> Ω^{h} <u>possèdent les propriétés suivantes</u>:

(a) <u>Si</u> $f \in \underline{K}(W, q; W^{o})$, <u>on a</u>

$$f*\varphi^{*}*\varphi(e) = \int_{\Omega^{h}} \hat{f}(\omega)\, |\hat{\varphi}(\omega)|^{2}\, dm'(\omega) ;$$

(b) <u>Si</u> $f \in \underline{K}(W, q; W^{o})$, <u>on a</u>

$$\int_{\Omega^{h}} \hat{f}(\omega)\, dm'(\omega) = \int_{\Omega^{h}_{\varphi}} \hat{f}(\omega)\, dm'(\omega) .$$

Alors, si m désigne la mesure de Plancherel pour $\underline{K}(W, q; W^o)$, $m - m'$ est une mesure positive à support compact sur Ω^h et $\hat{\varphi}$ s'annule sur le support de $m - m'$.

(4.5.5) Le résultat suivant résulte directement du théorème (3.3.11) combiné avec le lemme précédent.

Théorème--- Soit m la mesure de Plancherel pour $\underline{K}(W, q; W^o)$ et soit m' la mesure positive sur Ω^h définie par la formule suivante: si $\hat{f} \in \underline{K}(\Omega^h)$, on a

$$m'(\hat{f}) = \mathrm{Card}(W^o)^{-1}\int_{\hat{T}} \hat{f}(\omega_\lambda)\,|c(\lambda)|^{-2}\, d\lambda$$

où $d\lambda$ désigne la mesure de Haar normalisée sur le groupe $\hat{T}$ des caractères unitaires de T.

Soit φ l'élément de $\underline{K}(W, q; W^o)$ tel que, pour tout $\lambda \in X(T)$, on ait

$$\hat{\varphi}(\omega_\lambda) = \prod_{\alpha\in R}(1 - \sqrt{q_\alpha q_\alpha'}^{-1}\lambda(t_\alpha))\prod_{\substack{\alpha\in R\\ q_\alpha\neq q_\alpha'}}(1 + \sqrt{q_\alpha'/q_\alpha}\,\lambda(t_\alpha)) .$$

Alors, $m - m'$ est une mesure positive à support compact sur Ω^h et $\hat{\varphi}$ s'annule sur le support de $m - m'$.

Ce théorème suggère que la mesure de Plancherel m sur Ω^h se détermine par une application à la fonction $1/c(\lambda)c(\lambda^{-1})$ de la théorie des résidus en plusieurs variables. Des procédés analogues à celui de (3.3.12) y suffisent déjà dans certains cas plus ou moins particuliers. Cependant, la forme explicite de m dépend de q d'une façon assez compliquée comme des exemples vont le montrer.

(4.5.6) Pour énoncer d'une manière unifiée la formule de Plancherel pour $\underline{K}(W, q; W^o)$, il est très utile d'introduire une fonction de Heaviside h définie sur $\underline{\underline{R}}_+^*$; $h(\xi) = 1$ si $\xi < 1$ et $h(\xi) = 0$ si $\xi \geq 1$.

En supposant que $R^\vee$ soit de rang 1, nous allons rappeler le résultat de (2.6.5). Si $q_\beta q'_\beta < 1$ et si $\lambda_1(t_\beta) = \sqrt{q_\beta q'_\beta}$, ω_{λ_1} est de carré intégrable. Si $q_\beta/q'_\beta < 1$ et si $\lambda_2(t_\beta) = \sqrt{q_\beta/q'_\beta}$, ω_{λ_2} est de carré intégrable. La formule de Plancherel pour $\underline{K}(W, q; W^o)$ s'énonce ainsi de la manière suivante: si $f \in \underline{K}(W, q; W^o)$, on a

$$f(e) = \frac{1}{2}\int_{\hat{T}} \hat{f}(\omega_\lambda)\,|c(\lambda)|^{-2}\,d\lambda$$

$$+ h(q_\beta q'_\beta)\|\omega_{\lambda_1}\|^{-2}\hat{f}(\omega_{\lambda_1}) + h(q_\beta/q'_\beta)\|\omega_{\lambda_2}\|^{-2}\hat{f}(\omega_{\lambda_2}) .$$

(4.5.7) Nous supposons maintenant que $R^\vee$ soit de type C_2. Puisque R est de type B_2, nous notons β_1, β_2 les éléments de R_b de telle sorte que les autres éléments de R_+ soient $\beta_1+\beta_2$ et $2\beta_1+\beta_2$. En outre, nous posons $q_0 = \sqrt{q_{\beta_1}/q'_{\beta_1}}$, $q_1 = \sqrt{q_{\beta_1}q'_{\beta_1}}$ et $q_2 = q_{\beta_2}$; q est alors déterminée par la donnée de (q_0, q_1, q_2).

Soit H_o l'ensemble des éléments λ de $X(T)$ tels que $\lambda(t_{\beta_1}) = -q_0$ et que $|\lambda(t_{\beta_2})| = q_0^{-1}$, et soit γ_o la fonction méromorphe sur $X(T)$ définie par

$$\gamma_o(\lambda) = c(\lambda)c(\lambda^{-1})(1 + q_0^{-1}\lambda(t_{\beta_1}))^{-1} .$$

Alors $L_o = \lambda^{-1}H_o$, où $\lambda \in H_o$, est un sous-groupe compact de $X(T)$ et il existe donc sur H_o une mesure invariante par L_o et de masse totale 1. Si $h(q_0) = 1$, γ_o^{-1} est définie à tous les points de H_o.

Soit H_1 l'ensemble des éléments λ de $X(T)$ tels que $\lambda(t_{\beta_1}) = q_1$ et que $|\lambda(t_{\beta_2})| = q_1^{-1}$, et soit γ_1 la fonction méromorphe sur $X(T)$ définie par

$$\gamma_1(\lambda) = c(\lambda)c(\lambda^{-1})(1 - q_1^{-1}\lambda(t_{\beta_1}))^{-1} .$$

Alors $L_1 = \lambda^{-1}H_1$, où $\lambda \in H_1$, est un sous-groupe compact de $X(T)$ et il existe donc sur H_1 une mesure invariante par L_1 et de masse totale 1. Si $h(q_1) = 1$, γ_1^{-1} est définie à tous les points de H_1.

Soit enfin H_2 l'ensemble des éléments λ de $X(T)$ tels que $\lambda(t_{\beta_2}) = q_2$ et que $|\lambda(t_{\beta_1})| = q_2^{-1/2}$, et soit γ_2 la fonction méromorphe sur $X(T)$ définie par

$$\gamma_2(\lambda) = c(\lambda)c(\lambda^{-1})(1 - q_2^{-1}\lambda(t_{\beta_2}))^{-1} .$$

Alors $L_2 = \lambda^{-1}H_2$, où $\lambda \in H_2$, est un sous-groupe compact de $X(T)$ et il existe donc sur H_2 une mesure invariante par L_2 et de masse totale 1. Si $h(q_2) = 1$, γ_2^{-1} est définie à tous les points de H_2.

Puisqu'un élément λ de $X(T)$ est déterminé par ses valeurs en t_{β_1} et t_{β_2}, nous identifierons λ à $(\lambda(t_{\beta_1}), \lambda(t_{\beta_2}))$. Pour $\lambda_1 = (q_1, q_2)$, ω_{λ_1} est de carré intégrable si et seulement si $h(q_1q_2)h(q_1^2q_2) = 1$. S'il en est ainsi, $\|\omega_{\lambda_1}\|^2$ est déterminé par la formule de (4.5.3).

Pour $\lambda_2 = (-q_0, q_2)$, ω_{λ_2} est associée à une représentation de $\underline{K}(W, q; W^o)$ de dimension 1, et elle est de carré intégrable si et seulement si $h(q_0q_2)h(q_0^2q_2) = 1$. S'il en est ainsi, $\|\omega_{\lambda_2}\|^2$ est donné par une formule analogue à celle de (4.5.3).

Pour $\lambda_3 = (q_1, -q_0q_1^{-1})$, ω_{λ_3} est de carré intégrable si et seulement si $h(q_0)h(q_1) = 1$. Dans ce domaine de convergence, $\|\omega_{\lambda_3}\|^2$ est une fonction analytique des variables q_0, q_1, q_2 et, si λ_3 est régulier au sens de (4.3.1), on a

$$\|\omega_{\lambda_3}\|^2 = \left[c(\lambda)c(\lambda^{-1})(1 - q_1^{-1}\lambda(t_{\beta_1}))^{-1}(1 + q_0^{-1}\lambda(t_{\beta_1+\beta_2}))^{-1}\right]_{\lambda=\lambda_3} .$$

Pour $\lambda_4 = (q_1, q_1^{-2}q_2)$, ω_{λ_4} est à la fois de carré intégrable et différente de ω_{λ_1} si et seulement si $h(q_1^2q_2^{-1})h(q_2q_1^{-1}) = 1$. S'il en est ainsi, λ_4 est régulier et l'on a

$$\|\omega_{\lambda_4}\|^2 = \left[c(\lambda)c(\lambda^{-1})(1 - q_1^{-1}\lambda(t_{\beta_1}))^{-1}(1 - q_2^{-1}\lambda(t_{2\beta_1+\beta_2}))^{-1}\right]_{\lambda = \lambda_4}.$$

Enfin, pour $\lambda_5 = (-q_0, q_0^{-2}q_2)$, ω_{λ_5} est à la fois de carré intégrable et différente de ω_{λ_2} si et seulement si $h(q_0^2q_2^{-1})h(q_2q_0^{-1}) = 1$. S'il en est ainsi, on a

$$\|\omega_{\lambda_5}\|^2 = \left[c(\lambda)c(\lambda^{-1})(1 + q_0^{-1}\lambda(t_{\beta_1}))^{-1}(1 - q_2^{-1}\lambda(t_{2\beta_1+\beta_2}))^{-1}\right]_{\lambda = \lambda_5}.$$

A l'aide de ces notations et de ces remarques préliminaires, la mesure de Plancherel pour $\underline{K}(W, q; W^o)$ est explicitement déterminée par la formule d'intégration suivante, où $d\lambda$ désigne sur $\hat{T}$, H_o, H_1 et H_2 respectivement la mesure invariante de masse totale 1: si $f \in \underline{K}(W, q; W^o)$, on a

$$\begin{aligned} f(e) &= \frac{1}{8}\int_{\hat{T}} \hat{f}(\omega_\lambda)\,|c(\lambda)|^{-2}\, d\lambda \\ &+ \frac{1}{2}\sum_{i=0}^{2} h(q_i)\int_{H_i} \hat{f}(\omega_\lambda)\gamma_i(\lambda)^{-1}\, d\lambda \\ &+ h(q_1q_2)h(q_1^2q_2)\|\omega_{\lambda_1}\|^{-2}\hat{f}(\omega_{\lambda_1}) + h(q_0q_2)h(q_0^2q_2)\|\omega_{\lambda_2}\|^{-2}\hat{f}(\omega_{\lambda_2}) \\ &+ h(q_0)h(q_1)\|\omega_{\lambda_3}\|^{-2}\hat{f}(\omega_{\lambda_3}) + h(q_1^2q_2^{-1})h(q_2q_1^{-1})\|\omega_{\lambda_4}\|^{-2}\hat{f}(\omega_{\lambda_4}) \\ &+ h(q_0^2q_2^{-1})h(q_2q_0^{-1})\|\omega_{\lambda_5}\|^{-2}\hat{f}(\omega_{\lambda_5}) . \end{aligned}$$

(4.5.8) Nous supposons ensuite que $R^\vee$ soit de type G_2. Puisque R est également de type G_2, nous notons β_1, β_2 les éléments de R_b de telle sorte que les autres éléments de R_+ soient $\beta_1+\beta_2$, $2\beta_1+\beta_2$, $3\beta_1+\beta_2$ et $3\beta_1+2\beta_2$. En outre, nous posons $q_1 = q_{\beta_1} = q'_{\beta_1}$ et $q_2 = q_{\beta_2} = q'_{\beta_2}$.

Soit H_1 l'ensemble des éléments λ de $X(T)$ tels que

$\lambda(t_{\beta_1}) = q_1$ et que $|\lambda(t_{\beta_2})| = q_1^{-3/2}$, et soit H_2 l'ensemble des éléments λ de $X(T)$ tels que $\lambda(t_{\beta_2}) = q_2$ et que $|\lambda(t_{\beta_1})| = q_2^{-1/2}$. Pour $i = 1$ ou 2, on définit comme en (4.5.7) la fonction méromorphe γ_i sur $X(T)$ et la mesure invariante sur H_i de masse totale 1; alors, si $h(q_i) = 1$, γ_i^{-1} est définie à tous les poinsts de H_i.

Un élément λ de $X(T)$ est identifié à $(\lambda(t_{\beta_1}), \lambda(t_{\beta_2}))$. Pour $\lambda_1 = (q_1, q_2)$, ω_{λ_1} est de carré intégrable si et seulement si $h(q_1^2q_2)h(q_1^3q_2^2) = 1$. S'il en est ainsi, $\|\omega_{\lambda_1}\|^2$ est déterminé par la formule de (4.5.3).

Pour $\lambda_2 = (\rho, q_2)$ où ρ est une racine cubique primitive de l'unité, ω_{λ_2} est de carré intégrable si et seulement si $h(q_2) = 1$. S'il en est ainsi, on a

$$\|\omega_{\lambda_2}\|^2 = 3\left[c(\lambda)c(\lambda^{-1})(1 - q_2^{-1}\lambda(t_{\beta_2}))^{-1}(1 - q_2^{-1}\lambda(t_{3\beta_1+\beta_2}))^{-1}\right]_{\lambda=\lambda_2}.$$

Pour $\lambda_3 = (q_1, q_1^{-3/2}q_2^{1/2})$, ω_{λ_3} est à la fois de carré intégrable et différente de ω_{λ_1} si et seulement si $h(q_1)h(q_2) = 1$. Quand q_1 et q_2 varient dans l'intervalle ouvert $]0, 1[$, $\|\omega_{\lambda_3}\|^2$ est une fonction analytique de q_1 et q_2; si de plus λ_3 est régulier, on a

$$\|\omega_{\lambda_3}\|^2 = 2\left[c(\lambda)c(\lambda^{-1})(1 - q_1^{-1}\lambda(t_{\beta_1}))^{-1}(1 - q_2^{-1}\lambda(t_{3\beta_1+2\beta_2}))^{-1}\right]_{\lambda=\lambda_3}.$$

Pour $\lambda_4 = (q_1, -q_1^{-3/2}q_2^{1/2})$, ω_{λ_4} est de carré intégrable si et seulement si $h(q_1)h(q_2) = 1$. S'il en est ainsi, λ_4 est régulier et la formule pour $\|\omega_{\lambda_4}\|^2$ est analogue à celle pour $\|\omega_{\lambda_3}\|^2$.

Enfin, pour $\lambda_5 = (q_1, q_1^{-3}q_2)$, ω_{λ_5} est à la fois de carré intégrable et différente de ω_{λ_1} et de ω_{λ_3} si et seulement si $h(q_1^2 q_2^{-1})h(q_2^2 q_1^{-3}) = 1$. S'il en est ainsi, λ_5 est régulier et l'on a

$$\|\omega_{\lambda_5}\|^2 = \left[c(\lambda)c(\lambda^{-1})(1 - q_1^{-1}\lambda(t_{\beta_1}))^{-1}(1 - q_2^{-1}\lambda(t_{3\beta_1+\beta_2}))^{-1}\right]_{\lambda=\lambda_5} .$$

A l'aide de ces notations, la mesure de Plancherel pour $\underline{K}(W, q; W^0)$ est explicitement déterminée par la formule d'intégration suivante, où $d\lambda$ désigne sur $\hat{T}$, H_1 et H_2 respectivement la mesure invariante de masse totale 1: si $f \in \underline{K}(W, q; W^0)$, on a

$$\begin{aligned} f(e) = & \frac{1}{12}\int_{\hat{T}} \hat{f}(\omega_\lambda)\left|c(\lambda)\right|^{-2} d\lambda \\ & + \frac{1}{2}\sum_{i=1}^{2} h(q_i)\int_{H_i} \hat{f}(\omega_\lambda)\gamma_i(\lambda)^{-1} d\lambda \\ & + h(q_1^2 q_2)h(q_1^3 q_2^2)\|\omega_{\lambda_1}\|^{-2}\hat{f}(\omega_{\lambda_1}) + h(q_2)\|\omega_{\lambda_2}\|^{-2}\hat{f}(\omega_{\lambda_2}) \\ & + h(q_1)h(q_2)\|\omega_{\lambda_3}\|^{-2}\hat{f}(\omega_{\lambda_3}) + h(q_1)h(q_2)\|\omega_{\lambda_4}\|^{-2}\hat{f}(\omega_{\lambda_4}) \\ & + h(q_1^2 q_2^{-1})h(q_2^2 q_1^{-3})\|\omega_{\lambda_5}\|^{-2}\hat{f}(\omega_{\lambda_5}) . \end{aligned}$$

(4.5.9) Nous avons d'autres résultats explicites sur la mesure de Plancherel pour $\underline{K}(W, q; W^0)$.

Lorsque $R^\vee$ est de type A_r $(r \geq 2)$, D_r $(r \geq 4)$, E_6, E_7 ou E_8, tous les éléments de S appartiennent à une même classe de conjugaison dans W. Alors, si $q(w) < 1$ pour tout $w \in W-\{e\}$, la mesure de Plancherel pour $\underline{K}(W, q; W^0)$ se détermine explicitement suivant un procédé analogue à celui de (3.3.12).

Lorsque $R^\vee$ est de type B_r $(r \geq 3)$ ou F_4, S possèdent deux éléments s, s' non conjugués dans W. La mesure de Plancherel pour $\underline{K}(W, q; W^0)$ n'est connue explicitement que dans certains cas où $q(s)$ et $q(s')$ sont sousmis à des relations d'inégalité.

Enfin, lorsque $R^{\vee}$ est de type C_r $(r \geq 2)$, les éléments de S se répartissent dans trois classes de conjugaison dans W. Puisque R est de type B_r, nous posons $R_b = \{\beta_1, \beta_2, \ldots, \beta_r\}$ de telle sorte que $2\beta_1+\beta_2$ soit un élément de R. Puis, nous posons $q_0 = \sqrt{q_{\beta_1}/q'_{\beta_1}}$, $q_1 = \sqrt{q_{\beta_1}q'_{\beta_1}}$ et $q_2 = q_{\beta_2} = q_{\beta_3} = \ldots = q_{\beta_r}$; alors, q est déterminée par la donnée de q_0, q_1 et q_2. La mesure de Plancherel m pour $\underline{K}(W, q; W^o)$ n'est connue explicitement que dans certains cas où les nombres q_0, q_1 et q_2 sont soumis à des relations d'inégalité. Signalons spécialement que, si $q_2 \geq 1$ et si $(q_0-1)(q_1-1) \leq 0$, m se détermine facilement suivant une méthode analogue à celle de (3.3.12). D'ailleurs, le cas particulier où q_0^{-1}, q_1 et q_2 sont supérieurs à 1 a déjà été virtuellement traité par Macdonald [18].

§ 5 Systèmes de Tits bornologiques de type affine

5.1. Rappels sur les systèmes de Tits

Dans ce numéro, nous rappelons quelques résultats fondamentaux et bien connus sur les systèmes de Tits (cf. [1], [26]).

Soit (G, B, N) un système de Tits. Alors, le groupe G est engendré par la réunion de ses sous-groupes B et N, et $N \cap B$ est un sous-groupe distingué de N. Le groupe $N/(N \cap B)$ est noté W et, si S désigne l'ensemble des éléments w de $W - \{e\}$ tels que $B \cup BwB$ soit un sous-groupe de G, alors (W, S) est un système de Coxeter.

Pour tout $w \in W$, nous posons $C(w) = BwB$ et $D(w) = B \cap wBw^{-1}$. Notons que $C(w^{-1}) = C(w)^{-1}$ et $D(w^{-1}) = w^{-1}D(w)w$.

(5.1.1) Nous allons rappeler les propriétés générales d'un système de Tits (G, B, N).

D'après la décomposition de Bruhat de G, on a $G = BNB$ et G est la réunion disjointe des doubles classes $C(w)$ lorsque w parcourt W.

Soit $s \in S$ et soit $w \in W$. Si $\ell(sw) = \ell(w) + 1$, on a $C(s)C(w) = C(sw)$. Si $\ell(sw) = \ell(w) - 1$, on a $C(s)C(w) = C(sw) \cup C(w)$.

Pour toute partie X de S, soit W_X le sous-groupe de W engendré par $\{e\}$ et X; alors $G_X = BW_XB$ est un sous-groupe de G. On a ainsi une bijection entre l'ensemble des parties de S et l'ensemble des sous-groupes de G contenant B.

Si X est une partie de S, G_X est son propre normalisateur dans G, et les doubles classes G_XgG_X dans G sont en correspondance biunivoque avec les doubles classes W_XwW_X dans W.

(5.1.2) Nous allons rappeler une propriété générale des systèmes de Coxeter.

Soit (W, S) un système de Coxeter. Les parties non vides du groupe W forment le monoïde multiplicatif M, dont $\{e\}$ est l'élément unité. En vertu de (2.1.6), il existe une application quasi-multiplicative A de W dans M telle que $A_s = \{e, s\}$ pour tout $s \in S$. Si $w \in W$, on a $A_{w^{-1}} = A_w^{-1}$ et $\mathrm{Card}(A_w) \leq 2^{\ell(w)}$. De plus, si $w' \in A_w - \{w\}$, on a $\ell(w') < \ell(w)$ et $A_{w'} \subset A_w$. Enfin, pour w_1, $w_2 \in W$, on a $A_{w_1}^{-1} w_1 \cap A_{w_2} w_2^{-1} = \{e\}$ si et seulement si $\ell(w_1 w_2) = \ell(w_1) + \ell(w_2)$.

Nous en revenons au système de Tits (G, B, N) pour énoncer le lemme suivant:

<u>Lemme</u>--- <u>Supposons que</u> $\ell(w_1 w_2) = \ell(w_1) + \ell(w_2)$ <u>pour</u> w_1, $w_2 \in W$. <u>Alors</u>:

(i) $C(w_1)C(w_2) = C(w_1 w_2)$;

(ii) $C(w_1^{-1})C(w_1) \cap C(w_2)C(w_2^{-1}) = B$;

(iii) $B = D(w^{-1})D(w_2)$;

(iv) $D(w_1 w_2) \subset D(w_1)$.

L'assertion (i) est bien connue. On rappelle ensuite que, si w, $x \in W$, tout élément de $C(w)C(x)$ appartient à la réunion des doubles classes $C(w'x)$ où w' parcourt A_w. Puisque $A_{w_1}^{-1} w_1 \cap A_{w_2} w_2^{-1} = \{e\}$ sous l'hypothèse du lemme, on a donc $C(w_1^{-1})C(w_1) \cap C(w_2)C(w_2^{-1}) = B$. Enfin, le reste du lemme résulte facilement des deux premières assertions.

(5.1.3) Nous rappelons qu'un système de Tits (G, B, N) est <u>saturé</u> si $B \cap N$ est le plus grand sous-groupe de B normalisé par N.

On suppose maintenant que (G, B, N) est saturé et que W est fini. Si w_o est l'élément de longueur maximum dans W, on a $w_o^2 = e$ et

$w_0Sw_o = S$ [cf. (2.1.3)]. Contrairement à (2.1.2), nous désignons par R_+ l'ensemble des conjugués des éléments de S dans W; on a $\mathrm{Card}(R_+) = \ell(w_0)$. D'autre part, nous posons $H = B\cap N$, $B^- = w_0Bw_o$ et $X^s = B\cap sB^-s$ pour $s \in S$.

Le lemme (5.1.2) entraîne facilement la proposition suivante:

<u>Proposition</u>--- (i) $H = B\cap B^-$.

(ii) <u>Si</u> $w \in W$, <u>on a</u> $B = (B\cap wBw^{-1})(B\cap wB^-w^{-1})$ <u>et</u> $w^{-1}Bw \subset BB^-$.

(iii) <u>Si</u> $s \in S$, <u>alors</u> $X^s \cup X^s sX^s$ <u>est un sous-groupe de</u> G <u>et</u> $sX^s s - H$ <u>est contenu dans</u> $X^s sX^s$.

(iv) <u>Supposons que</u> $\ell(sw) = \ell(w) + 1$ <u>pour</u> $s \in S$ <u>et</u> $w \in W$. <u>Alors on a</u> $B\cap swB^-w^{-1}s = X^s s(B\cap wB^-w^{-1})s$, $w^{-1}X^s w \subset B$ <u>et</u> $w^{-1}sX^s sw \subset B^-$.

(v) <u>Supposons, pour</u> $s \in S$ <u>et</u> $w \in W$, <u>que</u> $\ell(sw) = \ell(w) + 1$ <u>et que</u> $w^{-1}sw \in S$. <u>Alors on a</u> $w^{-1}X^s w = X^{w^{-1}sw}$.

(5.1.4) Nous conservons les hypothèses et les notations de (5.1.3).

Tout élément r de R_+ s'écrit sous la forme $w^{-1}sw$ avec $s \in S$, $w \in W$ et $\ell(sw) = \ell(w) + 1$; nous posons alors $X^r = w^{-1}X^s w$ et $X^{-r} = w^{-1}sX^s sw$. En vertu de la dernière assertion de (5.1.3), X^r et X^{-r} sont déterminés par r indépendamment du choix de s et w. Les groupes $X^{\pm r}$, où $r \in R_+$, sont appelés <u>sous-groupes radiciels</u> de G relatifs à (B, N).

Nous énonçons enfin le résultat suivant:

<u>Corollaire</u>--- (i) <u>Si</u> $s \in S$ <u>et si</u> $r \in R_+ - \{s\}$, <u>on a</u> $sX^r s = X^{srs}$ <u>et</u> $sX^{-r}s = X^{-srs}$.

(ii) <u>Si</u> $r, r' \in R_+$ <u>sont distincts, on a</u> $X^r \cap X^{r'} = H$.

(iii) <u>Si</u> $\ell(w) = k$ <u>et si</u> $w = s_1s_2 \ldots s_k$ <u>avec</u> $s_1, s_2, \ldots, s_k \in S$, <u>alors on a</u>

$$B\cap wB^-w^{-1} = X^{r_1}X^{r_2}\ldots\ldots X^{r_k} ,$$

où $r_1 = s_1$, $r_2 = s_2 s_1 s_2$, ... , $r_k = s_k s_{k-1} \dots s_2 s_1 s_2 \dots s_{k-1} s_k$.

(iv) Tout sous-groupe de G contenant B est engendré par une réunion de sous-groupes radiciels de G relatifs à (B, N). Si $w \in W$, il en est de même pour $B \cap wBw^{-1}$.

5.2. Systèmes de Tits bornologiques

Nous disons qu'un système de Tits (G, B, N) est bornologique, si B est un sous-groupe ouvert compact d'un groupe topologique G. Dans ce numéro, on supposera toujours que (G, B, N) est un système de Tits bornologique saturé.

Alors, $H = B \cap N$ est fermé dans B, N est donc fermé dans G et $W = N/H$ est discret. Le groupe localement compact G est unimodulaire, puisque G est engendré par une réunion de sous-groupes compacts. Le groupe N, possédant un sous-groupe distingué ouvert compact, est également unimodulaire.

(5.2.1) L'espace homogène discret G/B est dénombrable si et seulement si W est dénombrable. Si G^o désigne le plus grand sous-groupe distingué de G contenu dans B, alors G/G^o est totalement discontinu. De plus, G/G^o est séparable si W est dénombrable. Plus généralement, pour que G soit séparable, il faut et il suffit que W soit dénombrable et que G^o soit séparable.

(5.2.2) On choisit la mesure de Haar dg sur G de telle sorte que B soit de masse 1. Le nº 1.1 définit alors l'algèbre involutive $\underline{K}(G)$, l'algèbre de Banach involutive $L^1(G)$ et l'algèbre stellaire St(G). Les algèbres $\underline{K}(G, B)$, $L^1(G, B)$ et St(G, B) sont également définies en (1.1.1).

Pour tout $w \in W$, nous posons $q(w) = [BwB:B]$. D'après la décomposition de Bruhat de G, l'espace vectoriel $\underline{K}(W)$ s'identifie canoniquement à $\underline{K}(G, B)$. La structure d'algèbre sur $\underline{K}(W)$ transportée de $\underline{K}(G, B)$ se décrit de la manière suivante (cf. [1], [14], [20]): si $\{\varepsilon_w\}$ désigne la base canonique de $\underline{K}(W)$, pour $s \in S$ et $w \in W$ on a

$$\varepsilon_s * \varepsilon_w = \begin{cases} \varepsilon_{sw} & \text{si } \ell(sw) = \ell(w) + 1 \ ; \\ q(s)\varepsilon_{sw} + (q(s)-1)\varepsilon_w & \text{sinon.} \end{cases}$$

Il en résulte que q est une fonction quasi-multiplicative sur W et que l'algèbre involutive $\underline{K}(G, B)$ est canoniquement isomorphe à l'algèbre de convolution $\underline{K}(W, q)$ sur W définie par q [cf. (2.2.1)]. On voit aussi que $L^1(G, B)$ est isomorphe à l'algèbre de Banach involutive $L^1(W, q)$ définie en (2.3.5).

(5.2.3) Nous allons maintenant comparer $St(G, B)$ avec l'algèbre stellaire enveloppante $St(W, q)$ de $L^1(W, q)$.

Soit ρ une représentation unitaire continue de G dans un espace hilbertien $\underline{H}$. Si le sous-espace $\underline{H}^o$ de $\underline{H}$ formé des vecteurs invariants par B n'est pas nul, on obtient par restriction une représentation unitaire ρ^o de $L^1(G, B)$ dans H^o. Si de plus ρ est irréductible, il en est de même de ρ^o.

En conséquence, l'isomorphisme de $L^1(W, q)$ sur $L^1(G, B)$ induit un morphisme canonique de $St(W, q)$ sur $St(G, B)$.

<u>Proposition</u>--- <u>Pour que le morphisme canonique de</u> $St(W, q)$ <u>sur</u> $St(G, B)$ <u>soit un isomorphisme d'algèbres stellaires, il faut et il suffit que toute représentation unitaire irréductible de</u> $\underline{K}(G, B)$ <u>se prolonge en une représentation unitaire continue irréductible de</u> G.

En vertu des définitions de $St(G, B)$ et de $St(W, q)$, il est évident que la condition de prolongement sur les représentations unitaires de $\underline{K}(G, B)$ entraîne l'isomorphie de $St(G, B)$ avec

St(W, q).

On suppose maintenant que St(G, B) est isomorphe à St(W, q) et l'on se donne une représentation unitaire irréductible ρ' de $\underline{K}(W, q)$ dans $\underline{H}'$. Alors, en fixant un vecteur non nul u de $\underline{H}'$, nous posons $\varphi = c_{u,u}$ suivant (2.4.1); φ est une fonction sur W de type positif pour q. Si l'on pose $\hat{\varphi}(f) = f*\varphi(e)$ pour $f \in \underline{K}(W, q)$, $\hat{\varphi}$ se prolonge, d'après (2.4.2), en une forme linéaire $\hat{\varphi}$ sur St(W, q); de plus, on a $\hat{\varphi}(f) \geq 0$ pour tout élément positif f de St(W, q). D'autre part, φ étant regardée comme une fonction sur G bi-invariante par B, si $f \in \underline{K}(G)$, on a sur G

$$f^* * f * \varphi(e) = (f*\varepsilon_e)^* * (f*\varepsilon_e) * \varphi(e) ,$$

où ε_e est la fonction caractéristique de B dans G. Or, si l'on pose $f' = (f*\varepsilon_e)^* * (f*\varepsilon_e)$, f' est un élément de $\underline{K}(G, B)$ qui est positif dans St(G). Puisque St(G, B) est une sous-algèbre stellaire de St(G), f' est donc un élément positif de St(G, B). Ensuite, d'après notre hypothèse, l'élément f' de $\underline{K}(W, q)$ est positif dans St(W, q). On a donc $f' * \varphi(e) \geq 0$. En conséquence, la fonction continue φ sur G est de type positif. Il en résulte facilement que ρ' se prolonge en une représentation unitaire continue irréductible de G.

(5.2.4) Supposons que W soit un groupe de Coxeter fini. Alors G est compact et G/G^o est un groupe fini. Une étude détaillée des représentations unitaires irréductibles de G admettant un vecteur non nul invariant par B a été donnée dans [7]. En particulier, la représentation spéciale de G a été étudiée par R. Steinberg et ensuite, notamment, par C. W. Curtis et L. Solomon.

(5.2.5) On suppose maintenant que W est un groupe de Weyl affine, c'est-à-dire que (W, S) est isomorphe au système de Coxeter associé, en (3.1.6), à un système de racines réduit $R^{\vee}$.

Soit alors T le sous-groupe de W formé des éléments de W dont les conjugués sont en nombre fini, et soit (W^{o}, S^{o}) un sous-système de (W, S) tel que W soit produit semi-direct de W^{o} par T. Nous posons $K = BW^{o}B$; c'est un sous-groupe compact maximal de G.

Les représentations de $\underline{K}(W, q)$ sont étudiées au §4. On sait ainsi, d'après (4.2.3), que toute représentation unitaire irréductible de $\underline{K}(W, q)$ est de dimension finie $\leqslant \mathrm{Card}(W^{o})$. Signalons aussi que l'existence et l'unicité de la mesure de Plancherel pour l'espace homogène G/B sont établies en (4.2.6).

Le nº 4.4 donne notamment une formule explicite pour les fonctions sphériques sur G/K. Celles-ci ont été étudiées par F. I. Mautner, F. Bruhat et Satake [22] pour les groupes semi-simples p-adiques, et ensuite par Macdonald ([16], [17], [18]) et Matsumoto [21] pour des systèmes de Tits bornologiques de type affine plus généraux.

La formule explicite de (4.4.6) s'applique également aux fonctions sphériques sur G de type χ où χ est un idempotent auto-adjoint simplificateur de $\underline{C}(K)$ proportionnel à une fonction sphérique de hauteur 1 sur K/B [cf. (1.3.7), (4.2.7), (4.1.12)]. Pour ces types de fonctions sphériques sur un groupe semi-simple p-adique, une formule analogue a été obtenue indépendamment par Silberger [25].

La représentation spéciale de $\underline{K}(W, q)$ est de carré intégrable et se prolonge donc en une représentation unitaire continue irréductible de G de carré intégrable. Celle-ci a été découverte par I. M. Gelfand et M. I. Graev pour les groupes simples déployés p-adiques de rang 1 et ensuite, indépendamment, par Shalika [24] pour les groupes semi-simples déployés p-adiques et par Matsumoto [21] dans le cas général. La représentation spéciale de G a ensuite été étudiée d'une façon plus détaillée par Casselman [6] et par Borel et Serre (voir [27]); en particulier, ces derniers en ont donné une construction cohomologique.

5.3. Une décomposition d'Iwasawa et ses conséquences

Dans ce numéro, on suppose que (G, B, N) est un système de Tits, saturé, bornologique de type affine. Comme en (5.2.5), T est le sous-groupe de W formé des éléments de W dont les conjugués sont en nombre fini. On choisit un sous-système (W^o, S^0) de (W, S) tel que W soit produit semi-direct de W^o par T. Alors T^{++} désigne le sous-monoide de T formé des éléments t tels que $\ell(wt) = \ell(w) + \ell(t)$ pour tout $w \in W^o$, et T^+ est le sous-monoïde de T engendré par les éléments de T s'écrivant sous la forme $(twt^{-1}w^{-1})^{\frac{1}{2}}$ avec $t \in T^{++}$ et $w \in W^o$.

(5.3.1) Le choix de (W^o, S^0) permet en outre d'identifier (W, S) avec le système de Coxeter défini en (3.1.6) à partir d'un système de racines réduit $R^\vee$ muni d'une base $R^\vee_b$.

Puisque W est le produit direct des groupes de Weyl affines associés aux composantes irréductibles de $R^\vee$, l'application $s \longmapsto \alpha_s^\vee$ de S dans $R^\vee$, déterminée en (3.1.8) pour $R^\vee$ irréductible, se définit également dans le cas général; elle sera appelée la bijection canonique de S sur une partie de $R^\vee$.

(5.3.2) En notant ν le morphisme canonique de N sur $W = N/H$, nous posons $Z = \nu^{-1}(T)$ et $N^o = \nu^{-1}(W^o)$.

Par ailleurs, on rappelle que T^{++} est un sous-monoïde de T et que, d'après (3.2.3), on a $\ell(tt') = \ell(t) + \ell(t')$ si $t, t' \in T^{++}$. Nous définissons les sous-groupes U_1 et U_o^- de B de la manière suivante:

$$U_1 = \bigcap_{t\in T^{++}} t^{-1}Bt \quad ; \quad U_o^- = \bigcap_{t\in T^{++}} tBt^{-1} .$$

Lemme--- (i) Si $t \in T^{++}$, on a $tU_1t^{-1} \subset U_1$ et $t^{-1}U_o^-t \subset U_o^-$.

(ii) Si $w \in W^o$, on a $wU_1w^{-1} \subset B$.

(iii) $H = U_1 \cap U_o^-$.

(iv) $H = \bigcap_{t\in T^{++}} tU_1t^{-1} = \bigcap_{t\in T^{++}} t^{-1}U_o^-t$.

La première assertion est évidente, puisque T^{++} est un monoïde. Pour démonter (ii), on note d'abord que T^{++} possède un élément t dont le stabilisateur dans W^o se réduit à $\{e\}$. Alors, d'après (3.2.2), on a $\ell(wt^{-1}) = \ell(t^{-1}) - \ell(w)$ et ensuite, d'après (5.1.2), on a

$$U_1 \subset D(t^{-1}) \subset D(w^{-1}) = B \cap w^{-1}Bw .$$

Quant à (iii), nous allons d'abord vérifier que $H' = U_1 \cap U_o^-$ est normalisé par T. Soit $z \in T^{++}$. Alors, d'après l'assertion (i), on a $zU_1z^{-1} \subset U_1$; ensuite, on a $zH'z^{-1} \subset U_1 \cap zU_o^-z^{-1} \subset D(zt)$ pour tout $t \in T^{++}$, ce qui entraîne, d'après (5.1.2), qu'on a $zH'z^{-1} \subset U_o^-$. Un raisonnement analogue établit qu'on a $z^{-1}H'z \subset H'$. Par suite H' est normalisé par T^{++} et donc par T. Puis, si $x \in W$ et si $x = wt$ avec $w \in W^o$ et $t \in T$, on a $xH'x^{-1} = wH'w^{-1} \subset B$ en vertu de l'assertion (ii). En conséquence, H' coïncide avec $H = B \cap N$. Enfin, l'assertion (iv) résulte facilement des énoncés (i) et (iii).

(5.3.3) Le résultat suivant, qui s'appuie essentiellement sur la compacité de B, jouera un rôle primordial dans notre étude de la structure de G.

<u>Proposition--- On a</u> $B = U_1 U_o^- = U_o^- U_1$.

D'après le lemme (5.1.2), on a $B = D(t^{-1})D(t')$ pour tout t, $t' \in T^{++}$. De plus, si $t_1', t_2', \ldots, t_k' \in T^{++}$, $D(t_1' t_2' \ldots t_k')$ est contenu dans $D(t_j')$ pour $j = 1, 2, \ldots, k$. En conséquence, on a $B = D(t^{-1})U_o^-$ pour tout $t \in T^{++}$, puisque B et ses sous-groupes $D(w)$ sont compacts. Ensuite, par un raisonnement analogue, on a $B = U_1 U_o^-$.

(5.3.4) Nous posons $K = BN^o B$. Alors, K est un sous-groupe compact maximal de G, (K, B, N^o) est un système de Tits et, d'après (5.1.3), on a

$$\bigcap_{n \in N^o} nBn^{-1} = B \cap w_o B w_o^{-1} ,$$

où w_o désigne l'élément de longueur maximum dans W^o.

Nous posons $U_o = w_o U_o^- w_o^{-1}$ et $U_1^- = w_o U_1 w_o^{-1}$; ce sont des sous-groupes fermés de K.

<u>Lemme</u>--- (i) $U_1 \subset U_o$.

(ii) $U_1 = U_o \cap B$ <u>et</u> $U_1 U_1^- = B \cap w_o B w_o^{-1}$.

(iii) <u>Si le stabilisateur de</u> $t \in T^{++}$ <u>dans</u> W^o <u>se réduit à</u> $\{e\}$, <u>alors on a</u> $U_o \subset t^{-1} U_1 t$.

D'après (5.3.2), on a $U_1 \subset w_o B w_o^{-1}$ et donc $U_1 \subset t^{-1} w_o B w_o^{-1} t$ pour tout $t \in T^{++}$. Puisque $(T^{++})^{-1} = w_o T^{++} w_o^{-1}$, on en déduit que U_1 est contenu dans $w_o U_o^- w_o^{-1}$, ce qui établit la première assertion du lemme. Pour démontrer (ii), on voit d'abord que $U_o \cap B$ est contenu dans $D(w_o t)$ pour tout $t \in T^{++}$. Par suite, si $t \in T^{++}$, $U_o \cap B$ est contenu dans $D(t^{-1} w_o)$; or, $D(t^{-1})$ contient $D(t^{-1} w_o)$ puisque l'on a $\ell(t^{-1} w_o) = \ell(t^{-1}) + \ell(w_o)$ en vertu de (3.2.3). On en déduit que U_1 contient $U_o \cap B$. Démontrons enfin l'assertion (iii). Si $t \in T^{++}$,

$t^{-1}U_o^-t$ est contenu dans $U_o^- \cap D(t^{-1})$. Si, de plus, le stabilisateur de t dans W^o se réduit à $\{e\}$, $D(w_o)$ contient $D(t^{-1})$ en vertu de (3.2.2) et de (5.1.2); par suite, $t^{-1}U_o^-t$ est contenu dans $U_o^- \cap w_o B w_o^{-1}$, qui n'est autre que U_1^- d'après l'assertion (ii). Nous avons ainsi établi la dernière assertion du lemme.

(5.3.5) Nous désignons par U la réunion des conjugués zU_oz^{-1} de U_o où z parcourt Z. Puis nous posons $U^- = w_oUw_o^{-1}$, où w_o est l'élément de longueur maximum dans W^o.

En vertu de (5.3.2), on voit facilement que U est la réunion d'une suite croissante dénombrable de sous-groupes compacts de G et donc que U est un sous-groupe de G normalisé par Z. Notons aussi que, d'après (5.3.4), U est la réunion des conjugués zU_1z^{-1} de U_1 où z parcourt Z.

<u>Lemme</u>--- (i) $H = Z \cap U$.

(ii) $U_o^- = U^- \cap B = ZU^- \cap K$.

(iii) $H = ZU^- \cap U = ZU \cap U^-$.

(iv) $U_o = ZU \cap K$.

La première assertion est évidente. Pour examiner (ii), supposons que $x \in ZU^- \cap K$. Alors, on a $x = bnu' = z'zuz^{-1}$ avec $b \in B$, $n \in N^o$, $z' \in Z$, $z \in \nu^{-1}(T^{++})$ et $u, u' \in U_o^-$. Par suite, on a $z'zu = bnz(z^{-1}u'z)$ où $z^{-1}u'z \in U_o^-$; on a donc $n, z' \in H$ en vertu de la décomposition de Bruhat de G. En conséquence, $ZU^- \cap K$ est égal à $U^- \cap B$. Supposons ensuite que $b \in B \cap U^-$. Alors $b \in zU_o^-z^{-1}$ pour un élément z de T^{++}; par suite, $b \in D(zt)$ pour tout $t \in T^{++}$. Il en résulte, d'après (5.1.2), que $b \in D(t)$ pour tout $t \in T^{++}$, c'est-à-dire que $b \in U_o^-$. Quant à (iii), si $x \in ZU^- \cap U$, il existe un élément z de Z tel que $zxz^{-1} \in ZU^- \cap U_1$; d'où, $zxz^{-1} \in U_o^- \cap U_1 = H$

d'après l'assertion (ii). Enfin, l'énoncé (iv) se ramène à (ii) après la conjugaison par w_0.

(5.3.6) Le résultat suivant est une conséquence immédiate du lemme précédent:

Corollaire--- (i) U et ZU sont des sous-groupes fermés de G.
(ii) U est égal à la réunion des sous-groupes compacts de ZU.
(iii) Tout compact de U est contenu dans le conjugué $zU_o z^{-1}$ de U_0 pour un élément z de Z.
(iv) U_0 et U_1 sont ouverts dans U et, si $t \in T^{++}$, on a $q(t) = [B: B \cap tBt^{-1}] = [U_1: tU_1 t^{-1}]$.

Notons que les groupes Z et U sont unimodulaires et que le module δ de ZU est déterminé par l'énoncé (iv) du corollaire; en effet, δ est le morphisme du groupe $T = ZU/U$ dans $\underline{\underline{R}}^*$ coïncidant sur T^{++} avec q.

(5.3.7) On rappelle que la bijection $s \mapsto \alpha_s^{\vee}$ de S sur une partie de $R^{\vee}$ est définie en (5.3.1).

Proposition--- (i) Si $w^{-1}(\alpha_s^{\vee}) \in -R_+^{\vee}$ pour $s \in S$ et $w \in W^o$, alors sBw est contenu dans $BswU_o$.
(ii) Si $s \in S$ et si $x \in W$, $sBxU$ est contenu dans la réunion de $BsxU$ et de BxU.

Supposons d'abord que $s \in S^0$. Notre hypothèse signifie alors que $\ell(sw) = \ell(w) - 1$, c'est-à-dire que $\ell(sww_o) = \ell(ww_o) + 1$. Par suite, on a $sBww_o \subset Bsww_oB = Bsww_oU_o^-$; d'où, $sBw \subset BswU_o$. Supposons ensuite que $s \in S-S^0$. Alors, on a $\ell(sw) = \ell(w) + 1$ et donc, d'après (5.1.2), $B = (B \cap sBs)(B \cap wBw^{-1})$. Par suite, on a $sBw \subset Bsw(U_0^- \cap w^{-1}Bw)U_1$. D'autre part, puisque $w^{-1}(\alpha_s^{\vee}) \in -R_+^{\vee}$ d'après notre hypothèse, il existe un élément p de Q^{++} tel que $\langle w^{-1}(\alpha_s^{\vee}), p\rangle < 0$; ce qui entraîne, d'après (3.2.4), que $\ell(swt_p) = \ell(wt_p) - 1$. Par conséquent, on a $wU_0^- w^{-1} \cap B \subset D(wt_p) \subset D(s)$ en vertu de (5.1.2). On en déduit finalement que $sBw \subset BswU_1$.

La deuxième assertion résulte facilement de la première. Posons $x = wt$ avec $w \in W^0$ et $t \in T$. Si $w^{-1}(\alpha_s^\vee) \in -R_+^\vee$, $sBxU$ est contenu dans $BsxU$. Sinon, on a $sBxU \subset (B \cup BsB)sxU$ et $sBsxU \subset BxU$.

(5.3.8) Nous pouvons maintenant énoncer le théorème suivant:

<u>Théorème</u>--- <u>On a</u> $G = BNU$ <u>et</u> G <u>est la réunion disjointe des doubles classes</u> BwU <u>lorsque</u> w <u>parcourt</u> W.

D'après la proposition (5.3.7), le sous-ensemble BNU de G est stable par la multiplication à gauche des éléments de B et de $\nu^{-1}(S)$. Puisque ces derniers forment un ensemble générateur du groupe G, il en résulte qu'on a $G = BNU$. Supposons ensuite que $BnU = Bn'U$ pour $n, n' \in N$. Alors, on a $n' = bnzuz^{-1}$ avec $b \in B$, $z \in Z$ et $u \in U_1$; par suite, $n^{-1}n'$ appartient à H en vertu de la décomposition de Bruhat de G.

(5.3.9) Le résultat suivant est une conséquence immédiate du théorème précédent:

<u>Corollaire</u>--- <u>On a</u> $G = KZU$ <u>et</u> G <u>est la réunion disjointe des doubles classes</u> KtU <u>lorsque</u> t <u>parcourt</u> T.

Le théorème (5.3.8) et son corollaire sont rassemblés sous le nom d'une décomposition d'Iwasawa de G. Ils ont été établis également par Bruhat et Tits [4] suivant une méthode différente.

(5.3.10) Dans le reste de ce numéro, nous examinerons les conséquences qu'entraînent pour l'étude de certaines représentations de G les résultats déjà établis sur la structure de G.

Rappelons tout d'abord que le module δ du groupe ZU est déterminé en (5.3.6). Le lemme suivant résulte de la décomposition d'Iwasawa de G.

Lemme--- Les mesures de Haar sur les groupes unimodulaires G, K, Z et U sont normalisées de telle sorte que leur intersection avec $w_0 B w_0^{-1}$ soit de masse 1. Alors, si $f \in \underline{K}(G)$, on a

$$\int_G f(g)\, dg = \int_K \int_Z \int_U f(kzu)\, \delta(z)^{-1}\, dk\, dz\, du .$$

(5.3.11) Soit $\underline{C}(G/U)$ l'espace vectoriel des fonctions complexes continues sur G/U et soit π la représentation de G dans $\underline{C}(G/U)$. Le noyau G^o de π est le plus grand sous-groupe distingué de G contenu dans B. On sait que H contient G^o et que G^o contient la composante connexe G_e de e dans G. En conséquence, π est en fait une représentation du groupe totalement discontinu G/G_e.

La représentation π de G définit naturellement une représentation π de l'algèbre $\underline{K}(G)$ dans $\underline{C}(G/U)$; si $\varphi \in \underline{K}(G)$ et si $f \in \underline{C}(G/U)$, on a $\pi(\varphi)f = \varphi * f$. En particulier, l'algèbre $\underline{K}(G, B)$ agit sur le sous-espace $\underline{C}(B\backslash G/U)$ de $\underline{C}(G/U)$ formé des vecteurs invariants par B. De plus, le théorème (5.3.8) permet d'identifier $\underline{C}(B\backslash G/U)$ à $\underline{C}(W)$. D'autre part, d'après (5.2.2), $\underline{K}(G, B)$ est identifiée à $\underline{K}(W, q)$ et $\{\varepsilon_w\}$ désigne la base canonique de $\underline{K}(W, q)$.

Le lemme suivant résulte facilement de la proposition (5.3.7).

Lemme--- Soit $s \in S$ et soit $f \in \underline{C}(B\backslash G/U)$. Pour $w \in W^o$ et $t \in T$, on a

$$(\pi(\varepsilon_s)f)(wt) = \begin{cases} f(swt) + (q(s)-1)f(wt) & \text{si } w^{-1}(\alpha_s^\vee) \in R_+^\vee ; \\ q(s)f(swt) & \text{sinon.} \end{cases}$$

On notera que cette formule coïncide avec celle de (4.1.1) qui définit, en supposant $R^\vee$ irréductible, la représentation π de $\underline{K}(W, q)$ étudiée au §4.

(5.3.12) Notons $X(T)$ le groupe de Lie complexe connexe des morphismes de T dans $\underline{\underline{C}}^*$; c'est également le groupe des morphismes de Z dans $\underline{\underline{C}}^*$ triviaux sur H.

Si $\lambda \in X(T)$, on désigne par E_λ le sous-espace de $\underline{C}(G/U)$ formé des fonctions localement constantes f sur G telles que, pour tout $g \in G$, $z \in Z$ et $u \in U$, on ait

$$f(gzu) = f(g)(\delta^{1/2}\lambda)(z) .$$

Puisque E_λ est stable par π, on note π_λ la représentation de G dans E_λ. On désigne par M_λ le sous-espace de E_λ formé des vecteurs invariants par B. L'espace E_λ s'identifie, par restriction, à l'espace des fonctions localement constantes sur K/U_o.

Les représentations π_λ de G, paramétrées ainsi par $X(T)$, constituent par définition la <u>série principale non ramifiée</u> pour G.

(5.3.13) Le résultat suivant, qui découle directement de (5.3.10), est bien connu.

<u>Proposition</u>--- (i) <u>Si</u> $f \in E_{\delta^{1/2}}$ <u>et si</u> $g \in G$, <u>on a</u>

$$\int_K f(k)\, dk = \int_K f(g^{-1}k)\, dk .$$

(ii) <u>Pour</u> $f \in E_\lambda$ <u>et</u> $f' \in E_{\lambda^{-1}}$, <u>nous posons</u>

$$\langle f, f' \rangle = \int_K f(k)f'(k)\, dk .$$

<u>Alors, si</u> $g \in G$, <u>on a</u> $\langle \pi(g)f, f' \rangle = \langle f, \pi(g^{-1})f' \rangle$.

(iii) <u>Si</u> λ <u>est un caractère unitaire de</u> T, <u>nous posons</u> $(f|f') = \langle f, \overline{f'} \rangle$ <u>pour</u> $f, f' \in E_\lambda$. <u>Alors</u> π_λ <u>est une représentation unitaire de</u> G <u>dans l'espace préhilbertien</u> E_λ.

(5.3.14) Si $\lambda \in X(T)$, on désigne par ξ_λ l'élément de E_λ tel que $\xi_\lambda(BU_o) = 1$ et que $\xi_\lambda(K-BU_o) = 0$; c'est un élément de M_λ.

Nous avons alors la proposition suivante:

<u>Proposition---</u> (i) <u>Le</u> G-<u>module</u> E_λ <u>est engendré par</u> ξ_λ.

(ii) <u>Tout sous-espace non nul de</u> E_λ <u>stable par</u> π_λ <u>possède un vecteur non nul invariant par</u> B.

(iii) <u>Le</u> G-<u>module</u> E_λ <u>est irréductible si et seulement si le</u> $\underline{K}(G,B)$-<u>module</u> M_λ <u>est irréductible</u>.

Pour établir la première assertion, on se donne un élément f de E_λ et l'on note φ la restriction de f à K. Puisque φ est localement constante sur K, φ est invariante à droite par un sous-groupe ouvert de K contenant U_o. En vertu de (5.3.2), φ est donc invariante à droite par $z^{-1}U_o^-z$ pour un certain élément z de $\nu^{-1}(T^{++})$. On vérifie alors aisément que

$$f = q(w_o)^{-1}\delta(z)^{1/2}\lambda(z)^{-1}(\pi(\varphi)\pi(z)\xi_\lambda) ;$$

ce qui démontre notre première assertion.

Soit maintenant E' un sous-espace non nul de E_λ stable par π. Il existe alors un élément f_1 de E' tel que $f_1(e) \neq 0$. Posons

$$f_2 = \int_H \pi(h)f_1\, dh ;$$

c'est un élément de E', puisque f_1 est invariant par un sous-groupe ouvert de G. Alors, d'après (5.3.2), f_2 est invariant par $z^{-1}U_o^-z$ pour un certain élément z de $\nu^{-1}(T^{++})$. Posons $f_3 = \pi(z)f_2$; on a $f_3(e) \neq 0$ et f_3 est invariant par U_o^-. Posons enfin

$$f_4 = \int_B \pi(b)f_3\, db = \int_{U_1} \pi(u)f_3\, du ;$$

c'est un élément non nul de E' invariant par B. Notre deuxième assertion est ainsi démontrée. La dernière assertion de la proposition résulte immédiatement des précédentes.

(5.3.15) On rappelle que $\underline{K}(G, B)$ s'identifie à $\underline{K}(W, q)$. Le théorème (4.2.4), combiné avec la proposition (5.3.14), donne le résultat suivant:

Théorème--- Toute représentation irréductible de $\underline{K}(G, B)$ de dimension finie se prolonge en une représentation algébriquement irréductible de G, équivalente à une sous-représentation de π_λ pour un élément λ de $X(T)$.

Si $\lambda = \delta^{-1/2}$, l'unique sous-représentation irréductible de π_λ est la représentation triviale de G. Si $G \neq B$ et si $\lambda = \delta^{1/2}$, π_λ possède une unique sous-représentation irréductible; celle-ci est la représentation spéciale de G [cf. (2.2.4), (4.1.9), (4.1.10)].

(5.3.16) Nous en venons à la théorie des fonctions sphériques sur G/K. Les doubles classes KgK dans G sont, d'après (5.1.1), en correspondance biunivoque avec les doubles classes $W^o x W^o$ dans W. Par suite, G est la réunion disjointe des doubles classes KtK lorsque t parcourt T^{++}; c'est la décomposition de Cartan de G.

L'algèbre $\underline{K}(G, B)$ étant identifiée à $\underline{K}(W, q)$, $\underline{K}(G, K)$ est canoniquement isomorphe à la sous-algèbre $\underline{K}(W, q; W^o)$ de $\underline{K}(W, q)$. Le nº 4.4 définit notamment un isomorphisme F d'algèbres involutives de $\underline{K}(W, q; W^o)$ sur $\underline{K}(T)^{W^o}$, qui se prolonge en un morphisme d'algèbres normées involutives de $L^1(W, q; W^o)$ dans $L^1(T, q^{1/2})^{W^o}$.

Si $\lambda \in X(T)$, on note η_λ l'élément de E_λ tel que $\eta_\lambda(K) = 1$. D'après (1.1.7) et (4.4.1), la fonction sphérique ω_λ sur G/K est alors définie par

$$\omega_\lambda(g) = [K:B]^{-1} \int_K \eta_\lambda(gk)\, dk .$$

Lemme--- L'isomorphisme F d'algèbres involutives de $\underline{K}(G, K)$ sur $\underline{K}(T)^{W^o}$ est donné par la formule suivante: pour $f \in \underline{K}(G, K)$ et $z \in Z$, on a

$$F_f(z) = [K:B]\, \delta(z)^{-1/2} \int_U f(zu)\, du .$$

On notera que cette formule est valable également pour les éléments f de $L^1(G, K)$.

Pour démontrer le lemme, nous fixons un élément f de $\underline{K}(G, K)$. Si $\lambda \in X(T)$, on a

$$F_f * \lambda(e) = f * \omega_\lambda(e) = \int_G f(g)\, \omega_\lambda(g^{-1})\, dg = \int_G f(g)\, \omega_{\lambda^{-1}}(g)\, dg$$

$$= \int_G f(g)\, \eta_{\lambda^{-1}}(g)\, dg = \int_K\int_Z\int_U f(kzu)\, \delta(z)^{1/2}\lambda(z)^{-1}\delta(z)^{-1}\, dk\, dz\, du$$

$$= [K:B] \int_Z\int_U \lambda(z)^{-1}\delta(z)^{-1/2} f(zu)\, dz\, du\ ;$$

ce qui établit la formule de notre lemme.

(5.3.17) Les formules de (5.3.16) et de (4.4.7) nous permettent de déterminer les relations entre les décompositions de Cartan et d'Iwasawa de G.

<u>Théorème</u>--- <u>Soit</u> $t \in T^{++}$ <u>et soit</u> $z \in T$. <u>Alors</u>:

(i) <u>Si</u> $KtK \cap KzU \neq \phi$, <u>alors</u> $z \in t(T^+)^{-1}$;

(ii) $KtK \cap KzU \neq \phi$ <u>si</u> $wzw^{-1} \in t(T^+)^{-1}$ <u>pour tout</u> $w \in W^o$;

(iii) $KtK \cap tU = U_o t$ <u>et</u> $KtK \cap KtU = Kt$.

Les deux premières assertions résultent du théorème (4.4.9), et la dernière de la formule de (4.4.7) combinée avec (3.3.8) ou (3.3.9) [cf. (4.4.10)].

Les assertions (i) et (iii) de ce théorème sont établies également par Bruhat et Tits [4].

(5.3.18) Signalons une conséquence intéressante du théorème précédent.

<u>Corollaire</u>--- <u>Si</u> U' <u>est un conjugué de</u> U <u>dans</u> G, <u>on a</u> $G = KU'K$.

En effet, d'après (5.3.17), toute double classe KtK rencontre U; d'où $G = KUK$. Ensuite, pour le cas général, il suffit de remarquer que tout conjugué U' de U dans G se met, en vertu de (5.3.9), sous la forme kUk^{-1} avec $k \in K$.

(5.3.19) Ainsi, de notre point de vue, les relations entre les décompositions de Cartan et d'Iwasawa de G découlent de la théorie des fonctions sphériques sur G/K, tandis que les études antérieures de celles-ci s'appuyaient au contraire sur l'assertion (i) de (5.3.17) qui devait être établie par voie algébrique ou géométrique (cf. [22], [18], [4]).

(5.3.20) Un renversement procédural, parallèle à celui qu'on vient d'évoquer, se produit déjà dans la théorie des groupes de Lie compacts connexes. Cependant il n'a, nous semble-t-il, jamais été signalé dans la littérature. Nous nous chargeons donc de l'expliquer dans ce qui suit, en employant des notations indépendantes de celles du reste de ce paragraphe.

Soit G un groupe de Lie compact connexe et soit H un tore maximal de G. Alors, H est d'indice fini dans son normalisateur N dans G. On désigne par $\underline{\underline{g}}$ l'algèbre de Lie de G et par $\underline{\underline{h}}$ celle de H. Nous supposons, pour simplifier, que $\underline{\underline{g}}$ soit semi-simple.

On note X(H) le groupe des morphismes de H dans $\underline{\underline{T}}$, où $\underline{\underline{T}}$ est le groupe multiplicatif des nombres complexes de module 1. L'algèbre de Lie de $\underline{\underline{T}}$ étant identifiée à $\underline{\underline{R}}$, on obtient par différentiation une bijection $e^p \longmapsto p$ de X(H) sur un sous-module P_H de l'espace dual $\underline{\underline{h}}^*$ de $\underline{\underline{h}}$. Les racines de G relatives à H constituent ainsi dans $\underline{\underline{h}}^*$ un système de racines réduit R, dont le groupe de Weyl sera désigné par W. On sait que P_H est un sous-module du module P des poids de R, tout en contenant le module Q des poids radiciels de R.

L'algèbre $\underline{\underline{C}}[P_H]$ du groupe commutatif P_H, dont la base canonique est désignée par $\{e^p\}$, s'identifie à une algèbre de fonctions continues sur H. On choisit une base R_b de R et l'on applique à $\underline{\underline{C}}[P]$ les définitions et les notations du nº 3.3. Nous désignons par Φ la fonction continue sur H correspondant à l'élément $(Je^{\rho})(Je^{-\rho})$ de $\underline{\underline{C}}[P_H]$, où ρ est la demi-somme des racines positives de R. La fonction Φ sur H, à valeurs réelles non négatives, est invariante par N. Si σ est une représentation unitaire irréductible de G, nous posons $\chi_\sigma(g) = \mathrm{Tr}(\sigma(g))$ pour $g \in G$; χ_σ est un caractère de G.

Dans l'un de ses célèbres mémoires sur les groupes de Lie compacts connexes et leurs représentations, H. Weyl établit successivement les trois résultats suivants:

(i) <u>Tout élément de</u> G <u>est conjugué à un élément de</u> H.

(ii) <u>Si les mesures de Haar sur</u> G <u>et</u> H <u>sont de masse totale 1 et si</u> f <u>est une fonction continue sur</u> G, <u>on a</u>

$$\int_G f(g)\,dg = \mathrm{Card}(W)^{-1}\int_G\int_H f(ghg^{-1})\Phi(h)\,dg\,dh\ .$$

(iii) <u>Si</u> σ <u>est une représentation unitaire irréductible de</u> G <u>et si</u> $p \in P_H \cap P^{++}$ <u>est le plus haut poids de</u> σ <u>relativement à</u> R_b, <u>alors la restriction de</u> χ_σ <u>à</u> H <u>est égale à</u> $Je^{\rho+p}/Je^{\rho}$.

Plusieurs démonstrations d'origines différentes sont connues pour le théorème de conjugaison de Weyl qui joue, comme on le sait, un rôle important dans l'étude des groupes de Lie compacts connexes. D'autre part, depuis Freudenthal [11], la formule des caractères peut être démontrée par une méthode purement algébrique et donc indépendamment de la formule d'intégration de Weyl.

Nous allons maintenant voir que la théorie de Peter-Weyl sur les groupes compacts permet de déduire de la formule des caractères la formule d'intégration, qui à son tour entraîne le théorème de conjugaison de Weyl.

Tout d'abord, la formule explicite pour les caractères χ_σ de G combinée avec leurs relations d'orthogonalité sur G entraîne la validité de la formule d'intégration pour les combinaisons linéaires de caractères de G [cf. (3.3.7)]. Ensuite, celle-ci est valable, d'après le théorème d'approximation de Peter-Weyl, pour les fonctions continues centrales sur G et donc pour toutes les fonctions continues sur G. Enfin, la formule d'intégration implique clairement que le support de la mesure de Haar sur G est contenu dans la réunion, fermée dans G, des conjugués de H; c'est exactement le théorème de conjugaison de Weyl.

Ainsi, l'intérêt de notre remarque vient de son effet d'apporter au théorème de conjugaison de Weyl une démonstration reposant entièrement sur l'étude des représentations de G et de son algèbre de Lie.

5.4. Sous-groupes radiciels et sous-groupes paraboliques

Ce numéro reprend l'étude, commencée au nº 5.3, de la structure du groupe G. En utilisant des sous-groupes radiciels de G, nous verrons en particulier que (G, ZU, N) est un système de Tits saturé et que tout sous-groupe de G contenant U admet une décomposition de Levi.

(5.4.1) Si $s \in S$, on désigne par ${}_sT$ l'ensemble des éléments t de T tels que $\ell(st) = \ell(t) + 1$. D'après (3.2.4), ${}_sT$ est un sous-monoïde de T et $T(s) = {}_sT \cap ({}_sT)^{-1}$ se compose des éléments de T commutant avec s; on a aussi $({}_sT)^{-1} = s({}_sT)s^{-1}$. D'autre part, pour $s \in S$, on note T_s le sous-groupe de T formé des éléments t tels que $t^{-1} = sts^{-1}$. Alors $W_s = T_s\{e, s\}$ est un sous-groupe diédral de de W; plus précisément, la fonction ℓ restreinte à $W_s-\{e, s\}$ atteint son minimum en un seul point s' et $(W_s, \{s,s'\})$ est un système de Coxeter.

(5.4.2) Le lemme suivant généralise la proposition (5.3.3).

<u>Lemmme</u>--- <u>Soit</u> w <u>un élément de</u> W^o. <u>Alors</u>:

(i) $B = (B\cap wU_o^-w^{-1})(B\cap wU_ow^{-1})$;

(ii) $U_o^- = (U_o^-\cap wU_o^-w^{-1})(U_o^-\cap wU_ow^{-1})$;

(iii) $U_1 = (U_1\cap wU_1w^{-1})(U_1\cap wU_1^-w^{-1})$.

Afin d'établir notre première assertion, on note tout d'abord que, d'après (3.2.3), on a $\ell(z_1z_2) = \ell(z_1) + \ell(z_2)$ si $z_1, z_2 \in w(T^{++})w^{-1}$. Par suite, exactement comme en (5.3.3), on a

$$B = (\bigcap_z zBz^{-1})(\bigcap_z z^{-1}Bz)$$

où z parcourt $w(T^{++})w^{-1}$. Or, d'après (5.1.3) et (5.3.4), on a

$$w^{-1}Bw \subset Bw_oBw_o^{-1} = U_o^-U_o ,$$

où w_o est l'élément de longueur maximum dans W^o; ensuite, on a

$$\bigcap_z zBz^{-1} = w(\bigcap_{t\in T^{++}} tw^{-1}Bwt^{-1})w^{-1} \subset w(\bigcap_{t\in T^{++}} tU_o^-U_ot^{-1})w^{-1} = wU_o^-w^{-1},$$

la dernière égalité résultant de (5.3.2). Puisqu'on a également

$$\bigcap_z z^{-1}Bz \subset wU_ow^{-1},$$

notre première assertion est démontrée. Pour examiner l'assertion (ii), supposons que $x \in U_o^-$. D'après (i), on a $x = bb'$ avec $b \in B\cap wU_o^-w^{-1}$ et $b' \in B\cap wU_ow^{-1}$. Puis, si $z \in \nu^{-1}(T^{++})$, $z^{-1}xz$ s'écrit d'une manière analogue, puisque $z^{-1}xz \in U_o^-$; il en résulte, puisqu'on a $H = U\cap U^-$, que $z^{-1}bz$ et $z^{-1}b'z$ appartiennent à B. Par suite, b et b' appartiennent à U_o^-. L'assertion (ii) est ainsi établie. Enfin, la démonstration de l'assertion (iii) est analogue à celle de (ii).

(5.4.3) Si $\gamma \in R_b^\vee$ et si $s = s_\gamma \in S^o$, nous posons

$$U_o^{-\gamma} = \bigcap_{t \in {}_sT} tBt^{-1} \ , \quad U_1^{\gamma} = \bigcap_{t \in {}_sT} t^{-1}Bt \ ;$$

puis $U_o^{\gamma} = sU_o^{-\gamma}s^{-1}$ et $U_1^{-\gamma} = sU_1^{\gamma}s^{-1}$.

<u>Proposition</u>--- <u>Pour</u> $\gamma \in R_b^\vee$, <u>on pose</u> $s = s_\gamma \in S^o$. <u>Alors</u>:

(i) $U_o^{-\gamma} = U_o^- \cap sU_o s^{-1}$.

(ii) $U_1^{\gamma} = U_1 \cap sU_1^- s^{-1}$.

(iii) $U_o^{-\gamma}U_1^{\gamma} = \bigcap_{z \in T(s)} zBz^{-1}$.

(iv) $U_o^{\gamma}U_1^{-\gamma} = \bigcap_{z \in T(s)} zw_oBw_o^{-1}z^{-1}$, <u>où</u> w_o <u>est l'élément de longueur maximum dans</u> W^o.

(v) $B = (B \cap sBs^{-1})U_o^{-\gamma}$; $U_1^{\gamma} = B \cap sU_o^{-\gamma}s^{-1}$; $q(s) = [U_o^{-\gamma} : sU_1^{\gamma}s^{-1}]$.

(vi) $U_o^{\gamma}-U_1^{\gamma}$ <u>est contenu dans</u> $(U_o^{-\gamma}-U_1^{-\gamma})s(U_o^{-\gamma}-U_1^{-\gamma})$.

(vii) <u>La réunion de</u> $U_o^{-\gamma}U_1^{\gamma}$ <u>et de</u> $U_o^{-\gamma}sU_o^{-\gamma}$ <u>est un sous-groupe de</u> G.

Nous allons tout d'abord voir que $U_o^- \cap sU_o s^{-1}$ est normalisé par T(s). En effet, puisque le groupe T(s) est engendré par $T(s) \cap T^{++}$, il suffit de vérifier que $z(U_o^- \cap sU_o s^{-1})z^{-1} = U_o^- \cap sU_o s^{-1}$ si $z \in T(s) \cap T^{++}$. Or l'on a

$$z(U_o^- \cap sU_o s^{-1})z^{-1} \subset U^- \cap szU_o z^{-1}s^{-1} \subset U^- \cap sU_o s^{-1} = U_o^- \cap sU_o s^{-1} \ ,$$

la dernière égalité ayant lieu puisque $U_o^- = U^- \cap K$ d'après (5.3.5). L'inclusion inverse s'obtient de manière analogue.

Puis nous allons établir qu'on a

$$U_o^{-\gamma} = \bigcap_{z \in T(s)} zU_o^- z^{-1} = U_o^- \cap sU_o s^{-1} \ .$$

La première égalité résulte directement des définitions de U_o^- et de $U_o^{-\gamma}$, puisque l'on a ${}_sT = T(s)T^{++}$. Ensuite $U_o^- \cap sU_o s^{-1}$, qui est normalisé par T(s), est contenu dans $U_o^{-\gamma}$. Enfin, puisque ${}_sT$ contient T^{++}, d'une part on a $U_o^{-\gamma} \subset U_o^-$ et d'autre part on a

$$sU_0^{-\gamma}s = \bigcap_{t\in {}_sT} stBt^{-1}s = \bigcap_{t\in {}_sT} t^{-1}sBst \subset \bigcap_{t\in T^{++}} t^{-1}(U_0^-U_0)t = U_0 .$$

D'une manière analogue, nous vérifions que l'on a

$$U_1^{\gamma} = \bigcap_{z\in T(s)} zU_1z^{-1} = U_1\cap sU_1^-s^{-1} .$$

Les trois premières assertions de notre proposition sont ainsi démontrées.

L'assertion (iv) se ramène à (iii). En effet, $s' = w_0^{-1}sw_0$ appartient à S^0 et l'on a

$$U_0^{\gamma}U_1^{-\gamma} = (U_0\cap sU_0^-s)(U_1^-\cap sU_1s) = w_0(U_0^-\cap s'U_0s')(U_1\cap s'U_1^-s')w_0^{-1}$$
$$= w_0(\bigcap_{z\in T(s')} zBz^{-1})w_0^{-1} = \bigcap_{z\in T(s)} zw_0Bw_0^{-1}z^{-1} .$$

Examinons ensuite l'assertion (v). Puisque $U_0^- = (U_0^-\cap sU_0^-s)U_0^{-\gamma}$ d'après (5.4.2), on a

$$B = U_1U_0^- = (B\cap sBs)U_0^- = (B\cap sBs)U_0^{-\gamma} .$$

Puis on a

$$B\cap sU_0^{-\gamma}s = B\cap U_0\cap sU_0^-s = U_1\cap sU_0^-s = s(sU_1s\cap U_0^-)s$$
$$= s(sU_1s\cap U_1^-U_1\cap U_0^-)s = s(sU_1s\cap U_1^-)s = U_1^{\gamma} .$$

Enfin, on a ainsi

$$q(s) = [B : B\cap sBs^{-1}] = [U_0^{-\gamma} : sU_1^{\gamma}s^{-1}] = [U_0^{-\gamma} : U_1^{-\gamma}] .$$

Afin d'établir l'assertion (vi), supposons que $x \in U_0^{\gamma}-U_1^{\gamma}$. Alors, d'après (v), x n'appartient pas à B mais à BsB; on a donc $x = bnu$ avec $b \in B$, $n \in \nu^{-1}(s)$ et $u \in U_0^{-\gamma}$. Si $z \in \nu^{-1}(T(s))$, zxz^{-1} s'écrit d'une manière analogue; par suite, zbz^{-1} appartient à $BnU_0^{-\gamma}n^{-1}$ et donc à $U_0^-U_0$. En conséquence, d'après (iii) et (iv), b appartient à $B\cap U_0^{-\gamma}U_0^{\gamma}$ et x à $U_0^{-\gamma}U_0^{\gamma}nU_0^{-\gamma} = U_0^{-\gamma}sU_0^{-\gamma}$. Enfin, (v) entraîne que x appartient à $(U_0^{-\gamma}-U_1^{-\gamma})s(U_0^{-\gamma}-U_1^{-\gamma})$, puisque $sBs^{-1}\cap sB = \emptyset$ d'après la décomposition de Bruhat de G.

La dernière assertion se déduit facilement de (vi) en vérifiant que la réunion de $U_o^{-\gamma}U_1^{\gamma}$ et de $U_o^{-\gamma}sU_o^{-\gamma}$ est stable par la multiplication à gauche des éléments de $U_o^{-\gamma}U_1^{\gamma}$ et de $\nu^{-1}(s)$.

(5.4.4) On conserve les notations de (5.4.3). On sait déjà que $U_1^{-\gamma}$ est un sous-groupe ouvert de $U_o^{-\gamma}$ et que $U_o^{-\gamma}$ et $U_1^{-\gamma}$ sont normalisés par $T(s)$.

Lemme--- (i) Si $\langle\gamma, p\rangle \geq 1$ pour $\gamma \in R_b^{\vee}$ et $p \in Q$, alors $U_1^{-\gamma}$ contient $t_p^{-1}U_o^{-\gamma}t_p$.

(ii) Si de plus $\langle\gamma, p\rangle = 1$, alors $U_1^{-\gamma}$ est égal à $t_p^{-1}U_o^{-\gamma}t_p$.

De l'hypothèse de (i), on déduit aisément que $T(s)t_p$ contient un élément z de T^{++} tel que le stabilisateur de z dans W^o soit réduit à $\{e\}$. Par suite, d'après (5.3.4) et (5.4.3), on a

$$t_p^{-1}U_o^{-\gamma}t_p = z^{-1}U_o^{-\gamma}z \subset U_o^{-\gamma} \cap U_1^{-} = U_1^{-\gamma}.$$

Afin d'examiner notre deuxième assertion, supposons que $\langle\gamma , Q\rangle = \underline{\underline{Z}}$. Alors, en vertu de l'assertion (ii) de (3.1.10), on a $\langle\gamma, w\tilde{\alpha}\rangle = 1$ pour un élément w de W^o et une racine $\tilde{\alpha}$ de R telle que $s_{\tilde{\alpha}}t_{\tilde{\alpha}}$ appartienne à $S-S^o$. On pose donc $p = w\tilde{\alpha}$; alors on a

$$t = t_p = wt_{\tilde{\alpha}}w^{-1} = w_1\tilde{s}w^{-1}$$

avec $\tilde{s} = s_{\tilde{\alpha}}t_{\tilde{\alpha}}$ et $w_1 \in W^o$. Or, puisque $\gamma \neq sw(\tilde{\alpha}^{\vee})$, il existe un élément p' de Q tel que l'on ait $\langle\gamma, p'\rangle \geq 0$ et $\langle sw(\tilde{\alpha}^{\vee}), p'\rangle < 0$; alors on a $z = t_{p'} \in {}_sT$ et, d'après (3.2.4), $\ell(\tilde{s}w^{-1}sz) = \ell(w^{-1}sz) - 1$. Ensuite $w^{-1}U_1^{-\gamma}w$, qui est contenu dans $B \cap w^{-1}szBz^{-1}s^{-1}w$, l'est dans $B \cap \tilde{s}^{-1}B\tilde{s}$ en vertu de (5.1.2). Par suite, on a

$$tU_1^{-\gamma}t^{-1} = w_1\tilde{s}(w^{-1}U_1^{-\gamma}w)\tilde{s}^{-1}w_1^{-1} \subset w_1Bw_1^{-1} \subset K ;$$

ce qui entraîne que $tU_1^{-\gamma}t^{-1}$ est contenu dans $U_o^{-} = U^{-} \cap K$ et que $s(tU_1^{-\gamma}t^{-1})s^{-1}$ l'est dans $U_o = U \cap K$. En conséquence, $t^{-1}U_o^{-\gamma}t$ contient $U_1^{-\gamma}$. Notre lemme est ainsi démontré.

(5.4.5) Soit γ un élément de $R_b^{\vee}$. Si $m \in \underline{\underline{Z}}$, il existe un élément p de Q tel que $k = m - \langle \gamma, p \rangle \in \{0, 1\}$; nous posons alors $U_m^{-\gamma} = t_p^{-1} U_k^{-\gamma} t_p$. En vertu de (5.4.4), $U_m^{-\gamma}$ ne dépend pas du choix de p. Pour tout $m \in \underline{\underline{Z}}$, nous posons également $U_m^{\gamma} = sU_m^{-\gamma}s^{-1}$ où $s = s_\gamma \in S^o$.

Pour tout $m \in \underline{\underline{Z}}$, d'après (5.4.4), $U_m^{-\gamma}$ contient $U_{m+1}^{-\gamma}$. La réunion $U^{-\gamma}$ des $U_m^{-\gamma}$ est donc un sous-groupe de G normalisé par Z, et il en est de même pour $U^{\gamma} = sU^{-\gamma}s^{-1}$. Par ailleurs, l'intersection des $U_m^{-\gamma}$ se réduit à H.

<u>Lemme</u>--- <u>Pour</u> $\gamma \in R_b^{\vee}$, <u>on pose</u> $s = s_\gamma \in S^o$. <u>Alors</u>:

(i) $U^{-\gamma} = U^- \cap sUs^{-1}$.

(ii) $U_o^{-\gamma} = B \cap U^{-\gamma}$ <u>et</u> $U_1^{\gamma} = B \cap U^{\gamma}$.

(iii) $U^{-\gamma}$ <u>est un sous-groupe fermé de</u> U^- <u>normalisé par</u> Z <u>et</u>, <u>pour tout</u> $m \in \underline{\underline{Z}}$, $U_m^{-\gamma}$ <u>est ouvert et compact dans</u> $U^{-\gamma}$.

Il est, d'une part, évident que $U^{-\gamma}$ est contenu dans $U^- \cap sUs^{-1}$. D'autre part, d'après (5.4.2), on a $U^- = (U^- \cap sU^-s^{-1})U^{-\gamma}$. On a ainsi $U^{-\gamma} = U^- \cap sUs^{-1}$. Les autres assertions de notre lemme se démontrent alors facilement.

(5.4.6) Afin de pouvoir définir le sous-groupe U^{γ} de G pour toute $\gamma \in R^{\vee}$, nous énonçons le lemme suivant:

<u>Lemme</u>--- (i) <u>Si</u> $w\gamma \in R_+^{\vee}$ <u>pour</u> $w \in W^o$ <u>et</u> $\gamma \in R_b^{\vee}$, <u>alors on a</u> $wU_o^{-\gamma}w^{-1} \subset U_o^-$, $wU_o^{\gamma}w^{-1} \subset U_o$ <u>et</u> $wU_1^{\gamma}w^{-1} = B \cap wU_o^{\gamma}w^{-1}$.

(ii) <u>Si, de plus</u>, $\gamma' = w\gamma$ <u>appartient à</u> $R_b^{\vee}$, <u>alors on a</u> $U_o^{-\gamma'} = wU_o^{-\gamma}w^{-1}$ <u>et</u> $U_1^{\gamma'} = wU_1^{\gamma}w^{-1}$.

Si nous posons $s = s_\gamma \in S^o$, ${}_sT$ contient $w^{-1}(T^{++})w$ puisque $w\gamma \in R_+^{\vee}$ d'après notre l'hypothèse. Par suite, on a

$$wU_o^{-\gamma}w^{-1} = \bigcap_{t \in {}_sT} wtBt^{-1}w^{-1} = \bigcap_{t \in {}_sT} wtw^{-1}(wBw^{-1})wt^{-1}w^{-1}$$
$$\subset \bigcap_{t \in T^{++}} t(U_o^-U_o)t^{-1} = U_o^-.$$

La première partie de l'assertion (i) est ainsi démontrée, et le reste de (i) est alors facile à vérifier.

Examinons l'assertion (ii). D'une part, d'après (i), U_o^- contient $wU_o^{-\gamma}w^{-1}$. D'autre part, $wU_o^{-\gamma}w^{-1}$ est normalisé par $T(s')$ où $s' = wsw^{-1} \in S^o$. Il en résulte, d'après (5.4.3), que $wU_o^{-\gamma}w^{-1}$ est contenu dans $U_o^{-\gamma'}$. Puisque l'inclusion inverse s'établit de manière identique, on a ainsi $U_o^{-\gamma'} = wU_o^{-\gamma}w^{-1}$. Enfin, le cas de $wU_1^{\gamma}w^{-1}$ est tout à fait analogue.

(5.4.7) Pour tout $\gamma \in R_b^{\vee}$, nous avons déjà défini U^{γ} et ses sous-groupes U_m^{γ}. Si $\gamma \in R^{\vee}$, il existe un élément w de W^o tel que $w\gamma$ appartienne à $R_b^{\vee}$; nous posons alors $U^{\gamma} = w^{-1}U^{w\gamma}w$ et, pour tout $m \in \underline{\underline{Z}}$, $U_m^{\gamma} = w^{-1}U_m^{w\gamma}w$. En vertu de (5.4.6), U^{γ} et les U_m^{γ} ne dépendent pas du choix de w. On sait aussi que U^{γ} est un sous-groupe fermé de G normalisé par Z et que les U_m^{γ} sont ouverts et compacts dans U^{γ}.

Nous énonçons une conséquence facile des trois lemmes précédents.

<u>Lemme</u>--- <u>Soit</u> γ <u>un élément de</u> $R_+^{\vee}$ <u>et soit</u> $s = s_{\gamma}$ <u>l'élément involutif de</u> W^o <u>associé à</u> γ.

(i) <u>Si</u> $T(s)$ <u>désigne le sous-groupe de</u> T <u>formé des éléments commutant avec</u> s, <u>on a</u>

$$U_o^{-\gamma}U_1^{\gamma} = \bigcap_{z \in T(s)} zBz^{-1} .$$

(ii) $U_o^{-\gamma} = B \cap U^{-\gamma}$ <u>et</u> $U_1^{\gamma} = B \cap U$.

(iii) <u>Soit</u> p <u>un élément de</u> Q <u>tel que</u> $\langle \gamma, p \rangle = 1$. <u>Alors, en posant</u> $\beta = \gamma^{\vee} \in R_+$ <u>et</u> $w = t_p s$, <u>on a</u> $wsw^{-1} = st_{\beta}^{-1}$ <u>et</u> $w(U_o^{-\gamma}U_1^{\gamma})w^{-1} = U_o^{-\gamma}U_1^{\gamma}$.

(5.4.8) Soit maintenant s un élément de $S-S^o$. En rappelant la bijection canonique $s \mapsto \alpha_s^{\vee}$, définie en (5.3.1), de S sur une partie de $R^\vee$, nous posons $\mu = -\alpha_s^\vee$. D'après (3.1.8), μ est la plus grande racine de l'une des composantes irréductibles de $R^\vee$ et l'on a $s = s_\alpha t_\alpha$ pour $\alpha = -\mu^\vee \in R$.

Lemme--- Pour $s \in S\text{-}S^o$, nous posons $\mu = -\alpha_s^\vee$. Alors:

(i) $U_1^{\mu}U_o^{-\mu} = \bigcap_{z \in T(s)} zBz^{-1}$.

(ii) $U_1^{\mu} = \bigcap_{t \in {}_sT} tBt^{-1}$.

(iii) $U_o^{-\mu} = \bigcap_{t \in {}_sT} t^{-1}Bt$.

(iv) $U_2^{\mu} = sU_o^{-\mu}s^{-1} = U_1^{\mu} \cap sBs^{-1}$.

Notre première assertion se ramène à l'assertion (i) de (5.4.7), et entraîne facilement nos assertions (ii) et (iii) puisque ${}_sT$ contient $(T^{++})^{-1}$ en vertu de (3.2.4). Enfin, on a $U_{-1}^{-\mu} = sU_1^{\mu}s^{-1}$ et donc $U_o^{-\mu} = B \cap sU_1^{\mu}s^{-1}$; ce qui démontre notre dernière assertion.

(5.4.9) Les sous-groupes U^γ de G, où $\gamma \in R^\vee$, ont été définis en (5.4.7) à partir de certaines données dépendant de (W^o, S^o). Cependant, en vertu de (5.4.8), on voit aisément qu'ils ne dépendent, dans leur ensemble, pas du choix de (W^o, S^o) fait au début du nº 5.3. Ces sous-groupes de G seront donc appelés sous-groupes radiciels de G relatifs à (B, N).

(5.4.10) Pour énoncer un des théorèmes principaux de ce numéro, nous rappelons que, pour $s \in S$, ${}_sT$ et $T(s)$ sont définis en (5.4.1).

Théorème--- Si $s \in S$, nous posons

$$V_s^- = \bigcap_{t \in {}_sT} tBt^{-1}, \quad V_s^+ = \bigcap_{t \in {}_sT} t^{-1}Bt, \text{ et } B_s = \bigcap_{z \in T(s)} zBz^{-1}.$$

(i) $H = V_s^- \cap V_s^+$.

(ii) $B_s = V_s^- V_s^+$.

(iii) $B = (B \cap sBs^{-1})V_s^-$; $V_s^+ = B \cap sV_s^-s^{-1}$; $q(s) = [V_s^- : sV_s^+s^{-1}]$.

(iv) $(sV_s^- s^{-1} - V_s^+)$ <u>est contenu dans</u> $(V_s^- - sV_s^+ s^{-1})s(V_s^- - sV_s^+ s^{-1})$.

(v) <u>La réunion de</u> $V_s^- V_s^+$ <u>et de</u> $V_s^- s V_s^-$ <u>est un sous-groupe de</u> G.

Supposons tout d'abord que $s \in S^o$. Nos assertions sont alors établies dans la proposition (5.4.3).

Supposons ensuite que s apprtienne à un sous-système (W', S') de (W, S) tel que W soit produit semi-direct de T par W'. Alors, d'après (3.1.6), il existe un automorphisme de (W, S) transformant S' en S^o. Par suite, nos assertions résultent également de (5.4.3) puisqu'elles ne dépendent pas du choix de (W^o, S^o) ou de (W', S').

Supposons maintenant que $s \in S - S^o$ et que $\langle \mu, Q \rangle = \underline{\underline{Z}}$ avec les notations de (5.4.8). D'après (5.4.8), on a alors $B_s = U_1^{\mu} U_o^{-\mu}$, $V_s^- = U_1^{\mu}$, $V_s^+ = U_o^{-\mu}$ et $sV_s^+ s^{-1} = U_2^{\mu}$. Nos deux premières assertions sont donc établies. Ensuite, puisque $\langle \mu, Q \rangle = \underline{\underline{Z}}$, l'élément $s = s_{\alpha} t_{\tilde{\alpha}}$ de W est conjugué à $s_{\tilde{\alpha}} = s_{\mu}$ en vertu de (3.1.10); s est donc conjugué à $s_{\gamma} \in S^o$ si $\gamma = w\mu$, où $w \in W^o$, appartient à $R_b^{\vee}$. Par suite, on a $q(s) = q(s_{\gamma})$ puisque q est une fonction quasi-multiplicative sur W [cf. (5.2.2), (2.1.6)]. D'après (5.4.3), (5.4.4) et (5.4.8), on a donc

$$[B : B \cap sBs^{-1}] = q(s) = q(s_{\gamma}) = [U_o^{-\gamma} : U_1^{-\gamma}] = [U_1^{-\gamma} : U_2^{-\gamma}]$$
$$= [U_1^{\mu} : U_2^{\mu}] = [U_1^{\mu} : U_1 \cap sBs^{-1}];$$

ce qui entraîne que $B = (B \cap sBs^{-1})U_1^{\mu}$. Notre assertion (iii) est ainsi démontrée pour s. Par ailleurs, d'après (5.4.7), un élément de W transforme U_1^{μ} en $U_o^{-\mu}$ et $U_o^{-\mu}$ en U_1^{μ}; nos assertions (iv) et (v) pour s se ramènent ainsi à celles pour $s_{\gamma} \in S^o$.

En vertu de (3.1.10) et de (3.1.11), tout élément de S entre dans l'un au moins des trois cas que nous venons de considérer. La démonstration de notre théorème est donc complète.

(5.4.11) Pour $s \in S$, nous posons $N_s = \nu^{-1}(W_s)$ où ν est le morphisme canonique de N sur W et où W_s est le sous-groupe diédral de W associé à s en (5.4.1).

Théorème--- Si $s \in S$, nous posons $G_s = B_s N_s B_s$. Alors:

(i) G_s est un sous-groupe fermé de G normalisé par Z, et son intersection avec B est égale à B_s.

(ii) (G_s, B_s, N_s) est un système de Tits saturé de type diédral infini; de plus, on a $q(s) = [B : B \cap sBs^{-1}] = [B_s : B_s \cap sB_s s^{-1}]$.

Supposons d'abord que $s = s_\gamma \in S^o$ avec $\gamma \in R_b^\vee$. D'après (5.4.3), on a $B_s = U_0^{-\gamma} U_1^\gamma$ et $B_s \cup U_0^{-\gamma} s U_0^{-\gamma}$ est un sous-groupe de G. Si nous posons $s' = st_\beta^{-1}$ où $\beta = \gamma^\vee \in R$, $(W_s, \{s,s'\})$ est un système de Coxeter. Si $\langle \gamma, Q \rangle = \underline{\underline{Z}}$, alors il existe, d'après (5.4.7), un élément de W transformant $U_0^{-\gamma}$ en U_1^γ, U_1^γ en $U_0^{-\gamma}$ et s en s'; on voit ainsi que $B_s \cup U_1^\gamma s' U_1^\gamma$ est un sous-groupe de G. Si $\langle \gamma, Q \rangle = 2\underline{\underline{Z}}$, alors il existe, d'après (3.1.10), un élément s'' de $S-S^o$ et un élément w de W^o tels $w\gamma$ soit la racine μ de $R^\vee$ associée à s'' par (5.4.8); w transforme alors B_s en $B_{s''}$ et s' en s'', et le théorème (5.4.10), appliqué à s'', montre que $B_s \cup U_1 s' U_1$ est un sous-groupe de G.

Ce qui précède permet ensuite de vérifier aisément que, pour tout $w \in W_s$, on a

$$sB_s w \subset B_s w B_s \cup B_s s w B_s \quad \text{et} \quad s' B_s w \subset B_s w B_s \cup B_s s' w B_s \ .$$

On conclut ainsi que G_s est un sous-groupe de G et que (G_s, B_s, N_s) est un système de Tits, les autres axiomes de Tits étant trivialement vérifiés.

En vertu des décompositions de Bruhat de G et de G_s, on a alors $B_s = B \cap G_s$. Par ailleurs, étant le sous-groupe de G engendré par

$U^{\gamma}\bigcup U^{-\gamma}$, le sous-groupe G_s de G est normalisé par Z. Notre première assertion est ainsi démontrée pour s.

Supposons ensuite que $s \in S-S^{o}$. Si nous posons $\mu = -\alpha_s^{\vee}$ comme en (5.4.8), il existe un élément w de W^{o} tel que $\gamma = w\mu$ appartienne à $R_b^{\vee}$. Alors, $s'' = s_{\gamma}$ appartient à S^{o} et w transforme B_s en $B_{s''}$, N_s en $N_{s''}$ et donc G_s en $G_{s''}$. Nos assertions pour s se ramènent ainsi à celles pour s''.

(5.4.12) La proposition suivante donne quelques propriétés fondamentales des sous-groupes radiciels de G définis en (5.4.9).

Proposition--- Pour $\gamma \in R^{\vee}$, on pose $\beta = \gamma^{\vee} \in R$ et $s = s_{\gamma} \in W^{o}$. Alors:

(i) Si $m + m' \geqslant 1$ pour $m, m' \in \underline{\underline{Z}}$, $U_m^{-\gamma}U_{m'}^{\gamma}$ est un sous-groupe de G.

(ii) Si $m \in \underline{\underline{Z}}$, $U_m^{\gamma}-U_{m+1}^{\gamma}$ est contenu dans $(U_{-m}^{-\gamma}-U_{-m+1}^{-\gamma})st_{\beta}^{-m}(U_{-m}^{-\gamma}-U_{-m+1}^{-\gamma})$.

(iii) $U^{\gamma}-H$ est contenu dans $(U^{-\gamma}-H)sZ(U^{-\gamma}-H)$.

(iv) La réunion de ZU^{γ} et de $U^{\gamma}sZU^{\gamma}$ est un sous-groupe de G.

Il suffit de démontrer cette proposition pour $\gamma \in R_b^{\vee}$. Examinons d'abord l'assertion (i). D'après (5.4.3), $U_0^{-\gamma}U_1^{\gamma}$ est un sous-groupe de G et il en est donc de même de $U_1^{-\gamma}U_0^{\gamma}$. Or, si $m \in \underline{\underline{Z}}$, il existe un élément de T transformant $U_m^{-\gamma}U_{1-m}^{\gamma}$ en $U_0^{-\gamma}U_1^{\gamma}$ ou en $U_1^{-\gamma}U_0^{\gamma}$; par suite, $U_m^{-\gamma}U_{1-m}^{\gamma}$ est un sous-groupe de G. Enfin, si $m + m' \geqslant 1$, alors l'intersection de $U_m^{-\gamma}U_{1-m}^{\gamma}$ et de $U_{1-m'}^{-\gamma}U_{m'}^{\gamma}$ est égale à $U_m^{-\gamma}U_{m'}^{\gamma}$; celui-ci est donc un sous-groupe de G.

Quant à (ii), on sait d'après (5.4.3) que $U_0^{\gamma}-U_1^{\gamma}$ est contenu dans $(U_0^{-\gamma}-U_1^{-\gamma})s(U_0^{-\gamma}-U_1^{-\gamma})$. D'autre part, comme on l'a déjà signalé dans la démonstration de (5.4.11), $U_0^{-\gamma}U_1^{\gamma}\bigcup U_1^{\gamma}st_{\beta}^{-1}U_1^{\gamma}$ est un sous-groupe de G et $U_{-1}^{-\gamma}-U_0^{-\gamma}$ est contenu dans $(U_1^{\gamma}-U_2^{\gamma})st_{\beta}^{-1}(U_1^{\gamma}-U_2^{\gamma})$; par suite, $U_{-1}^{\gamma}-U_0^{\gamma}$ est contenu dans $(U_1^{-\gamma}-U_2^{-\gamma})st_{\beta}(U_1^{-\gamma}-U_2^{-\gamma})$. On voit ensuite que, si

$m \in \underline{\underline{Z}}$, $U^{\gamma}_{m}-U^{\gamma}_{m+1}$ est contenu dans $(U^{-\gamma}_{-m}-U^{-\gamma}_{-m+1})st_{\beta}^{-m}(U^{-\gamma}_{-m}-U^{-\gamma}_{-m+1})$, puisqu'il existe un élément de T transformant $U^{\gamma}_{m}-U^{\gamma}_{m+1}$ en $U^{\gamma}_{o}-U^{\gamma}_{1}$ ou en $U^{\gamma}_{-1}-U^{\gamma}_{o}$. Notre deuxième assertion est ains démontrée.

L'assertion (iii) de notre proposition résulte immédiatement de (ii) et entraîne facilement l'assertion (iv).

(5.4.13) Nous pouvons maintenant énoncer le théorème suivant, qui est établi également par Bruhat et Tits [4] suivant une méthode différente.

<u>Théorème</u>--- (G, ZU, N) <u>est un système de Tits saturé</u>.

Notons tout d'abord que Z est égal à $N \cap ZU$, que le groupe N/Z est canoniquement isomorphe à W^{o} et que (W^{o}, S^{o}) est un système de Coxeter fini.

Supposons que $w \in W^{o}$ et que $s = s_{\gamma} \in S^{o}$ avec $\gamma \in R^{\vee}_{b}$. En vertu du lemme (5.4.2), on a $U = (U \cap sUs^{-1})U^{\gamma}$. Ensuite, si $w^{-1}(\gamma) \in R^{\vee}_{+}$, on a

$$sZUw \subset UsU^{\gamma}Zw \subset UswZU.$$

Si $w^{-1}(\gamma) \notin R^{\vee}_{+}$, on utilise l'énoncé (iv) de (5.4.12) pour avoir

$$sZUw \subset U(sU^{\gamma}Zs^{-1})sw \subset ZUsw \cup UsZU^{\gamma}sw \subset ZUsw \cup UwZU.$$

Les autres axiomes de Tits étant facilement vérifiés, on montre ainsi que (G, ZU, N) est un système de Tits saturé.

Le groupe G est ainsi muni de deux systèmes de Tits (G, B, N) et (G, ZU, N). On remarquera que l'intersection des conjugués de ZU dans G coïncide avec celle des conjugués de B.

Tout sous-groupe de G contenant un conjugué de ZU est appelé <u>parabolique</u>. Nous verrons qu'un tel sous-groupe de G est nécessairement fermé dans G.

Enfin, puisque W^{o} est le groupe de Weyl de $R^{\vee}$, la définition de

(5.1.4) permet d'associer aux éléments γ de $R^\vee$ les sous-groupes radiciels X^γ de G relatifs à (ZU, N). Pour toute $\gamma \in R^\vee$, on voit aisément que X^γ est égal à ZU^γ et donc que U^γ est égal à la réunion des sous-groupes compacts de X^γ.

(5.4.14) Signalons une conséquence immédiate du théorème (5.4.13).

Corollaire--- *On a* $G = UNU$ *et* G *est la réunion disjointe des doubles classes* UwU *lorsque* w *parcourt* W.

Puisque (G, ZU, N) est un système de Tits et que N contient Z, on a $G = UNU$. Supposons ensuite que $n' \in UnU$ pour $n, n' \in N$. Alors on a $n' = z^{-1}uznu'$ avec $u \in U_1$, $z \in Z$ et $u' \in U$; autrement dit, on a $zn' = uznu'$ avec $u \in B$ et $u' \in U$. Il en résulte, d'après (5.3.8), que n' appartient à nH.

(5.4.15) Le résultat suivant est également une conséquence directe du théorème (5.4.13).

Corollaire--- *Supposons que* $\ell(sw) = \ell(w) + 1$ *pour* $w \in W^o$ *et* $s = s_\gamma \in S^0$ *avec* $\gamma \in R_b^\vee$. *Alors:*

(i) $U \cap swU^-w^{-1}s^{-1} = U^\gamma s(U \cap wU^-w^{-1})s^{-1}$.

(ii) $U_0 \cap swU_o^-w^{-1}s^{-1} = U_0^\gamma s(U_0 \cap wU_o^-w^{-1})s^{-1}$.

(iii) $U_1 \cap swU_1^-w^{-1}s^{-1} = U_1^\gamma s(U_1 \cap wU_1^-w^{-1})s^{-1}$.

Tout d'abord, en appliquant l'assertion (iv) de (5.1.3) au système de Tits (G, ZU, N), on a

$$ZU \cap swZU^-w^{-1}s^{-1} = ZU^\gamma s(ZU \cap wZU^-w^{-1})s^{-1};$$

d'où, en extrayant les éléments de U, on a

$$U \cap swU^-w^{-1}s^{-1} = U^\gamma s(U \cap wU^-w^{-1})s^{-1}.$$

Ensuite, puisque $U_0 = U_0^\gamma(U_0 \cap sU_os^{-1})$ d'après (5.4.2), on a

$$U_0 \cap swU_o^-w^{-1}s^{-1} = U_0^\gamma(U_0 \cap sU_os^{-1} \cap swU_o^-w^{-1}s^{-1}) ;$$

or, d'après notre première assertion, $sU_os^{-1} \cap swU_ow^{-1}s^{-1}$ est contenu dans U et donc dans $U_o = U \cap K$. D'où résulte notre deuxième assertion. Enfin, l'assertion (iii) se démontre d'une manière analogue.

(5.4.16) Nous allons maintenant préciser les relations entre les sous-groupes N et Z de G.

Corollaire--- (i) N est le normalisateur de Z dans G.

(ii) N est son propre normalisateur dans G.

On sait qu'un élément de W appartient à T si et seulement si ses conjugués sont en nombre fini. Il en résulte qu'un élément de N appartient à Z si et seulement si ses conjugués forment une partie relativement compacte de N. Par conséquent, tout automorphisme de N laisse Z stable et la deuxième assertion de notre corollaire découle donc de la première.

Démontrons ensuite notre première assertion. D'après (5.4.14) et (5.4.15), tout élément g de G se met sous la forme unu' où $n \in N$, $u \in U \cap n^{-1}U^{-}n$ et $u' \in U$; de plus, nH, uH et Hu' sont bien déterminés par g. Supposons que g normalise Z. Alors, si $z \in Z$, zgz^{-1} appartient à gZ et à Zg; ce qui entraîne que $zuHz^{-1} = uH$ et que $zHu'z^{-1} = Hu'$. Or, d'après (5.3.6) et (5.3.2), tout compact de U normalisé par Z est contenu dans H. Par suite, u et u' appartiennent à H et donc g à N. Notre première assertion est ainsi démontrée.

(5.4.17) On rappelle que (W^o, S^o) est un système de Coxeter et que, pour $w \in W^o$, la partie A_w de W^o est définie en (5.1.2).

Proposition--- (i) Si $UwZU \cap Bw' \neq \emptyset$ pour $w, w' \in W^o$, alors w' appartient à A_w.

(ii) Pour tout $w \in W^o$, on a $U_1wZU = UwZu \cap BwZU$.

(iii) Tout sous-groupe de G contenant ZU est fermé dans G.

(iv) <u>Si</u> $w \in W^o$, <u>l'adhérence de</u> $UwZU$ <u>dans</u> G <u>est égale à</u> UA_wZU.

(v) U^-ZU <u>est un ouvert dense de</u> G.

Pour examiner notre première assertion, on suppose que Bw' rencontre $UwZU$. Puisque $B = U_1U_o^-$, alors U_o^-w' rencontre $UwZU$; par suite, Uw_ow' rencontre w_oUwZU, où w_o est l'élément de longueur maximum dans W^o. Il en résulte, en vertu du théorème (5.4.13) et de la définition de A_w, que w_ow' appartient à w_oA_w. Notre première assertion est ainsi démontrée.

Afin d'établir l'assertion (ii), on suppose que $u \in U$ appartient à $BwZUw^{-1}$. Alors il existe un élément u_1 de U_1 tel que $u_1^{-1}u$ appartienne à $U_o^-wZUw^{-1}$; ce qui entraîne que $u_1^{-1}u$ appartient à $U \cap wUw^{-1}$, puisqu'on a $wZUw^{-1} = (U^- \cap wUw^{-1})Z(U \cap wUw^{-1})$ et $H = U \cap ZU^-$. En conséquence, on a $uwZU = u_1wZU$. Notre deuxième assertion est ainsi établie.

On sait que tout sous-groupe P de G est de la forme UW_X^oZU, où W_X^o est le sous-groupe de W^o engendré par une partie X de S^o. Alors, puisque B est un sous-groupe ouvert de G, on déduit facilement de (i) que $G-P$ est un ouvert de G. D'où résulte notre troisième assertion.

Nous allons maintenant examiner l'assertion (iv). On sait d'après (i) que, si $w \in W^o$, UA_wZU contient l'adhérence de $UwZU$ dans G. Nous allons établir l'inclusion inverse par récurrence sur $\ell(w)$. Supposons d'abord que $s = s_\gamma \in S^o$ avec $\gamma \in R_b^\vee$. D'après (5.4.5), l'intersection des sous-groupes compacts $U_m^{-\gamma}$ de $U^{-\gamma}$ se réduit à H. Par suite, si X est un voisinage de e dans G, XH contient $U_m^{-\gamma}$ pour un entier m assez grand; X rencontre donc $UsZU$ puisque $U_m^{-\gamma}-H$ est contenu dans $UsZU$. On voit ainsi que e appartient à l'adhérence de UsZU dans G et que celle-ci est finalement égale à UA_sZU. Supposons ensuite que $\ell(sw) = \ell(w) - 1$ pour $w \in W^o$ et $s \in S^o$. Puisqu'on a alors $UwZU = (UsZU)(Uw'ZU)$ pour $w' = sw$, l'adhérence de UwZU dans G contient le produit de celle de UsZU par celle de Uw'ZU. Par suite, d'après l'hypothèse de récurrence, l'adhérence de UwZU dans G contient $UA_sA_{w'}ZU$; or celui-ci est égal à UA_wZU d'après la définition de A_w. Notre assertion est ainsi démontrée.

Considérons enfin l'assertion (v). On sait que, si w_o est l'élément de longueur maximum dans W^o, A_{w_o} est égal à W^o tout entier. Par suite, d'après (iv), Uw_oZU est dense dans G. Alors, U^-ZU est également dense dans G, puisqu'on a $U^-ZU = w_o^{-1}Uw_oZU$. D'autre part, U^-ZU est un ouvert de G, puisqu'il contient un voisinage ouvert B de e dans G et qu'il est le produit d'un sous-groupe de G par un autre. On voit ainsi que U^-ZU et Uw_oZU sont des ouverts denses de G, ce qui achève de démontrer notre dernière assertion.

(5.4.18) Pour $\gamma \in R^\vee$, les U_m^γ forment une suite décroissante de sous-groupes ouverts compacts de U^γ dont l'intersection se réduit à H. Si $u \in U_m^\gamma - U_{m+1}^\gamma$, nous posons $v_\gamma(u) = m$; si $u \in H$, nous posons $v_\gamma(u) = +\infty$. Alors l'application v_γ de U^γ sur $\underline{\underline{Z}} \cup \{+\infty\}$ est bi-invariante par H. Ensuite, pour $\bar{u}_1 = u_1H$ et $\bar{u}_2 = u_2H$ où $u_1, u_2 \in U^\gamma$, nous posons

$$d_\gamma(\bar{u}_1, \bar{u}_2) = [U_{-1}^\gamma : U_1^\gamma]^{-v_\gamma(u_1^{-1}u_2)/2} .$$

Alors d_γ définit sur l'espace homogène U^γ/H une distance ultramétrique, qui redonne à U^γ/H sa topologie initiale. Ainsi U^γ/H devient un espace ultramétrique, localement compact et homogène.

Nous supposons maintenant que $R^\vee$ soit de rang 1, et nous posons $R_+^\vee = \{\gamma\}$ et $W^o = \{e, s\}$. Alors U^-/H, muni de la distance $d = d_{-\gamma}$, est un espace ultramétrique localement compact. Puisqu'on a $G = KZU$, l'espace homogène G/ZU est compact. Ensuite, puisque G est la la réunion de U^-ZU et de sZU, G/ZU s'identifie au compactifié $(U^-/H)^c$ de U^-/H par adjonction d'un point à l'infini. Pour $g \in G$, $\tau(g)$ désigne l'homéomorphisme de $(U^-/H)^c$ ainsi défini par g. Si $u \in U^-$, $\tau(u)$ conserve U^-/H et y opère comme une isométrie. Si $z \in Z$, $\tau(z)$ conserve U^-/H et y opère comme une similitude laissant fixe l'origine $\bar{e} = eH$ de U^-/H; autrement dit, il existe un nombre positif c_z tel que, pour tout $x, y \in U^-/H$, on ait

$$d(\tau(z)x, \tau(z)y) = c_z d(x, y).$$

Enfin, si $n \in \nu^{-1}(s)$, $\tau(n)$ échange $\bar{e}$ et le point à l'infini et, en vertu de (5.4.12), il opère sur $U^-/H-\{\bar{e}\}$ comme une inversion de rapport 1; en effet, si $x, y \in U^-/H-\{\bar{e}\}$, on a

$$d(\tau(n)x, \bar{e}) = d(x, \bar{e})^{-1} ,$$

$$d(\tau(n)x, \tau(n)y) = d(x, y)d(x, \bar{e})^{-1}d(y, \bar{e})^{-1} .$$

(5.4.19) Nous entreprenons maintenant d'étudier la structure des sous-groupes de G contenant ZU. On sait que, si P est un tel sous-groupe de G, on a $P = UW_*^oZU$ où W_*^o est le sous-groupe de W^o engendré par $\{e\}$ et $S^o \cap W_*^o$.

Nous fixons désormais une partie S_*^o de S^o, et nous allons tout d'abord définir quelques sous-groupes de W en partant de S_*^o.

On note W_*^o le sous-groupe de W^o engendré par $\{e\}$ et S_*^o. Alors (W_*^o, S_*^o) est un système de Coxeter. On pose ensuite $W^* = TW_*^o$: c'est un sous-groupe de W.

Nous rappelons, en utilisant les notations du nº 3.1, que W^o est identifié au groupe de Weyl du système de racines $R^\vee$. En désignant par w_* l'élément de longueur maximum dans W_*^o, on note $R_*^\vee$ l'ensemble des éléments γ de $R^\vee$ tels que γ et $w_*\gamma$ soient de signes opposés relativement à la base $R^\vee_b$ de $R^\vee$. Alors $R^\vee_*$ est un sous-système de racines de $R^\vee$ et $R^\vee_b \cap R^\vee_*$ en est une base. De même, R_* est un sous-système de racines de R et $R_b \cap R_*$ en est une base. Notons aussi que W^o_*, qui laisse $R^\vee_*$ stable, est canoniquement isomorphe au groupe de Weyl de $R^\vee_*$.

Soit Q_* le sous-module de Q engendré par $\{o\}$ et R_*, et soit T_* le sous-groupe de T correspondant à Q_*. Alors, $W_* = T_* W^o_*$ est un sous-groupe distingué de W^* et W^*/W_* est un groupe commutatif sans torsion.

Puisque $R^\vee_*$ est un sous-système de racines de $R^\vee$, il existe un morphisme canonique j de $Q = Q(R)$ dans le module des poids du système de racines inverse de $R^\vee_*$. L'image injective $j(R_*)$ de R_* par j est exactement le système de racines inverse de $R^\vee_*$, et j définit un isomorphisme de Q_* sur le module $Q(j(R_*))$ des poids radiciels de $j(R_*)$. D'autre part, j est un morphisme de W^o-modules de Q dans le module $P(j(R_*))$ des poids de $j(R_*)$ lorsque W^o agit sur $P(j(R_*))$ en tant que groupe de Weyl de $R^\vee_*$. Par suite, il existe un morphisme canonique j_* de $W^* = t_Q W^o_*$ dans le produit semi-direct $P(j(R_*))W^o_*$ de W^o_* par $P(j(R_*))$. Le noyau de j_*, qui est contenu dans T, coïncide avec le centre T' de W^*.

De plus, j_* établit un isomorphisme de W_* sur $Q(j(R_*))W^o_*$ qui, d'après (3.1.5), est canoniquement isomorphe au groupe de Weyl affine associé à $R^\vee_*$. Le choix de la base $R^\vee_b \cap R^\vee_*$ de $R^\vee_*$ permet donc de définir, comme en (3.1.6), un système de Coxeter (W_*, S_*) dans W_*. Notons que S_* contient alors S^o_*.

Soit enfin $N_{W^*}(S_*)$ le normalisateur de S_* dans W^*. Alors, en vertu de (3.1.6), le groupe W^* est le produit semi-direct de $N_{W^*}(S_*)$ par W_* et le centre T' de W^* est un sous-groupe d'indice fini dans $N_{W^*}(S_*)$.

(5.4.20) En rappelant le morphisme canonique ν de N sur W, nous posons $N_*^o = \nu^{-1}(W_*^o)$, $N^* = \nu^{-1}(W^*)$, $N_* = \nu^{-1}(W_*)$, $Z_* = \nu^{-1}(T_*)$ et $Z' = \nu^{-1}(T')$. Par ailleurs, en désignant par w_* l'élément de longueur maximum dans W_*^o, nous posons $U_* = U \cap w_* U^- w_*^{-1}$ et $U' = U \cap w_* U w_*^{-1}$: ce sont des sous-groupes de U normalisés par Z.

Théorème--- (i) Si w_* est l'élément de longueur maximum dans W_*^o, $B_* = (U_o^- \cap w_* U_o w_*^{-1})(U_1 \cap w_* U_1^- w_*^{-1})$ est un sous-groupe compact de B.
(ii) $G_* = B_* N_* B_*$ est un sous-groupe fermé de G normalisé par Z, et son intersection avec B est égale à B_*.
(iii) (G_*, B_*, N_*) est un système de Tits saturé de type affine.

Signalons que ce théorème est déjà connu dans des cas particuliers. En effet, si $S_*^o = S^o$, alors on a $B_* = B$, $N_* = N$ et $G_* = G$. Si $S_*^o = \phi$, alors on a $G_* = B_* = N_* = H$. Enfin, si $\mathrm{Card}(S_*^o) = 1$, les assertions de notre théorème sont établies dans les théorèmes (5.4.10) et (5.4.11).

Pour établir la première assertion de notre théorème, il suffit de montrer que B_* coïncide avec l'intersection X des conjugués zBz^{-1} de B lorsque z parcourt Z'. Puisque $B = U_o^- U_1$ et que U et U^- sont normalisés par Z', on voit tout de suite que $X = (X \cap U_o^-)(X \cap U_1)$ et que $X \cap U_o^-$ et $X \cap U_1$ sont normalisés par Z'. Ensuite, le cas de $X \cap U_1$ étant analogue à celui de $X \cap U_o^-$, nous nous bornerons à vérifier que $X \cap U_o^-$ est égal à $U_o^- \cap w_* U_o w_*^{-1}$.

En posant $w = w_*$, on a d'abord $U_o^- = (U_o^- \cap w U_o w^{-1})(U_o^- \cap w U_o^- w^{-1})$ en vertu de (5.4.2). D'après (5.4.15), le groupe $U_o^- \cap w U_o w^{-1}$ est engendré par la réunion de ses sous-groupes $U_0^{-\gamma}$ lorsque γ parcourt $R_*^\vee \cap R_+^\vee$. Or, il résulte de la définition même de T' que ceux-ci sont tous normalisés par Z'. Par suite, $U_0^- \cap wU_o w^{-1}$ est contenu dans X. Il nous reste à voir que $X \cap U_0^- \cap wU_o^- w^{-1}$ se réduit à H. Or, d'après (5.4.15), $U^- \cap wU^- w^{-1}$ s'écrit comme le produit de ses sous-groupes $U^{-\gamma}$ où les éléments γ de $R_+^\vee - (R_+^\vee \cap R_*^\vee)$ sont rangés dans un certain ordre. D'autre part, T' possède un élément t_p avec $p \in Q$ tel qu'on ait $\langle \gamma, p \rangle \geq 1$ pour toute $\gamma \in R_+^\vee - (R_+^\vee \cap R_*^\vee)$. Il en résulte facilement que toute partie compacte de $U^- \cap wU^- w^{-1}$ normalisée par Z' est contenue dans H. En particulier, il en est ainsi pour $X \cap U_0^- \cap wU_o^- w^{-1}$. On a donc finalement $X \cap U_0^- = U_0^- \cap w_* U_0 w_*^{-1}$.

Nous allons maintenant montrer que, si $s \in S_*$ et si $w \in W_*$, $sB_* w$ est contenu dans la réunion de $B_* wB_*$ et de $B_* swB_*$. La fonction longueur sur le système de Coxeter (W_*, S_*) est notée ℓ_*.

Supposons que $s = s_\gamma \in S_*^o$ avec $\gamma \in R_b^\vee \cap R_*^\vee$. Alors, d'après (5.4.15), on a

$$B_* \cap U_1 = U_1 \cap w_* U_1^- w_*^{-1} = s^{-1}(U_1 \cap sw_* U_1^- w_*^{-1} s^{-1}) sU_1^\gamma ;$$

de plus, $U_1 \cap sw_* U_1^- w_*^{-1} s^{-1}$ est normalisé par s. Par suite, on a

$$B_* sB_* = B_* s(B_* \cap U_1)(B_* \cap U_0^-) = B_* s(B_* \cap U_0^-).$$

Puis, d'après (5.4.15), on a aussi

$$B_* \cap U_0^- = s^{-1}(U_0^- \cap sw_* U_0 w_*^{-1} s^{-1}) sU_o^{-\gamma},$$

où $U_0^- \cap sw_* U_0 w_*^{-1} s^{-1}$ est normalisé par s. Par suite, on a enfin

$$B_* sB_* = B_* s(B_* \cap U_0^-) = B_* sU_o^{-\gamma}.$$

Il en résulte, d'une part, que $B_* \cup B_* sB_*$ est un sous-groupe de G, puisqu'on a, d'après (5.4.12),

$$sU_o^{-\gamma} s^{-1} = U_0^\gamma \subset U_1^\gamma \cup U_0^{-\gamma} sU_o^{-\gamma}.$$

D'autre part, si $\ell_*(sw) = \ell_*(w) + 1$ pour $w \in W_*$, alors en appliquant la proposition (3.2.4) à (W_*, S_*), on a $w^{-1}U_o^{-\gamma}w \subset B_*$ et donc $B_*sB_*wB_* = B_*swB_*$. En conséquence, quel que soit $w \in W_*$, sB_*w est contenu dans la réunion de B_*wB et de B_*swB_*.

Supposons que $s \in S_* - S_*^o$. Alors on a $s = s_\alpha t_\alpha$, où $\alpha \in R_*$, $s_\alpha \in W_*^o$ et où $\mu = -\alpha^\vee$ est la plus grande racine d'une composante irréductible du système de racines $R_*^\vee$ muni de sa base $R_b^\vee \cap R_*^\vee$ [voir (3.1.8)]. Le groupe $B_* \cap U_o^-$ est engendré par la réunion de ses sous-groupes $U_o^{-\gamma}$ lorsque γ parcourt $R_*^\vee \cap R_+^\vee$, et ceux-ci sont transformés par s en des sous-groupes de B_*. Par suite, on a

$$B_*sB_* = B_*s(B_* \cap U_o^-)(B_* \cap U_1) = B_*s(B_* \cap U_1).$$

Puis, d'après (5.4.15) et (5.1.4), $U_1 \cap w_* U_1^- w_*^{-1}$ s'écrit comme le produit $U_1^{\gamma_1} U_1^{\gamma_2} \ldots U_1^{\gamma_k}$ de ses sous-groupes U_1^γ où les éléments de $R_*^\vee \cap R_+^\vee$ apparaissent chacun une fois et une seule dans la suite $(\gamma_1, \gamma_2, \ldots, \gamma_k)$, bien déterminée par le choix d'une décomposition réduite de w_* dans W^o. Alors, le produit analogue correspondant à toute sous-suite connexe de $(\gamma_1, \gamma_2, \ldots, \gamma_k)$ est un sous-groupe de U_1. Par suite, pour au moins une suite formée par les éléments de $R_*^\vee \cap R_+^\vee$ et se terminant en μ, $U_1 \cap w_* U_1^- w_*^{-1}$ est égal au produit de ses sous-groupes U_1^γ rangés dans l'ordre correspondant. Or, on vérifie aisément que, si $\gamma \in (R_*^\vee \cap R_+^\vee) - \{\mu\}$, $sU_1^\gamma s^{-1}$ est un sous-groupe de B_*. Par conséquent, on a enfin

$$B_*sB_* = B_*s(B_* \cap U_1) = B_*sU_1^\mu.$$

Il en résulte, d'une part, que $B_* \cup B_*sB_*$ est un sous-groupe de G, puisqu'on a, d'après (5.4.12),

$$sU_1^\mu s^{-1} = U_{-1}^{-\mu} = U_o^{-\mu} \cup U_1^\mu s U_1^\mu.$$

D'autre part, si $\ell_*(sw) = \ell_*(w) + 1$ pour $w \in W_*$, alors en appliquant (3.2.4) à (W_*, S_*), on a $w^{-1}U_1^\mu w \subset B_*$ et donc $B_*sB_*wB_* = B_*swB_*$.

On en déduit finalement que, quel que soit $w \in W_*$, sB_*w est contenu dans la réunion de B_*wB_* et de B_*swB_*.

Ce que nous venons d'établir permet de vérifier facilement que $G_* = B_*N_*B_*$ est un sous-groupe de G et que (G_*, B_*, N_*) est un système de Tits. Puisqu'on a alors $B_* = G_* \cap B$, G_* est fermé dans G. Par ailleurs, le groupe G_* est engendré par la réunion de ses sous-groupes U^γ lorsque γ parcourt $R^\vee_*$; G_* est donc normalisé par Z. Enfin, on vérifie aisément que (G_*, B_*, N_*) est saturé, ce qui achève de démontrer notre théorème.

(5.4.21) En vertu du théorème précédent, $L = G_*Z$ est un sous-groupe de G.

<u>Lemme</u>--- (i) <u>Si</u> ν <u>est le morphisme canonique de</u> N <u>sur</u> W, $\nu^{-1}(N_{W^*}(S_*))$ <u>est le normalisateur</u> $N_{N^*}(B_*)$ <u>de</u> B_* <u>dans</u> N^*.

(ii) $L = G_*N_{N^*}(B_*) = B_*N^*B_*$.

(iii) L <u>est un sous-groupe fermé de</u> G, <u>et</u> L/G_* <u>est un groupe discret commutatif sans torsion</u>.

(iv) G_* <u>est le sous-groupe de</u> L <u>engendré par la réunion des sous-groupes compacts de</u> L.

Démontrons l'assertion (i). On rappelle d'abord que le groupe B_* est engendré par la réunion de ses sous-groupes U_1^γ et $U_0^{-\gamma}$ lorsque γ parcourt $R^\vee_* \cap R^\vee_+$. Or, la conjuguaison par un élément de $N_{W^*}(S_*)$ échange entre eux ces sous-groupes de B_*, en vertu de la définition de $N_{W^*}(S_*)$ et de l'assertion (ii) de (3.1.9). Par suite, $N_{N^*}(B_*)$ contient $\nu^{-1}(N_{W^*}(S_*))$. D'autre part, si $n \in N_{N^*}(B_*)$, alors G_*, B_* et N_* sont normalisés par n; la partie S_* de W_* est donc normalisée par $\nu(n)$, puisque S_* est l'ensemble des éléments w de W_* tels que $B_* \cup B_*wB_*$ soit un sous-groupe de G_*.

L'assertion (ii) de notre lemme résulte facilement de (i). Quant à (iii), d'après (ii) on a $B_* = L \cap B$ et L/G_* est isomorphe à W^*/W_*, qui est un groupe commutatif sans torsion comme nous l'avons déjà vu en (5.4.19).

Enfin, G_* est engendré par la réunion de ses sous-groupes compacts puisqu'il est muni d'un système de Tits bornologique. D'autre part, L/G_* est un groupe discret sans torsion. D'où résulte notre dernière assertion.

(5.4.22) Rappelons que $P = UW_*^o ZU$ est un sous-groupe fermé de G contenant ZU et que les sous-groupes U_* et U' de U sont définis en (5.4.20).

<u>Lemme</u>--- (i) $P = LU'$ <u>et</u> $H = L \cap U'$.

(ii) $B \cap P = B_*(U_1 \cap U')$.

(iii) $B_* U'$ <u>est un sous-groupe ouvert de</u> P.

(iv) $G_* U'$ <u>est le sous-groupe de</u> P <u>engendré par les sous-groupes compacts de</u> P.

On sait que le groupe G_* est engendré par la réunion de U_* et de $w_* U_* w_*^{-1}$, ce qui entraîne que $L = G_* Z$ est un sous-groupe de P. D'autre part, U' est engendré, d'après (5.4.15), par la réunion de ses sous-groupes U^γ lorsque γ parcourt $R_+^\vee - (R_+^\vee \quad R_*^\vee)$; U' est donc normalisé par W_*^o. Puisque $U = U_* U'$, on a ensuite

$$P = UW_*^o ZU = U_* U' W_*^o ZU = (U_* W_*^o ZU_*)U' = LU'.$$

Par ailleurs, en procédant comme en (5.4.13), on déduit de (5.4.12) et de (5.4.15) que $(G_*, Z_* U_*, N_*)$ et (L, ZU_*, N^*) sont des systèmes de Tits. En particulier, on a $L = U_* W_*^o ZU_*$. Par suite, compte tenu de la décomposition analogue de G, on a

$$L \cap U' = ZU_* \cap U' = U_* \cap U' = H;$$

ce qui achève de démontrer notre première assertion.

Examinons notre deuxième assertion. Tout d'abord, en appliquant le théorème (5.3.8) à (G_*, B_*, N_*), on a $G_* = B_*N_*U_*$ et $P = B_*N^*U$. Ensuite, d'après (5.3.8) appliqué à G, on a

$$B \cap P = B \cap B_*U = B_*(B \cap U) = B_*U_1 ;$$

ce qui entraîne notre assertion, puisque $U_1 = (U_1 \cap B_*)(U_1 \cap U')$ d'après (5.4.15).

Considérons maintenant la réunion X des conjugués $z(B \cap P)z^{-1}$ de $B \cap P$ lorsque z parcourt Z'. Puisque B_* est normalisé par Z' et que U' est la réunion des $z(U_1 \cap U')z^{-1}$ où $z \in Z'$, X est égal à B_*U'. D'autre part, X est un sous-groupe ouvert de P puisqu'il est la réunion d'une suite croissante de sous-groupes ouverts de P. Notre troisième assertion est ainsi démontrée.

Enfin, puisque $U = U_*U' = U'U_*$ et que $G_* = U_* W_*^{o} Z_* U_*$, on voit que G_*U' est égal à $U'G_*$ et donc que G_*U' est un sous-groupe de P. De plus, G_*U' est engendré par la réunion de ses sous-groupes compacts puisqu'il en est ainsi de G_* et de U'. D'autre part, G_*U' est un sous-groupe distingué de P et P/G_*U' est isomorphe à L/G_*, qui est un groupe discret sans torsion. D'où résulte notre dernière assertion.

(5.4.23) Le lemme suivant nous sera utile plus tard.

Lemme--- (i) Soit X un sous-groupe de G contenant U. Alors, XZ est le normalisateur de X dans G et X est ouvert dans XZ et fermé dans G.

(ii) Si un sous-groupe X de G contenant U est égal à la réunion de ses propres sous-groupes compacts, alors on a $X = U$.

(iii) Si X est un sous-groupe distingué de G tel que tout élément

<u>de</u> X <u>appartienne à un sous-groupe compact de</u> G, <u>alors</u> X <u>est contenu dans l'intersection des conjugués de</u> H.

Soit X un sous-groupe de G contenant U. Puisque $G = UNU$ d'après (5.4.14), on a $X = U(X \cap N)U$. En posant $S^0_* = S^0 \cap \nu(X \cap N)$, nous considérerons les groupes W^o_*, G_*, U' et P associés à S^0_*. Pour $n \in X \cap N$, posons $\nu(n) = wt$ avec $w \in W^o$ et $t \in T$. Si $\ell(sw) = \ell(w) - 1$ pour $s = s_\gamma \in S^0$ avec $\gamma \in \check{R}_b$, alors $U^{-\gamma}$ est contenu dans nUn^{-1} et $\nu^{-1}(s)$ l'est dans X en vertu de (5.4.12). Par conséquent, on a $W^o_* = \nu(X \cap N^o)$ et $X \cap N = (X \cap N^o)(X \cap Z)$. On voit ensuite que P contient X et que X contient G_*U'. Puisque P/G_*U' est un groupe discret commutatif, on en conclut que X est un sous-groupe distingué ouvert de P. Enfin, on vérifie aisément que le normalisateur de X dans G se réduit à P. Notre première assertion est ainsi démontrée. Si, de plus, $H = X \cap Z$, alors ce qui précède entraîne facilement que $S^0_* = \phi$ et que $X = U$. En particulier, on établit ainsi la propriété de maximalité de U donnée dans (ii).

Examinons maintenant notre dernière assertion. On note d'une part que XU est un sous-groupe de G contenant U. D'autre part, puisque ZU/U est un groupe discret sans torsion, notre hypothèse sur X entraîne que $X \cap ZU$ est un sous-groupe de U et donc que $XU \cap ZU$, égal à $(X \cap ZU)U$, se réduit à U. En conséquence, on a $XU = U$; autrement dit, U contient X. Enfin, on en déduit que le sous-groupe distingué X de G est contenu dans $H = U \cap U^-$, puisque U^- est un conjugué de U dans G. Notre assertion est ainsi démontrée.

(5.4.24) Nous désignons par $R_u(P)$ l'intersection des conjugués de U dans P. On vient de voir que, pour $P = G$, $R_u(P)$ est le plus grand sous-groupe distingué compact de G. Dans l'autre cas extrême où $P = ZU$, $R_u(P)$ est égal à U.

<u>Lemme</u>--- (i) (G_*U', B_*U', N_*) <u>est un système de Tits</u>.

(ii) $R_u(P)$ <u>est l'intersection des conjugués de</u> B_*U' <u>dans</u> G_*U'.

(iii) $U' = R_u(P)H$.

(iv) P <u>est le normalisateur de</u> $R_u(P)$ <u>dans</u> G.

On sait d'après (5.4.22) que B_*U' est un sous-groupe ouvert de G_*U'. Notre première assertion se déduit facilement du théorème (5.4.20) en remarquant que U' est normalisé par N_*.

Nous allons vérifier que $R_u(P)$ est l'intersection X des conjugués de B_*U' dans G_*U'. Puisque $P = G_*U'Z$, on voit d'abord que $R_u(P)$ est l'intersection des conjugués de U dans G_*U'. Ensuite, $R_u(P)$ est l'intersection des conjugués de U' dans G_*U', puisqu'on a $U' = U \cap w_*Uw_*^{-1}$ si w_* est l'élément de longueur maximum dans W_*^o. D'autre part, on voit facilement que U' est l'intersection des conjugués $z(B_*U')z^{-1}$ de B_*U' lorsque z parcourt Z_*. Par suite, X est lui aussi l'intersection des conjugués de U' dans G_*U'.

Afin d'examiner notre troisième assertion, nous rappelons d'une part que G_*U', B_*U', N_* et U' sont tous normalisés par Z'. Nous notons d'autre part que tout sous-groupe ouvert X de U' contenant H et normalisé par Z' est égal à U'. En effet, si $\gamma \in R_+^\vee - (R_+^\vee \cap R_*^\vee)$, alors le sous-groupe ouvert $X \cap U^\gamma$ de U^γ contenant H et normalisé par Z' est égal à U^γ; on a donc $X = U'$, puisque U' s'écrit, d'après (5.4.15), comme le produit de ses sous-groupes U^γ où les éléments γ de $R_+^\vee - (R_+^\vee \cap R_*^\vee)$ sont rangés dans un certain ordre.

Pour tout $w \in W_*$, nous désignons par $I(w)$ l'intersection des conjugués $p(B_*U')p^{-1}$ de B_*U' lorsque p parcourt B_*wB_*U'. Puisque $B_* \cap wB_*w^{-1}$ est d'indice fini dans B_* et que B_*wB_*U' est normalisé par Z', $I(w)$ est un sous-groupe ouvert de G_*U' normalisé par Z' et $J(w) = I(w) \cap U'$ est un sous-groupe ouvert de U' normalisé par Z'. Pour toute partie X de W_*, nous notons $J(X)$ l'intersection des $J(w)$ lorsque w parcourt X. Si X est une partie finie de W_*, $J(X)$ est un sous-groupe ouvert de U' normalisé par Z' et, d'après ce que nous avons vu plus haut, on a $U' = J(X)H$. Puisque le sous-groupe H de U' est compact, il en résulte que, quel que soit $u \in U'$, uH rencontre $J(W_*)$. Notre troisième assertion est ainsi démontrée, puisqu'on a $J(W_*) = R_u(P)$ d'après (ii).

Enfin, nous allons montrer que le normalisateur X de $R_u(P)$ dans G se réduit à P. Puisque X contient ZU, on a $X = U(X \cap N^o)ZU$ et le sous-groupe $\nu(X \cap N^o)$ de W^o est engendré par son intersection avec $S^o \cup \{e\}$. Or, puisque $U' = R_u(P)H$ est normalisé par $\nu(X \cap N^o)$, on voit que $\nu(X \cap N^o)$ laisse $R^\vee_+ - (R^\vee_+ \cap R^\vee_*)$ stable et donc que son intersection avec S^o se réduit à S^o_*. En conséquence, on a $X = P$. Notre dernière assertion est ainsi établie.

(5.4.25) Nous pouvons maintenant énoncer le théorème suivant:

<u>Théorème</u>--- <u>Soit</u> P <u>un sous-groupe de</u> G <u>contenant</u> ZU <u>et soit</u> $R_u(P)$ <u>l'intersection des conjugués de</u> U <u>dans</u> P.

(i) $R_u(P)$ <u>est le plus grand sous-groupe distingué fermé de</u> P <u>qui soit égal à la réunion de ses propres sous-groupes compacts</u>.

(ii) <u>Il existe un unique sous-groupe fermé</u> L <u>de</u> P <u>possédant les propriétés suivantes</u>:

(a) $P = R_u(P)L$;

(b) L <u>est normalisé par</u> Z;

(c) $L \cap R_u(P) = Z \cap R_u(P)$.

(iii) <u>Soit</u> G_* <u>le sous-groupe de</u> P <u>engendré par la réunion des</u>

<u>sous-groupes compacts de</u> L. <u>Alors</u>, L <u>est égal à</u> G_*Z <u>et</u> G_* <u>est muni d'un système de Tits bornologique de type affine</u>.

Le sous-groupe distingué $R_u(P)$ de P est le <u>radical pseudo-unipotent</u> de P, tandis que L est appelé le <u>sous-groupe de Levi</u> de P relatif à Z.

En vue de démontrer ce théorème, en posant $S_*^o = S^o \cap \nu(P \cap N^o)$ nous rappelons que les sous-groupes G_*, B_*, N_*, L, Z' et U' de P sont déjà définis. Notons aussi que $Z \cap R_u(P)$ est l'intersection H' des conjugués de H dans G_*. On désignera par j le morphisme canonique de P sur $P/R_u(P)$.

Démontrons notre première assertion. On sait déjà que $R_u(P)$, étant un sous-groupe fermé de U, est la réunion de ses propres sous-groupes compacts. Supposons qu'un sous-groupe distingué fermé X de P soit la réunion de ses propres sous-groupes compacts. Alors, X est un sous-groupe de G_*U', puisque P/G_*U' est un groupe discret sans torsion. Ensuite, en remarquant que $j(G_*) = j(G_*U')$ d'après (5.4.24), on voit que j(X) est une réunion de sous-groupes compacts de $j(G_*)$. Par suite, d'après l'assertion (iii) de (5.4.23) appliquée au système de Tits $(j(G_*), j(B_*), j(N_*))$, j(X) est un sous-groupe de l'intersection des conjugués de $j(B_*)$ dans $j(G_*)$. Or celle-ci, étant égale à j(H'), se réduit à $\{e\}$. En conséquence X est contenu dans $R_u(P)$. Notre assertion est ainsi établie.

Afin d'examiner notre deuxième assertion, nous signalons tout d'abord que toute partie compacte de U' normalisée par Z' est contenue dans H. Cette remarque est analogue à celle qui a été démontrée en (5.4.20) pour $U^- \cap w_* U^- w_*^{-1}$ où w_* est l'élément de longueur maximum dans W_*^o.

On sait déjà que le sous-groupe L de P défini en (5.4.21) possède les trois propriétés indiquées dans (ii). Supposons maintenant qu'un sous-groupe fermé X de P ait les mêmes propriétés. Alors, d'après les propriétés (a) et (c) de X, j(P) est isomorphe à X/H'. Prenons ensuite une partie compacte C de L, et notons i(C) l'image inverse de j(C) dans X. Alors i(C) est compacte et C est contenue dans $(R_u(P) \cap Ci(C)^{-1})i(C)$. En outre, d'après la propriété (b) de L et de X, on a $i(zCz^{-1}) = zi(C)z^{-1}$ pour tout $z \in Z$. Supposons de plus que C soit normalisée par Z'. Alors, la partie compacte $R_u(P) \cap Ci(C)^{-1}$ de U', normalisée par Z', est contenue dans $H \cap R_u(P)$ et, par suite, i(C) contient C. Puisque B_* est une partie compacte de L normalisée par Z' et que, si $z \in Z$, il en est de même de zH, on voit ainsi que le groupe L, engendré par $B_* \cup Z$, est un sous-groupe de X. En conséquence, d'après la propriété (a) de L et la propriété (c) de X, on a $X = (X \cap R_u(P))L = H'L = L$. Notre deuxième assertion est ainsi démontrée.

Enfin, notre dernière assertion résulte du lemme (5.4.21) et du théorème (5.4.20).

(5.4.26) En vertu de la première assertion du lemme (5.4.23), le théorème précédent se généralise facilement aux sous-groupes de G contenant U.

<u>Théorème</u>--- <u>Soit</u> X <u>un sous-groupe de</u> G <u>contenant</u> U <u>et soit</u> $R_u(X)$ <u>l'intersection des conjugués de</u> U <u>dans</u> X.

(i) $R_u(X)$ <u>est le plus grand sous-groupe distingué fermé de</u> X <u>qui soit égal à la réunion de ses propres sous-groupes compacts</u>.

(ii) <u>Il existe un unique sous-groupe fermé</u> M <u>de</u> X <u>possédant les propriétés suivantes</u>:

(a) $X = R_u(X)M$;

(b) M <u>est normalisé par</u> Z;

(c) $M \cap R_u(X) = Z \cap R_u(X)$.

(iii) <u>Soit</u> G_* <u>le sous-groupe de</u> X <u>engendré par la réunion des sous-groupes compacts de</u> M. <u>Alors</u>, M <u>est égal à</u> $G_*(X \cap Z)$ <u>et</u> G_* <u>est muni d'un système de Tits bornologique de type affine</u>.

Le sous-groupe distingué $R_u(X)$ de X est le <u>radical pseudo-unipotent</u> de X, et M est le <u>sous-groupe de Levi</u> de X relatif à Z.

(5.4.27) Nous terminerons ce numéro par un lemme qui est une conséquence de l'énoncé (iii) de (5.4.24).

Pour un sous-groupe P de G contenant ZU, nous posons $S^0_* = S^0 \cap \nu(P \cap N^o)$ et considérons notamment le sous-système de racines $R^\vee_*$ de $R^\vee$.

<u>Lemme</u>--- <u>Soit</u> X <u>un sous-groupe ouvert de</u> $R_u(P)$ <u>normalisé par</u> $H \cap R_u(P)$ <u>et soit</u> C <u>une partie compacte de</u> $R_u(P)$. <u>Il existe alors un entier non négatif</u> m <u>tel que</u> $X(H \cap R_u(P))$ <u>contienne</u> zCz^{-1} <u>si</u> $z \in \nu^{-1}(t_p)$ <u>avec</u> $p \in Q^{++}$ <u>et si</u> $\langle \gamma, p \rangle \geq m$ <u>pour toute</u> $\gamma \in R^\vee_b - (R^\vee_b \cap R^\vee_*)$.

Nous posons $U' = R_u(P)H$ et $H' = H \cap R_u(P)$. D'après l'énoncé (iii) de (5.4.24), on a $U' = U \cap w_* U w_*^{-1}$ où w_* est l'élément de longueur maximum dans $W^o_* = \nu(P \cap N^o)$. Supposons que $\gamma \in R^\vee_+ - (R^\vee_+ \cap R^\vee_*)$. Alors U^γ est un sous-groupe de U'. Nous posons ensuite $Y^\gamma = U^\gamma \cap R_u(P)$ et, pour $m \in \underline{\underline{Z}}$, $Y^\gamma_m = U^\gamma_m \cap R_u(P)$. Les Y^γ_m forment une suite décroissante de sous-groupes ouverts compacts de Y^γ, et leur réunion est égale à Y^γ tandis que leur intersection se réduit à H'. De plus, si $z \in \nu^{-1}(t_p)$ avec $p \in Q$ et si $k = \langle \gamma, p \rangle$, on a $Y^\gamma_{m+k} = zY^\gamma_m z^{-1}$ pour tout $m \in \underline{\underline{Z}}$.

D'après (5.4.15), U' s'écrit comme le produit de ses sous-groupes U^{γ} lorsque les éléments γ de $R_{+}^{\vee}-(R_{+}^{\vee}\cap R_{*}^{\vee})$ sont rangés dans un certain ordre, que nous fixons une fois pour toutes. Alors $R_u(P)$ s'écrit également comme le produit de ses sous-groupes Y^{γ}.

Nous allons maintenant démontrer notre lemme. Puisque XH' est un sous-groupe ouvert de $R_u(P)$, contenant H', pour chaque γ il contient $Y^{\gamma}_{n_{\gamma}}$ pour un entier n_{γ} assez grand. D'autre part, si l'on choisit pour chaque γ un entier m_{γ} assez grand, la partie compacte C de $R_u(P)$ est contenue dans le produit des $Y^{\gamma}_{-m_{\gamma}}$ rangés dans l'ordre fixé. Par suite, si $z \in \nu^{-1}(t_p)$ avec $p \in Q$ et si $\langle \gamma, p\rangle \geq m_{\gamma} + n_{\gamma}$ pour chaque γ, XH' contient zCz^{-1}. D'où résulte facilement la conclusion de notre lemme.

5.5. Suites de Jordan-Hölder et opérateurs d'entrelacement

Dans ce numéro, nous montrons que, si $\lambda \in X(T)$, la détermination d'une suite de Jordan-Hölder pour le G-module E_{λ} de (5.3.12) se ramène à celle d'une suite de Jordan-Hölder pour le $\underline{K}(W, q)$-module M_{λ} de dimension finie. Un résultat analogue sur les opérateurs d'entrelacement de E_{λ} dans un autre G-module sera également établi.

(5.5.1) Nous commençons par rappeler des propriétés élémentaires des représentations admissibles d'un groupe localement compact totalement discontinu (cf. [28]).

Soit X un groupe localement compact totalement discontinu. On sait alors que tout voisinage de e dans X contient un sous-groupe ouvert compact de X et que tout sous-groupe compact de X est contenu dans un sous-groupe ouvert compact de X. On rappelle par ailleurs que, la mesure de Haar à gauche sur X étant fixée, $\underline{K}(X)$ est l'algèbre de convolution formée des fonctions continues sur X à support compact.

Soit ρ une représentation du groupe X dans un espace vectoriel E sur $\underline{\underline{C}}$. Un vecteur de E est dit lisse si son stabilisateur dans X est ouvert dans X. Les vecteurs lisses de E forment un sous-espace vectoriel de E stable par X. Si les vecteurs de E sont tous lisses, on dit que ρ est lisse. Si ρ est lisse et si, pour tout sous-groupe ouvert compact K de X, les vecteurs invariants par K forment dans E un sous-espace de dimension finie, alors on dit que ρ est admissible.

Soit ρ une représentation lisse de X dans un espace vectoriel E. Alors ρ se prolonge canoniquement en une représentation de l'algèbre $\underline{K}(X)$ dans E. La représentation ρ^* de X contragrédiente à ρ est définie dans le sous-espace E^* des vecteurs lisses du dual algébrique de E.

La représentation ρ est admissible si et seulement si ρ^* l'est. Supposons maintenant ρ admissible. Alors, ρ s'identifie canoniquement à la représentation de X contragrédiente à ρ^*. En outre, ρ est irréductible si et seulement si ρ^* l'est. Enfin, pour $u \in E$ et $v \in E^*$, nous posons $c_{u,v}(x) = \langle u, \rho^*(x)v \rangle$; c'est une fonction localement constante sur X.

(5.5.2) Nous disons qu'un groupe localement compact totalement discontinu X est pseudo-unipotent, si toute partie compacte de X est contenue dans un sous-groupe compact de X. Si X est dénombrable à l'infini et pseudo-unipotent, alors X est la réunion d'une suite croissante dénombrable de sous-groupes ouverts compacts de X. Si X est pseudo-unipotent, il en est de même de ses sous-groupes fermés. Enfin, il existe dans tout groupe localement compact totalement discontinu le plus grand sous-groupe distingué fermé pseudo-unipotent.

Supposons que le groupe X soit pseudo-unipotent et que ρ soit une représentation lisse de X dans un espace vectoriel E. Si K est un sous-groupe compact de X, le sous-espace des vecteurs invariants par K admet dans E un unique supplémentaire $E(K)$ stable par K. Puis on désigne par $E(X)$ la réunion des sous-espaces $E(K)$ de E lorsque K parcourt l'ensemble des sous-groupes ouverts compacts de X. Puisque X est pseudo-unipotent, $E(X)$ est un sous-espace de E stable par X. Notons aussi qu'un X-sous-module E_1 de E contient $E(X)$ si et seulement si X opère trivialement sur E/E_1. Enfin, si E_1 est un X-sous-module de E et si E' désigne le X-module E/E_1, on a un morphisme canonique de $E/E(X)$ sur $E'/E'(X)$ et son noyau $(E_1 + E(X))/E(X)$ s'identifie à $E_1/E_1(X)$.

(5.5.3) Soit X un groupe localement compact totalement discontinu. Une représentation admissible ρ de X dans un espace vectoriel E est dite <u>supercuspidale</u> si, pour tout $u \in E$ et tout $v \in E^*$, le coefficient $c_{u,v}$ de ρ est de support compact sur X. Si ρ est supercuspidale, il en est de même de la représentation ρ^* de X contragrédiente à ρ.

<u>Lemme</u>--- (i) <u>Soit</u> ρ <u>une représentation admissible de</u> X <u>dans un espace vectoriel</u> E. <u>Si</u> E_1 <u>est un sous-espace de</u> E <u>stable par</u> X <u>et si la représentation de</u> X <u>dans</u> E/E_1 <u>est irréductible et supercuspidale</u>, <u>alors</u> E_1 <u>admet dans</u> E <u>un supplémentaire stable par</u> X.
(ii) <u>Soit</u> ρ <u>une représentation admissible supercuspidale de</u> X. <u>Alors</u>, <u>toute sous-représentation de</u> ρ <u>est supercuspidale et</u> ρ <u>possède une sous-représentation irréductible</u>.

Bien que ce lemme soit élémentaire, nous allons en donner une démonstration en raison du rôle primordial qu'il joue dans ce numéro.

Pour examiner notre première assertion, on désigne par ρ_o la représentation de X dans $E_o = E/E_1$ et par ρ_o^* celle dans E_o^* contragrédiente à ρ_o. En fixant un élément non nul v_o de E_o^*, pour tout $u \in E_o$ nous posons

$$F_u(x) = \langle \rho_o(x^{-1})u, v_o \rangle ;$$

puisque ρ_o est supercuspidale, F_u est une fonction localement constante sur X à support compact. On a ainsi un opérateur d'entrelacement F de E_o dans $\underline{K}(X)$ lorsque X agit sur $\underline{K}(X)$ par la représentation régulière à gauche. Puisque ρ_o est irréductible, F est injectif. De plus, si $\underline{H}$ est l'adhérence de l'image de F dans l'espace hilbertien $L^2(X)$ défini relativement à la mesure de Haar à gauche dx sur X, la représentation unitaire de X dans $\underline{H}$ est toplogiquement irréductible et l'image de F se compose des vecteurs lisses de $\underline{H}$. En particulier, il existe un élément u_o de E_o tel que, pour tout $u \in E_o$, on ait

$$\langle u, v_o \rangle = (F_u | F_{u_o}) = \int_X F_u(x)\overline{F_{u_o}(x)}\, dx .$$

Alors, $\varphi = F_{u_o}$ est une fonction continue sur X à support compact et de type positif et l'on a $f * \varphi = f$ pour tout $f \in \underline{H}$. Notons enfin que l'image de F est le X-sous-module $\underline{K}(X)*\varphi$ de $\underline{K}(X)$ engendré par φ.

Pour un élément η de E représentant $u_o \in E_o$, nous posons dans E

$$\eta_o = \rho(\varphi)\eta = \int_X \varphi(x)\rho(x)\eta\, dx .$$

Alors, u_o est représenté également par η_o et, d'après ce qui précède, le X-sous-module de E engendré par η_o est un supplémentaire de E_1 dans E. Notre première assertion est ainsi démontrée.

Soit maintenant ρ une représentation admissible supercuspidale de

X dans E. On voit aisément que toute sous-représentation de ρ est alors supercuspidale et qu'il en est de même de toute représentation quotient de ρ. Pour démontrer l'assertion (ii) de notre lemme, il nous reste à établir l'existence d'une sous-représentation irréductible de ρ. Notons d'abord que, pour un certain sous-groupe ouvert compact K de X, le sous-espace E^o de E formé des vecteurs invariants par K n'est pas nul. Si $\underline{K}(X, K)$ désigne la sous-algèbre de $\underline{K}(X)$ formée des éléments bi-invariants par K, E^o est un $\underline{K}(X, K)$-module de dimension finie. Nous en prenons donc un sous-module irréductible E_1^o et nous considérons le X-sous-module E_1 de E engendré par E_1^o; on a alors $E_1^o = E^o \cap E_1$. Puis nous notons E_2 l'ensemble des éléments u de E_1 tels que, pour tout $x \in X$, on ait

$$\int_K \rho(kx)u \, dk = o \ ;$$

où dk désigne une mesure de Haar sur K. On voit alors aisément que E_2 est un sous-espace de E_1 stable par X et que la représentation de X dans E_1/E_2 est irréductible. En vertu de notre première assertion, on en déduit que le X-module E_1 est lui-même irréductible. Nous avons ainsi démontré notre lemme.

(5.5.4) Nous reprenons maintenant l'étude de certaines représentations d'un système de Tits (G, B, N), saturé, bornologique de type affine. On sait que la composante connexe G_e de e dans G est contenue dans $H = B \cap N$ et donc que $(G/G_e, B/G_e, N/G_e)$ est également un système de Tits saturé. Puisque nous nous intéressons uniquement aux représentations de G provenant de celles de G/G_e, nous supposons désormais que G soit lui-même totalement discontinu.

Nous adoptons les notations du nº 5.3. On a notamment le sous-groupe W^o de W, le sous-monoïde T^{++} de T, le sous-groupe Z de

N, le sous-groupe pseudo-unipotent U de G. Les représentations admissibles π_λ de G, où $\lambda \in X(T)$, sont définies en (5.3.12).

La mesure de Haar sur G est normalisée de telle sorte que B soit de masse 1. La fonction quasi-multiplicative q sur W définie en (5.2.2) permet d'identifier $\underline{K}(G, B)$ à $\underline{K}(W, q)$. En particulier, si $w \in W$, ε_w désigne la fonction caractéristique de BwB dans G.

Soit P un sous-groupe de G contenant ZU. Alors, P est fermé dans G et, d'après (5.4.25), le radical pseudo-unipotent $U'' = R_u(P)$ de P est un sous-groupe distingué de P contenu dans U. Si ρ est une représentation lisse de P dans un espace vectoriel E, le sous-espace E(U") de E, défini en (5.5.2) pour X = U", est stable par P; si $E/E(U'') \neq 0$, on y a donc une représentation lisse de P ou de P/U". En particulier, si P = ZU et si $E \neq E(U)$, on a une représentation de T dans E/E(U).

Lemme--- <u>Pour une représentation lisse</u> ρ <u>de</u> G <u>dans un espace vectoriel</u> E, <u>on suppose que les vecteurs invariants par</u> B <u>forment dans</u> E <u>un sous-espace</u> E^B <u>de dimension finie</u>.

(i) <u>Alors</u> E <u>est la somme directe de</u> E(U) <u>et de</u> E^B; <u>en outre, si</u> $\xi \in E^B$ <u>et si</u> $z \in \nu^{-1}(t)$ <u>avec</u> $t \in T^{++}$, $\rho(z)\xi - q(t)^{-1}\rho(\varepsilon_t)\xi$ <u>appartient à</u> E(U).

(ii) <u>Supposons de plus que</u> E^B <u>soit irréductible en tant que</u> $\underline{K}(W, q)$-<u>module et que le</u> G-<u>module</u> E <u>est engendré par</u> E^B. <u>Alors</u> ρ <u>est admissible et est équivalente, pour un morphisme</u> λ <u>de</u> T <u>dans</u> $\underline{\underline{C}}^*$, <u>à une représentation quotient de</u> π_λ.

Nous allons tout d'abord voir que $E = E(U) + E^B$. Si X est un sous-groupe compact de G, on note j_X la projection de E sur E^X; autrement dit, on a pour $\xi \in E$

$$j_X(\xi) = \int_X \rho(x)\xi \, dx,$$

où dx est la mesure de Haar normalisée sur X. Soit E^o un sous-espace de E, de dimension finie, tel que $E^o \cap E(U) = \{o\}$. Alors, $E_1^o = j_H(E^o)$ est un sous-espace de E^H; ensuite, en vertu de (5.3.2), il existe un élément z de $\nu^{-1}(T^{++})$ tel que, pour $X = z^{-1}U_o^- z$, E_1^o fasse partie de E^X. Posons $E_2^o = \rho(z)E_1^o$ et $E_3^o = j_{U_1}(E_2^o)$. Alors, puisqu'on a $B = U_1 U_o^-$, E_3^o est un sous-espace de E^B. D'autre part, puisque l'image de E_3^o dans $E/E(U)$ coïncide avec celle de $\rho(z)E^o$, E^o et E_3^o sont de même dimension. En conséquence, $E/E(U)$ est de dimension finie $\leq \dim(E^B)$ et E est égal à $E(U) + E^B$.

Supposons ensuite que $\xi \in E^B$ et que $z \in \nu^{-1}(t)$ pour $t \in T^{++}$. Alors, $\rho(z)\xi - j_{U_1}(\rho(z)\xi)$ appartient à E(U) et, puisque $z^{-1}U_o^- z$ est contenu dans U_o^-, on a

$$j_{U_1}(\rho(z)\xi) = \int_{U_1} \rho(uz)\xi \, du = \int_B \rho(bz)\xi \, db$$

$$= q(t)^{-1}\int_{BtB} \rho(g)\xi \, dg = q(t)^{-1}\rho(\varepsilon_t) .$$

Avant d'achever la démonstration de (i), nous avons maintenant à établir (ii). Sous l'hypothèse de (ii), on va d'abord montrer que $E^*(U)$ est distinct de E^* si la représentation ρ^* de G dans E^* est contragrédiente à ρ. Puisque E^B est de dimension finie et irréductible en tant que $\underline{K}(W, q)$-module, il en est de même de $(E^*)^B$. De plus, puisque le G-module E est engendré par E^B, tout sous-espace non nul de E^* stable par G contient $(E^*)^B$. Par suite, le G-sous-module E_1^* de E^* engendré par $(E^*)^B$ est irréductible. En outre, d'après (4.2.4), il existe un élément λ' de X(T) tel que le $\underline{K}(W, q)$-module $(E^*)^B$ soit isomorphe à un sous-module M' de $M_{\lambda'}$ et donc que, d'après (5.3.14), le G-module irréductible E_1^* soit isomorphe à un sous-module E' de $E_{\lambda'}$. Or, puisque E' possède un élément de $E_{\lambda'}$ ne s'annulant pas en e, E'(U) est distinct de E'. En conséquence, $E^*(U)$ est distinct de E^*.

On a donc une représentation ρ_0^* de T dans $V = E^*/E^*(U)$ qui est, comme on l'a déjà vu, de dimension finie. Il existe alors un morphisme λ de T dans $\underline{\underline{C}}^*$ et une forme linéaire non nulle θ sur V de telle sorte que, pour tout $t \in T$ et tout $v \in V$, on ait

$$\langle \theta, \rho_0^*(t)v \rangle = (\lambda\delta^{-1/2})(t)\langle \theta, v \rangle .$$

En regardant θ comme une forme linéaire sur E^* s'annulant sur $E^*(U)$, nous posons pour $\xi \in E^*$

$$F_\xi(g) = \langle \theta, \rho^*(g^{-1})\xi \rangle ;$$

alors F_ξ appartient à $E_{\lambda-1}$. On a ainsi un opérateur d'entrelacement F de E^* dans $E_{\lambda-1}$, qui est injectif puisque son nayau ne contient pas $(E^*)^B$. Il en résulte d'une part que ρ^* est admissible et donc qu'il en est de même de ρ. D'autre part, puisque π_λ est contragrédiente à $\pi_{\lambda-1}$ et que ρ^* est équivalente à une sous-représentation de $\pi_{\lambda-1}$, ρ est équivalente à une représentation quotient de π_λ. L'assertion (ii) de notre lemme est ainsi démontrée.

Pour établir (i), il nous reste à vérifier que $E(U) \cap E^B$ se réduit à $\{o\}$. En tenant compte d'une suite de Jordan-Hölder pour le $\underline{K}(W, q)$-module E^B, on voit aisément qu'il suffit de démontrer notre assertion dans le cas où les hypothèses de (ii) sont remplies. Puis, en vertu de (ii), on s'en ramène finalement au cas des représentations π_λ. Nous allons donc montrer que, si $\lambda \in X(T)$ et si $f \in M_\lambda - \{o\}$, f n'appartient pas à $E_\lambda(U)$. En rappelant que $G = BW^oZU$ d'après (5.3.8), on prend un élément w de W^o tel que $f(w) \neq 0$ et que $f(w') = 0$ si $\ell(w') < \ell(w)$ pour $w' \in W^o$; alors, si X est un sous-groupe ouvert compact de U muni de la mesure de Haar normalisée dx, d'après (5.4.17) on a

$$\int_X (\pi(x)f)(w)\,dx = \int_X f(xw)\,dx = f(w)\mu(X\cap BwZUw^{-1}) \neq 0 ;$$

où $\mu(X\cap BwZUw^{-1})$ est la masse de l'ouvert compact $X\cap BwZUw^{-1}$ de X. La démonstration de notre lemme est maintenant complète.

(5.5.5) Soit P un sous-groupe de G contenant ZU. Les sous-groupes $U'' = R_u(P)$, L et G_* de P sont définis en (5.4.25). On rappelle aussi que, si $B_* = B\cap G_*$ et si $N_* = N\cap G$, (G_*, B_*, N_*) est un système de Tits saturé bornologique de type affine.

Le lemme suivant généralise pour P partiellement le résultat de (5.5.4) traitant le cas particulier de ZU.

<u>Lemme</u>--- <u>Pour une représentation lisse</u> ρ <u>de</u> G <u>dans un espace vectoriel</u> E, <u>on suppose que les vecteurs invariants par</u> B <u>forment dans</u> E <u>un sous-espace</u> E^B <u>de dimension finie et que le</u> G-<u>module</u> E <u>soit engendré par</u> E^B. <u>Alors, les sous-groupes</u> U'', G_* <u>et</u> B_* <u>de</u> P <u>étant définis comme ci-dessus, les vecteurs invariants par</u> B_* <u>forment dans</u> $V = E/E(U'')$ <u>un sous-espace</u> V^{B_*} <u>de dimension</u> $\leq \dim(E^B)$ <u>et le</u> G_*-<u>module</u> V <u>est engendré par</u> V^{B_*}.

Les sous-groupes G_*, B_*, N_*, U_*, U', Z', L et $U'' = R_u(P)$ de P sont définis en (5.4.20), (5.4.21) et (5.4.25). On considérera aussi le sous-groupe W_*^o de W^o et le sous-système de racines $R_*^\vee$ de $R^\vee$ associés en (5.4.19) à $S_*^o = S^0\cap\nu(N^o\cap P)$.

Nous allons d'abord montrer que le G_*-module V est engendré par V^{B_*}. Notons W_+^o l'ensemble des éléments w de W^o tels que w soit de longueur minimum dans $W_*^o w$. Alors, d'après (2.1.5), on a $W^o = W_*^o W_+^o$. D'autre part, on voit aisément qu'un élément w de W^o appartient à W_+^o si et seulement si $R_+^\vee$ contient $w^{-1}(R_*^\vee\cap R_+^\vee)$; un raisonnement déjà utilisé en (5.4.21) montre donc que, si $w \in W_+^o$, $w^{-1}B_* w$ est un sous-groupe de B. Par ailleurs, d'après (5.4.25) et (5.4.21) on a

$$P = U''L = U''G_* N_L(B_*),$$

où $N_L(B_*)$ est le normalisateur de B_* dans L. Puis, d'après (5.3.8), on a

$$G = UNB = UZN^oB = PN_+^oB = U''G_* N_L(B_*)N_+^oB,$$

où $N_+^o = \nu^{-1}(W_+^o)$ est une partie de N^o. Il en résulte que, si $g \in G$ et si $\xi \in E^B$, on a

$$\rho(g)\xi = \rho(u)\rho(x)\xi'$$

avec $u \in U''$, $x \in G_*$ et ξ' E^{B_*}. En conséquence, le G_*-module $V = E/E(U'')$ est engendré par V^{B_*}, puisque le G-module E est engendré par E^B et que U" opère trivialement sur V.

Nous allons maintenant voir que V^{B_*} est de dimension $\leq \dim(E^B)$. Notons tout d'abord que, d'après (5.4.1), (5.4.20) et (5.4.24), on a

$$\begin{aligned} B = U_1U_o^- &= (U'\cap U_1)B_*(U_o^-\cap w_*U_o^-w_*^{-1}) \\ &= (U''\cap U_1)B_*(U_o^-\cap w_*U_o^-w_*^{-1}), \end{aligned}$$

où w_* est l'élément de longueur maximum dans W_*^o. D'autre part, si X est un sous-groupe compact de G, j_X désignera comme en (5.5.4) la projection de E sur E^X. Soit V^o un sous-espace de V^{B_*} de dimension finie k et soit E^o un sous-espace de E, de dimension k, tel que V^o soit l'image de E^o dans V. Alors, $E_1^o = j_{B_*}(E^o)$ est un sous-espace de E^{B_*}. Or, comme on l'a vu en (5.4.20), tout sous-groupe ouvert de $X_o = U_o^-\cap w_*U_o^-w_*^{-1}$ contenant H contient $z^{-1}X_oz$ pour un certain élément z de $Z'\cap\nu^{-1}(T^{++})$. Il existe donc un élément z de $Z'\cap\nu^{-1}(T^{++})$ tel que E_1^o fasse partie de E^X pour $X = z^{-1}X_oz$. Posons ensuite $E_2^o = \rho(z)E_1^o$ et $E_3^o = j_Y(E_2^o)$ où

$Y = U'' \cap U_1$. Alors, puisqu'on a $B = YB_* X_o$, E_3^o est un sous-espace de E^B. D'autre part, puisque l'image de E_3^o dans V coïncide avec celle de $\rho(z)E^o$, E_3^o est de dimension k. En rappelant que Z' est un sous-groupe de $N_L(B_*)$, on conclut ainsi que V^{B_*} est exactement l'image de E^B dans V.

(5.5.6) Le théorème suivant établit, en particulier, l'existence de suites de Jordan-Hölder pour les G-modules E_λ définis en (5.3.12).

Théorème--- Pour une représentation lisse ρ de G dans un espace vectoriel E, on suppose que les vecteurs invariants par B forment dans E un sous-espace E^B de dimension finie et que le G-module E est engendré par E^B. Alors, la représentation ρ est admissible et le G-module E admet une suite de Jordan-Hölder aux composantes irréductibles possédant chacune un vecteur non nul invariant par B.

On sait d'après (5.5.4) que ρ est admissible si E^B est irréductible en tant que $\underline{K}(W, q)$-module. En général, ρ est donc admissible, compte tenu d'une suite de Jordan-Hölder pour le $\underline{K}(W, q)$-module E^B. Le reste de ce théorème se démontre par récurrence sur le rang de (G, B, N), qui est par définition le rang r de $R^\vee$. Si (G, B, N) est de rang 0, on a $G = B = N$ et G opère trivialement sur l'espace E de dimension finie. Supposons désormais que (G, B, N) soit de rang $r \geq 1$ et que notre théorème soit déjà établi pour les systèmes de Tits bornologiques de type affine et de rang $\leq r-1$.

Compte tenu d'une suite de Jordan-Hölder pour le $\underline{K}(W, q)$-module E^B, notre assertion sur le G-module se ramène facilement au cas où E^B est irréductible en tant que $\underline{K}(W, q)$-module. Ensuite, en vertu de (5.5.4), il suffit de démontrer notre assertion pour les G-modules E_λ définis en (5.3.12).

Pour $\lambda \in X(T)$, nous supposons que E_1 soit un G-sous-module de $E = E_\lambda$ et que E_2 soit un G-sous-module de E_1 distinct de E_1. Il nous reste maintenant à établir que la représentation σ de G dans $E_o = E_1/E_2$ admet un vecteur non nul invariant par B.

Pour examiner cette dernière assertion, nous distinguons les deux possibilités suivantes:

(1°) Pour le radical pseudo-unipotent U" d'un sous-groupe maximal P de G contenant ZU, $E_o(U")$ est distinct de E_o;

(2°) Pour le radical pseudo-unipotent U" de tout sous-groupe maximal P de G contenant ZU, $E_o(U")$ est égal à E_o.

La première possibilité, combinée avec l'hypothèse de récurrence, entraînera que E_o possède un vecteur non nul invariant par B. Quant à l'autre possibilité, elle se révélera absurde puisqu'elle implique une contradiction avec elle-même.

Supposons l'hypothèse (1°) réalisée. Le sous-groupe G_* de P et ses sous-groupes B_*, N_* et U_* sont définis en (5.4.20). Nous avons les P-modules $V = E/E(U")$, $V_1 = E_1/E_1(U")$, $V_2 = E_2/E_2(U")$ et $V_o = E_o/E_o(U")$; d'après (5.5.2), V_1 et V_2 sont des sous-modules de V et, de plus, V_o est isomorphe à V_1/V_2. Or, en vertu de (5.5.5), V^{B_*} est de dimension finie et le G_*-module V est engendré par V^{B_*}. Puisque le système de Tits (G_*, B_*, N_*) de type affine est de rang r-1, l'hypothèse de récurrence appliquée au G_*-module V entraîne que V_o possède un vecteur non nul invariant par B_*. Ensuite, en appliquant (5.5.4) à V_o relativement aux sous-groupes B_* et U_* de G_*, on voit que $V_o(U_*)$ est distinct de V_o. Puisqu'on a $V_o = E_o/E_o(U")$ et $U = U"U_*$, on en déduit aisément que $E_o(U)$ est distinct de E_o; ce qui entraîne, d'après (5.5.4), l'existence dans

E_o d'un vecteur non nul invariant par B.

Supposons maintenant l'hypothèse (2°) réalisée et notons σ^* la représentation de G, contragrédiente à σ, dans E_o^*. Tout d'abord, en fixant $\xi \in E_o$ et $\xi^* \in E_o^*$, nous allons considérer la fonction $z \mapsto \langle \sigma(z)\xi, \xi^* \rangle$ définie sur $Z^{++} = \nu^{-1}(T^{++})$.

Soit P un sous-groupe maximal de G contenant ZU et soit U" son radical pseudo-unipotent. En posant $S_*^o = S^o \cap \nu(N^o \cap P)$, nous avons aussi les sous-groupes G_* et U_* de P, le sous-groupe distingué $H' = H \cap U''$ de G_* et le sous-système de racines $R_*^\vee$ de $R^\vee$; en outre, γ désignera l'élément unique de $R_b^\vee - (R_b^\vee \cap R_*^\vee)$. Soit ρ' la représentation de G dans $E' = E/E_2$; alors σ est une sous-représentation de ρ'. Pour tout sous-groupe compact X de G, on note j_X la projection de E' sur $(E')^X$; autrement dit, on a pour $\eta \in E'$

$$j_X(\eta) = \int_X \rho'(x)\eta \, dx,$$

où dx désigne la mesure de Haar normalisée sur X. Puisqu'on a $G = UNB = U''U_*NB$ et que le G-module E' est engendré par $(E')^B$, E' est, en tant que U"-module, engendré par $(E')^{H'}$. Par suite, pour tout $\eta \in E'$, il existe une partie finie F_η de U" telle que l'on ait $j_Y(\eta) = j_{YH'}(\eta)$ si Y est un sous-groupe compact de U" normalisé par H' et si YH' contient F_η. En conséquence, pour $\xi \in E_o = E_o(U'')$, il existe un sous-groupe ouvert compact C_ξ de U" tel que l'on ait $j_Y(\xi) = o$ si Y est un sous-groupe compact de U" normalisé par H' et si YH' contient C_ξ. D'autre part, ξ^* appartient à $(E_o^*)^X$ pour un sous-groupe ouvert compact $X = X_{\xi^*}$ de U" normalisé par H'. Alors, en vertu de (5.4.27), il existe un entier $m_\gamma \geq 0$ tel que $(z^{-1}Xz)H'$ contienne C_ξ si $z \in \nu^{-1}(t_p)$ avec

$p \in Q^{++}$ et si $\langle \gamma , p \rangle \geq m_\gamma$. En conséquence, si z remplit ces dernières conditions, en posant $Y = z^{-1}Xz$ on a

$$\langle \sigma(z)\xi , \xi^* \rangle = \langle j_X(\sigma(z)\xi), \xi^* \rangle$$
$$= \langle \sigma(z)(j_Y(\xi)), \xi^* \rangle = \langle o, \xi^* \rangle = 0.$$

Ce qui précède est valable pour tous les sous-groupes maximaux P de G contenant ZU. Il existe donc un entier $m \geq 0$ tel que l'on ait $\langle \sigma(z)\xi, \xi^* \rangle = 0$ si $z \in \nu^{-1}(t_p)$ avec $p \in Q^{++}$ et si $\langle \gamma , p \rangle \geq m$ pour au moins un élément γ de $R_b^\vee$. Par suite, la fonction $z \longmapsto \langle \sigma(z)\xi , \xi^* \rangle$ définie sur Z^{++} est de support compact.

Puisque, d'après la décomposition de Cartan de G, on a $G = KZ^{++}K$, ce qu'on vient d'établir entraîne immédiatement que, si $\xi \in E_o$ et si $\xi^* \in E_o^*$, la fonction $g \longmapsto \langle \sigma(g)\xi , \xi^* \rangle$ définie sur G est de support compact. En d'autres termes, la représentation σ de G dans E_1/E_2 est supercuspidale.

Ensuite, grâce à (5.5.3), le G-module E_o possède un sous-module irréductible V_o qui soit isomorphe à un sous-module V de E_1. Or, puisque V admet un élément f de E_λ ne s'annulant pas en e, $V(U)$ est distinct de V. En conséquence, $E_o(U)$ est distinct de E_o; ce qui contredit l'hypothèse (2°), puisque U contient le radical pseudo-unipotent de tout sous-groupe de G contenant ZU.

La démonstration de notre théorème est ainsi achevée.

(5.5.7) Le théorème suivant résulte du lemme (5.5.4) et des théorèmes (5.3.15) et (5.5.6).

<u>Théorème</u>--- <u>Soit</u> ρ <u>une représentation admissible irréductible de</u> G <u>dans un espace vectoriel</u> E. <u>Alors les trois conditions suivantes sont équivalentes</u>:

(a) E <u>possède un vecteur non nul invariant par</u> B;

(b) E <u>possède un vecteur</u> ξ <u>tel que, pour tout sous-groupe compact</u> X <u>de</u> U <u>muni d'une mesure de Haar</u> dx, <u>on ait</u>

$$\int_X \rho(x)\xi \, dx \neq 0 \ ;$$

(c) <u>Pour un morphisme</u> λ <u>de</u> T <u>dans</u> $\underline{\underline{C}}^*$, ρ <u>est équivalente à une composante irréductible de</u> π_λ.

Dans le cas des groupes semi-simples p-adiques G, le théorème (5.3.15) est dû essentiellement à Borel [27] tandis que le théorème (5.5.6) pour les représentations π_λ de G est un cas particulier, revu par Silberger [25], d'un résultat général de Harish-Chandra et Casselman ([6], [28]). Notre démonstration est assez différente de la leur parce qu'elle s'appuie plus décisivement sur le théorème (4.2.4) que sur la structure algébraïco-géométrique des groupes G.

(5.5.8) Le théorème suivant est une autre conséquence du théorème (5.5.6).

<u>Théorème</u>--- <u>Soit</u> ρ_1 <u>une représentation admissible de</u> G <u>dans un espace vectoriel</u> E_1 <u>et soit</u> ρ_2 <u>une autre représentation admissible de</u> G <u>dans</u> E_2. <u>Supposons de plus que le</u> G-<u>module</u> E_1 <u>soit engendré par son sous-espace</u> E_1^B <u>des vecteurs invariants par</u> B. <u>Alors, tout opérateur d'entrelacement de</u> E_1^B <u>dans</u> E_2^B, <u>considérés comme</u> $\underline{K}(W, q)$-<u>modules, se prolonge de manière unique en un opérateur d'entrelacement de</u> E_1 <u>dans</u> E_2, <u>considérés comme</u> G-<u>modules</u>.

Soit A^o un opérateur d'entrelacement de E_1^B dans E_2^B. Puisque le G-module E_1 est engendré par E_1^B, tout élément ξ de E_1 se met sous la forme

$$\xi = \sum_{j=1}^{k} \rho_1(f_j)\xi_j$$

où $f_j \in \underline{K}(G/B)$ et où $\xi_j \in E_1^B$; nous posons alors

$$A\xi = \sum_{j=1}^{k} \rho_2(f_j)(A^o \xi_j) .$$

Nous allons vérifier que $A\xi$ est parfaitement déterminé par ξ, indépendamment du choix de l'expression de ξ intervenant dans la définition de $A\xi$. Supposons qu'on ait

$$o = \sum_{j=1}^{k} \rho_1(f_j)\xi_j$$

pour $f_j \in \underline{K}(G/B)$ et $\xi_j \in E_1^B$. Nous posons d'une part

$$\xi' = \sum_{j=1}^{k} \rho_2(f_j)(A^o \xi_j) ;$$

d'autre part, nous rappelons que ε_e est la fonction caractéristique de B dans G. Alors, si $f \in \underline{K}(G)$, on a

$$\rho_2(\varepsilon_e)\rho_2(f)\xi' = \sum_{j=1}^{k} \rho_2(\varepsilon_e * f * f_j)(A^o \xi_j)$$

$$= \sum_{j=1}^{k} \rho_1(\varepsilon_e * f * f_j)\xi_j = \rho_1(\varepsilon_e * f)o = o.$$

On voit ainsi que le G-sous-module de E_2 engendré par ξ' ne possède aucun vecteur invariant par B et différent de o. En appliquant le théorème (5.5.6) au G-sous-module E_2^o de E_2 engendré par E_2^B, on a enfin $\xi' = o$.

Nous avons donc un opérateur d'entrelacement A de E_1 dans E_2 prolongeant A^o. L'unicité du prolongement étant évidente, notre théorème est ainsi démontré.

On remarquera enfin que l'existence du prolongement A se démontre directement, sans faire appel à (5.5.6), si on suppose en outre que tout G-sous-module non nul de E_2^o possède un vecteur non nul invariant par B. En vertu de (5.3.14), cette remarque s'applique en particulier aux opérateurs d'entrelacement que nous allons maintenant étudier.

(5.5.9) Rappelons que, si $\lambda \in X(T)$, M_λ est le sous-espace de E_λ

formé des vecteurs invariants par B et que, si $\alpha \in R$, c_α est la fonction méromorphe sur $X(T)$ définie en (4.3.1); on a

$$c_\alpha(\lambda) = \sqrt{q_\alpha}(1 - \sqrt{q_\alpha q'_\alpha}^{-1}\lambda(t_\alpha)^{-1})(1 + \sqrt{q'_\alpha/q_\alpha}\,\lambda(t_\alpha)^{-1})\Big/(1 - \lambda(t_\alpha)^{-2}) ,$$

où q_α et q'_α sont les entiers positifs définis en (3.2.8). En vertu de (5.4.10), (5.4.3) et (5.4.8), si $\alpha \in R$ et si $\gamma = \alpha^\vee$, on a de plus

$$q_\alpha = [U_0^\gamma : U_1^\gamma] \quad \text{et} \quad q'_\alpha = [U_1^\gamma : U_2^\gamma].$$

Si $w \in W^o$ et si $c_\alpha(\lambda)$ est défini pour toute $\alpha \in R_+ \cap w^{-1}(-R_+)$, l'opérateur d'entrelacement $A(w, \lambda)$ de M_λ dans $M_{w\lambda}$ est déterminé en (4.3.2) et (4.3.4); il se prolonge, d'après (5.5.8), en un opérateur d'entrelacement de E_λ dans $E_{w\lambda}$ désigné également par $A(w, \lambda)$.

Le théorème suivant montre que ces opérateurs d'entrelacement sont donnés par des intégrales d'entrelacement ou leurs prolongements analytiques.

Théorème--- *Si* $w \in W^o$ *et si* $|\lambda(t_\alpha)| > 1$ *pour toute* $\alpha \in R_+ \cap w^{-1}(-R_+)$, *alors l'opérateur d'entrelacement* $A(w, \lambda)$ *de* E_λ *dans* $E_{w\lambda}$ *est donné par la formule suivante: pour* $f \in E_\lambda$ *et* $g \in G$, *on a*

$$(A(w,\lambda)f)(g) = \int_{U/(U\cap wUw^{-1})} f(guw)\, du$$

où la mesure invariante du *sur* $U/(U\cap wUw^{-1})$ *est choisie de telle sorte que l'image de* U_0 *y soit de masse* 1.

On rappelle que U est un groupe pseudo-unipotent et donc que tous ses sous-groupes fermés sont unimodulaires. De plus, d'après (5.4.15), l'espace $U/(U\cap wUw^{-1})$ s'identifie canoniquement à $(U\cap wU^- w^{-1})/H$.

Supposons tout d'abord que $s = s_\beta = s_\gamma \in S^0$ avec $\beta \in R_b$ et $\gamma = \beta^\vee \in R_b^\vee$ et que $|\lambda(t_\beta)| > 1$. Pour $f \in E_\lambda$, $g \in G$ et $m \in \underline{Z}$, nous posons

$$(A_m f)(g) = \int_{U^\gamma_m - U^\gamma_{m+1}} f(gus)\, du$$

où la mesure de Haar du sur U^γ est choisie de telle sorte que U^γ_o soit de masse 1. En outre, $(A_m|f|)(g)$ est défini par une formule analogue puisque $|f| \in E_{|\lambda|}$.

Nous fixons f et g. Soit $X = X_f$ un sous-groupe ouvert de G laissant f invariant. Alors, l'ouvert $(g^{-1}Xg)H$ de G contient $U^\gamma_{m_o}$ et $U^{-\gamma}_{n_o}$ pour des entiers assez grands m_o et n_o dépendant de X et de g. Si $u \in U^\gamma_{m_o}$, on a $f(gus) = f(gs)$. Si $u \in U^\gamma_{-n} - U^\gamma_{-n+1}$ pour $n \geq n_o$, alors on a, en vertu de (5.4.12),

$$f(gus) = f(gt_\beta^{-n}) = (\lambda\delta^{1/2})(t_\beta)^{-n}.$$

Compte tenu de la masse de $U^\gamma_{-n} - U^\gamma_{-n+1}$ et de la valeur de $\delta(t_\beta)$ donnée en (3.2.9), pour $n \geq n_o$ on a donc

$$(A_{-n}f)(g) = \begin{cases} q_\beta^{-1}(q_\beta - 1)\lambda(t_\beta)^{-n} & \text{si } n \in 2\underline{\underline{Z}} ; \\ \sqrt{q_\beta q'_\beta}^{\,-1}(q'_\beta - 1)\lambda(t_\beta)^{-n} & \text{si } n-1 \in 2\underline{\underline{Z}} . \end{cases}$$

Puisque, pour $n \geq n_o$, $(A_{-n}|f|)(g)$ se détermine par une formule analogue, on voit ainsi que, si $|\lambda(t_\beta)| > 1$, la fonction $u \longmapsto |f(gus)|$ est intégrable sur U^γ.

Pour $f \in E_\lambda$ et $g \in G$, nous posons donc

$$(Af)(g) = \int_{U^\gamma} f(gus)\, du = \int_{U/(U \cap sUs^{-1})} f(gxs)\, dx .$$

Si $u \in U$ et si $z \in \nu^{-1}(t_p)$ avec $p \in Q$, on a

$$\begin{aligned}(Af)(gzu) = (Af)(gz) &= \int_{U^\gamma} f(gzus)\, du \\ &= \sqrt{q_\beta q'_\beta}^{\,\langle\gamma,p\rangle} \int_{U^\gamma} f(guzs)\, du \\ &= \sqrt{q_\beta q'_\beta}^{\,\langle\gamma,p\rangle} (\lambda\delta^{1/2})(s^{-1}t_p s)(Af)(g) \\ &= \sqrt{q_\beta q'_\beta}^{\,\langle\gamma,p\rangle} \delta(t_p t_\beta^{-\langle\gamma,p\rangle})^{1/2}(s\lambda)(t_p)(Af)(g) \\ &= \delta(t_p)^{1/2}(s\lambda)(t_p)(Af)(g) .\end{aligned}$$

D'autre part, si f appartient à E_λ^X pour un sous-groupe ouvert compact X de G, on a $(Af)(xg) = (Af)(g)$ pour tout $x \in X$ et $g \in G$. On conclut ainsi que Af appartient à $E_{s\lambda}$.

Nous avons donc un opérateur d'entrelacement A de E_λ dans $E_{s\lambda}$. Si $f \in M_\lambda = E_\lambda^B$ et si $w \in W^o$, on peut facilement calculer $(A_m f)(w)$ pour tout $m \in \underline{\underline{Z}}$ afin de vérifier la coïncidence sur M_λ de A avec l'opérateur $A(s, \lambda)$ défini en (4.3.2). Notre théorème est ainsi démontré dans le cas où $w = s \in S^o$.

Enfin, dans le cas général, le théorème se démontre par récurrence sur $\ell(w)$. Supposons que le théorème soit déjà établi pour $w \in W^o$ et qu'on ait $\ell(sw) = \ell(w) + 1$ pour $s = s_\beta = s_\gamma \in S^o$ où $\beta \in R_b$ et $\gamma = \beta^\vee$. Nous avons alors à vérifier pour sw la conclusion du théorème. Puisque $R_+ \cap (sw)^{-1}(-R_+)$ est la réunion de $\{w^{-1}\beta\}$ et de $R_+ \cap w^{-1}(-R_+)$, d'après notre hypothèse on a $|(w\lambda)(t_\beta)| > 1$ et $A(w, \lambda)$ est donné par une intégrale d'entrelacement. D'autre part, d'après (5.4.15), on a $U \cap swU^- w^{-1}s^{-1} = U^\gamma s(U \cap wU^- w^{-1})s^{-1}$. Par suite, si $f \in E_\lambda$, on a

$$\begin{aligned}(A(sw,\lambda)f)(g) &= \int_{U^\gamma} (A(w,\lambda)f)(gus)\, du \\ &= \int_{U\cap wU^- w^{-1}} \int_{U^\gamma} f(gusxw)\, dx\, du \\ &= \int_{U\cap swU^- w^{-1}s^{-1}} f(gxsw)\, dx\ ;\end{aligned}$$

ce qui établit le théorème pour sw.

(5.5.10) Signalons un cas très particulier du théorème précédent.

<u>Corollaire</u>--- <u>Posons</u> $\lambda = \delta^{1/2}$ <u>et notons</u> w_o <u>l'élément de longueur maximum dans</u> W^o. <u>Si</u> $f \in E_\lambda$, $A(w_o, \lambda)f$ <u>est constante sur</u> G <u>et on a</u>

$$\begin{aligned}\int_K f(k)\, dk &= q(w_o)(A(w_o,\lambda)f)(e) \\ &= q(w_o)\int_{U^-} f(u)\, du\end{aligned}$$

où la mesure de Haar du sur U^- est choisie de telle sorte que U_o^- soit de masse 1.

Pour $f \in E_\lambda$, nous posons

$$Af = \int_K f(k)\, dk \ ;$$

alors, d'après (5.3.13), A est un opérateur d'entrelacement de E_λ dans $\underline{\underline{C}}$ lorsque $\underline{\underline{C}}$ est regardé comme un G-module trivial. Puisque l'unique sous-représentation irréductible de $\pi_{\lambda^{-1}}$ est triviale, on peut identifier $\underline{\underline{C}}$ au sous-espace $\underline{\underline{C}}\gamma_{\lambda^{-1}}$ de $E_{\lambda^{-1}}$ et A à un opérateur d'entrelacement de E_λ dans $E_{\lambda^{-1}}$. Or, le stabilisateur de $\lambda^{-1} = w_o\lambda$ dans W^o se réduit à $\{e\}$. Par suite, en vertu de (4.3.3) notamment, A ne diffère de $A(w_o, \lambda)$ que par un facteur constant, qui se détermine facilement en posant $f = \gamma_\lambda$ comme en (5.3.14).

On remarquera par ailleurs que l'égalité des deux intégrales intervenant dans ce corollaire résulte également de (5.4.17). En effet, G/ZU étant identifié à K/U_o, d'après (5.4.17) l'image $j(U^-)$ de U^- dans K/U_o est un ouvert dense de K/U_o homéomorphe à U^-/H. Le complémentaire de $j(U^-)$ est donc négligeable pour la mesure invariante sur K/U_o. D'où, compte tenu de (5.3.13), on a

$$\int_{K/U_o} f(k)\, dk = \int_{j(U^-)} f(k)\, dk$$

$$= q(w_o)\int_{U^-/H} f(u)\, du \ .$$

(5.5.11) A titre d'une autre application des opérateurs d'entrelacement de (5.5.9), nous démontrerons une propriété de certaines fonctions sphériques sur G/B de hauteur 1. Cette propriété a été découverte par Shalika [24] pour la fonction sphérique sur G/B associée à la représentation spéciale de G dans le cas où G est un groupe semi-simple déployé p-adique.

<u>Proposition</u>--- <u>Soit</u> ω <u>une fonction sphérique sur</u> G/B <u>de hauteur</u> 1 <u>et soit</u> λ <u>le morphisme de</u> T <u>dans</u> $\underline{\underline{C}}^*$ <u>coïncidant sur</u> T^{++} <u>avec</u> $q^{-1/2}\omega^{-1}$. <u>Supposons que</u> $|\lambda(t)| > 1$ <u>pour tout</u> $t \in T^+ - \{e\}$. <u>Alors</u>:

(i) ω <u>est de carré intégrable sur</u> G.

(ii) <u>Si</u> U'' <u>est le radical pseudo-unipotent d'un sous-groupe propre</u> P <u>de</u> G <u>contenant</u> ZU <u>et si</u> $g, g' \in G$, <u>alors l'intégrale</u>

$$\int_{U''} \omega(gug')\, du\ .$$

<u>par rapport à une mesure de Haar</u> du <u>sur</u> U'', <u>est absolument convergente et sa valeur est nulle</u>.

Notons tout d'abord que, d'après (ii), si $U'' = X(H \cap U'')$ pour un sous-groupe fermé X de U'' muni d'une mesure de Haar dx convenablement choisie, pour tout $g, g' \in G$ on a

$$\int_X |\omega(gug')|\ dx = \int_{U''} |\omega(gug')|\ du\ ;$$

$$\int_X \omega(gug')\ dx = 0\ .$$

Nous entreprenons maintenant de démontrer cette proposition. Puisque ω est une fonction sphérique sur G/B de hauteur 1, sa restriction à W est, d'après (2.2.4), une fonction quasi-multiplicative à valeurs réelles. Il en résulte facilement que, si $g \in G$, il existe un nombre positif c_g tel que, pour tout $x \in G$, on ait $|\omega(gx)| \leqslant c_g |\omega(x)|$. Soit C_ω l'espace vectoriel des fonctions localement constantes φ sur G telles que $\varphi\omega^{-1}$ soit bornée sur G; d'après ce qui précède, C_ω est stable par les translations à gauche [resp. à droite] associés aux éléments de G.

Notre hypothèse sur λ entraîne que le stabilisateur de λ dans W^o se réduit à $\{e\}$ et que, pour tout $w \in W^o$, $A(w, \lambda)$ est défini par une intégrale d'entrelacement. Par ailleurs, puisque T^+ contient

T^{++}, d'après (3.2.7) ω est de carré intégrable sur G.

De plus, en vertu de (4.1.9) et de (4.1.10), ω est la fonction sphérique sur G/B associée à l'unique sous-représentation irréductible σ de π_λ; σ est réalisée dans un sous-espace E de E_λ et E^B est de dimension 1. Soit $\xi_{\lambda-1}$ l'élément de $E_{\lambda-1}$ défini en (5.3.14) et soit f_o l'élément de E^B tel que $f_o(e) = 1$. Alors, pour tout $g \in G$, on a

$$\omega(g) = \langle \pi(g^{-1})f_o, \xi_{\lambda-1} \rangle = \int_B f_o(gb)\, db$$

$$= \int_{U_0^-} f(gu)\, du$$

où du désigne la mesure de Haar de masse totale 1 sur U_0^-.

Puisque ZU^- est conjugué à ZU dans G, en vue d'examiner notre proposition, nous considérons un sous-groupe propre P de G contenant ZU^- et son radical pseudo-unipotent X; celui-ci est l'intersection des conjugués de U^- dans P. Nous posons aussi $W_*^o = W^o \cap \nu(N^o \cap P)$ et $S_*^o = S^0 \cap W_*^o$; alors, W_*^o est distinct de W^o et (W_*^o, S_*^o) est un système de Coxeter. Soit enfin w_* l'élément de longueur maximum dans W_*^o; d'après (5.4.24), XH est égal à $U^- \cap w_* U^- w_*^{-1}$.

Puisque $|f_o| \in E_{|\lambda|}$ et que X est normalisé par U_0^-, on a donc

$$\int_X |\omega(gx)|\, dx \leq \int_{U_0^-} \int_X |f_o(gxu)|\, du\, dx$$

$$= \int_X \int_{U_0^-} |f_o(gux)|\, dx\, du$$

$$= \int_{U_0^-} (A(w_0 w_*, |\lambda|)\, |f_o|\,)(guw_* w_0)\, du$$

où w_0 est l'élément de longueur maximum dans W^o. On voit ainsi que, si $\varphi \in C_\omega$ et si $g, g' \in G$, la fonction $x \mapsto |\varphi(gxg')|$ est intégrable sur X.

Il nous reste à vérifier, pour $g, g' \in G$, la nullité de l'intégrale

$$I(g,\ g') = \int_X \omega(gxg')\ dx\ .$$

Puisque $G = U^-ZN^oB = PN^oB$ et que X est normalisé par P, il suffit de considérer les intégrales $I(g,\ w)$ où $g \in G$ et où $w \in W^o$. En vue d'y procéder par récurrence sur $\ell(w)$, nous notons W^o_+ l'ensemble des éléments w de W^o tels que w soit de longueur minimum dans $W^o_* w$; d'après (2.1.5), on a $W^o = W^o_* W^o_+$.

Pour $g \in G$, on a

$$I(g,\ e) = \int_{U_o^-}\int_X f_o(gxu)\ du\ dx = \int_X\int_{U_o^-} f_o(gux)\ dx\ du$$

$$= \int_{U_o^-} (A(w_o w_*,\lambda)f_o)(guw_* w_o)\ du\ .$$

Or, puisque $\lambda' = w_o w_* \lambda$ est distinct de λ, l'unique sous-représentation irréductible de $\pi_{\lambda'}$ n'est pas équivalente à σ. On en déduit aussitôt la nullité de $A(w_o w_*,\ \lambda)f_o$ et donc celle de $I(g,\ e)$.

Supposons pour $w \in W^o - \{e\}$ que $I(g, w') = 0$ si $g \in G$ et si $w' \in W^o$ avec $\ell(w') < \ell(w)$. Si w n'appartient pas à W^o_+, on a $w = w_1 w_2$ avec $w_1 \in W^o - \{e\}$ et $w_2 \in W^o_+$; alors, puisque $\ell(w_2) < \ell(w)$, on a $I(g,\ w) = I(gw_1,\ w_2) = 0$. On suppose donc que $w \in W^o_+$ et que $\ell(ws) = \ell(w) - 1$ pour $s = s_\gamma \in S^o$ et $\gamma \in R^\vee_b$. Alors, $\gamma' = -w\gamma$ appartient à $R^\vee_+ \cap w_*(R^\vee_+)$ en vertu de la définition de W^o_+; d'après (5.4.24), $U_o^{-\gamma'} = wsU_o^{-\gamma}s^{-1}w^{-1}$ est contenu dans XH. Par ailleurs, nous posons $K_s = B \cup BsB$ et $f = \varepsilon_e - q(s)^{-1}\omega(s)^{-1}\varepsilon_s$; f est un élément de $\underline{K}(W,\ q)$ et l'on a $\omega * f = o$. Puisque $|\omega| * |f|$ appartient à C_ω et qu'on a $BsB = U_o^{-\gamma}sB$, pour tout $g \in G$ on a donc

$$0 = \int_{K_s}\int_X \omega(gxwsk)f(k^{-1})\ dk\ dx$$

$$= \int_X \omega(gxws)\ dx\ +\ f(s)q(s)\int_{U_o^-}\int_X \omega(gxwsus)\ du\ dx$$

$$= -\omega(s)^{-1}\int_X \omega(gxw)\ dx = -\omega(s)^{-1}I(g,\ w)\ .$$

Notre proposition est ainsi démontrée.

5.6. Représentations unitaires des groupes de rang 1

En supposant que (G, B, N) est un système de Tits, saturé, bornologique de type diédral infini, nous déterminons dans ce numéro les représentations unitaires irréductibles de G admettant un vecteur non nul invariant par B.

(5.6.1) Nous adoptons généralement les notations des n°s 5.3 et 5.4. Puisque (G, B, N) est de rang 1, nous posons comme en (5.4.18) $W^o = \{e, s\}$, $S = \{s, \tilde{s}\}$, $R_+ = \{\beta\}$ et $R_+^\vee = \{\gamma\}$; on a alors $t_\beta = \tilde{s}s$, $q_\beta = q(s)$ et $q'_\beta = q(s)$. D'après (5.4.18), l'espace homogène $X = U^-/H$ est muni de la distance ultramétrique d et G/ZU s'identifie au compactifié X^c de X par adjonction d'un point à l'infini. Si $g \in G$, $\tau(g)$ désignera l'homéomorphisme de X^c ainsi défini par g.

Pour tout $m \in \mathbb{Z}$, nous posons $X_m = U_m^{-\gamma}/H$; c'est l'ensemble des éléments x de X tels que $d(x, \bar{e}) \leqslant \sqrt{q_\beta q'_\beta}^{\,-m}$. Si $x, y \in X$ et si $x \neq y$, l'entier v(x, y) est défini par

$$d(x, y) = \sqrt{q_\beta q'_\beta}^{\,-v(x, y)} ;$$

nous posons ensuite $v(x, x) = +\infty$ pour tout $x \in X$. Enfin, la mesure invariante dx sur $X = U^-/H$ est choisie de telle sorte que X_o soit de masse 1.

Soit maintenant λ un morphisme de T dans $\mathbb{C}^*$. L'élément η_λ de E_λ est défini en (5.3.16) et, en vertu de (5.4.12), sa restriction à X est donnée par

$$\eta_\lambda(x) = (\sqrt{q_\beta q'_\beta}\,\lambda(t_\beta))^{\min\{0,\ v(x,\bar{e})\}} .$$

Les éléments de E_λ s'annulant en s forment un sous-espace E_λ^o de codimension 1 dans E_λ. Enfin, en restreignant à X les éléments de E_λ, on a une bijection de E_λ sur l'espace des fonctions localement constantes f sur X telles que $f\eta_\lambda^{-1}$ soit constante à l'infini.

Avant d'énoncer le lemme suivant, nous rappelons d'après (5.4.18) que, si $n \in \nu^{-1}(s)$, $\tau(n)$ agit sur $X-\{\bar{e}\}$ comme une inversion de rapport 1.

Lemme--- Soit f une fonction continue sur $X-\{\bar{e}\}$ et soit n un élément de $\nu^{-1}(s)$. Alors, si $|f|$ est intégrable pour la mesure dx sur $X-\{\bar{e}\}$, on a

$$\int_{X-\{\bar{e}\}} f(x)\,dx = \int_{X-\{\bar{e}\}} f(\tau(n)x)d(x,\,\bar{e})^{-2}\,dx\ .$$

Puisqu'il s'agit d'établir l'identité entre des mesures positives sur l'espace localement compact $X-\{\bar{e}\}$, il suffit de vérifier l'égalité de nos deux intégrales en supposant que f est une fonction continue sur $X-\{\bar{e}\}$ à support compact.

Tout d'abord, celle-ci se prolonge en une fonction continue f sur X s'annulant en $\bar{e}$. Ensuite, on note φ la fonction continue sur G déterminée par les conditions suivantes:

(i) $\varphi(gzu) = \varphi(g)\delta(z)$ pour tout $g \in G$, $z \in Z$ et $u \in U$;

(ii) $\varphi(sZU) = 0$;

(iii) $\varphi(u) = f(\bar{u})$ pour tout $u \in U^-$.

Alors, en vertu de (5.5.10) et de (5.4.12), on a

$$\int_X f(x)\,dx = q_\beta^{-1}\int_K \varphi(k)\,dk = q_\beta^{-1}\int_K \varphi(nk)\,dk$$
$$= \int_{U^-} \varphi(nu)\,du = \int_X f(\tau(n)x)d(x,\,\bar{e})^{-2}\,dx\ .$$

(5.6.2) En fixant un élément λ de $X(T)$ tel que $|\lambda(t_\beta)| > 1$, nous posons $\zeta_\lambda = \lambda(t_\beta)^{-1}$. D'après (5.5.9), l'opérateur $A_\lambda = A(s,\,\lambda)$

de E_λ dans $E_{\lambda-1}$ est donné par une intégrale d'entrelacement.

Pour $f \in E_\lambda$ et $g \in U^-$, on a ainsi

$$(A_\lambda f)(g) = \int_{U^-} f(gnu)\, du$$
$$= \int_X f(\tau(g)\tau(n)x)(\sqrt{q_\beta q_\beta'}\, \zeta_\lambda^{-1})^{v(x,\bar{e})}\, dx ,$$

où n est un élément de $\nu^{-1}(s)$. Puis, d'après (5.6.1), on a pour $u \in U^-$

$$(A_\lambda f)(u) = \int_X f(\tau(u)x)(\sqrt{q_\beta q_\beta'}\, \zeta_\lambda)^{v(x,\bar{e})}\, dx$$
$$= \int_X (\sqrt{q_\beta q_\beta'}\, \zeta_\lambda)^{v(\bar{u},x)} f(x)\, dx .$$

Si $f, f' \in E_\lambda$, d'après (5.5.10) on a donc

$$\langle A_\lambda f, f' \rangle = \langle f, A_\lambda f' \rangle = q_\beta \int_X f(x)(A_\lambda f')(x)\, dx$$
$$= q_\beta \int_X \int_X (\sqrt{q_\beta q_\beta'}\, \zeta_\lambda)^{v(x,y)} f(x) f'(y)\, dx\, dy .$$

En rappelant que E_λ^o se compose des éléments de E_λ s'annulant en s, nous énonçons le lemme suivant qui résulte facilement des formules d'intégration ci-dessus.

Lemme--- On pose $\zeta_\lambda = \lambda(t_\beta)^{-1}$ en supposant que $|\lambda(t_\beta)| > 1$. Pour un entier $n \geqslant 0$, on note $\eta_{\lambda,n}$ l'élément de E_λ s'annulant sur $X - X_{-n}$ et coïncidant sur X_{-n} avec η_λ. Pour un entier pair $m \geqslant 0$ et $u \in U^-$, $f_{u,m}$ désigne l'élément de E_λ coïncidant sur X avec la fonction caractéristique de $\tau(u)X_m$.

(i) Si $f, f' \in E_\lambda^o$, alors $\langle f + \eta_{\lambda,n}, A_\lambda(f' + \eta_{\lambda,n})\rangle$ converge vers $\langle f + \eta_\lambda, A_\lambda(f' + \eta_\lambda)\rangle$ lorsque n tend vers l'infini.

(ii) Pour $m \in 2\mathbb{N}$, $u \in U^-$ et $x \in X$, on a

$$(A_\lambda f_{u,m})(x) = \begin{cases} \sqrt{q_\beta q_\beta'}^{\,-m}(\sqrt{q_\beta q_\beta'}\, \zeta_\lambda)^m(1 - \sqrt{q_\beta}^{\,-1} c_\beta(\lambda^{-1})) & \text{si } x \in \tau(u)X_m ; \\ \sqrt{q_\beta q_\beta'}^{\,-m}(\sqrt{q_\beta q_\beta'}\, \zeta_\lambda)^{v(x,\bar{u})} & \text{sinon.} \end{cases}$$

(iii) Pour $m \in 2\underline{\underline{N}}$ et $u, u' \in U^-$, on a

$$\langle f_{u,m}, A_\lambda f_{u',m}\rangle = \begin{cases} q_\beta (q_\beta q_\beta')^{-m}(\sqrt{q_\beta q_\beta'}\,\zeta_\lambda)^m (1 - \sqrt{q_\beta}^{-1} c_\beta(\lambda^{-1})) & \text{si } v(\bar u, \bar u') \geq m; \\ q_\beta (q_\beta q_\beta')^{-m}(\sqrt{q_\beta q_\beta'}\,\zeta_\lambda)^{v(\bar u, \bar u')} & \text{sinon.} \end{cases}$$

(5.6.3) Si $\lambda(t_\beta)^2 > 1$, nous posons $(f|f') = \langle A_\lambda f, \overline{f'}\rangle$ pour $f, f' \in E_\lambda$; on a ainsi une forme hermitienne sur E_λ invariante par G. Rappelons, d'autre part, que $E_\lambda = E_\lambda^o + \underline{\underline{C}}\eta_\lambda$ où E_λ^o peut être regardé comme l'espace des fonctions localement constantes sur X à support compact.

Le théorème suivant permet de construire une série de représentations unitaires irréductibles de G.

Théorème--- On pose $\zeta_\lambda = \lambda(t_\beta)^{-1}$ en supposant que $\lambda \in X(T)$ vérifie l'une des conditions suivantes: (a) $1 < \lambda(t_\beta) \leq \sqrt{q_\beta q_\beta'}$; (b) $-\sqrt{q_\beta / q_\beta'} \leq \lambda(t_\beta) < -1$.

(i) Si $f \in E_\lambda^o$ s'annule en dehors de $\tau(u)X_n$ où $n \in 2\underline{\underline{Z}}$ et où $u \in U^-$, alors on a

$$\left| \int_X f(x)\, dx \right|^2 \leq q_\beta^{-1}(\sqrt{q_\beta q_\beta'}\,\zeta_\lambda)^{-n}(f|f) .$$

(ii) $(f|f) > 0$ si $f \in E_\lambda$ et si $A_\lambda f \neq o$.

L'assertion (ii) entraîne que, si $1 < \lambda(t_\beta) \leq q_\beta = q_\beta'$, la fonction sphérique ω_λ sur G/K associée à π_λ est de type positif; ce qui a été établi également par Cartier [5]. En outre, dans le cas de certains groupes simples p-adiques de rang 1, notre théorème avait été essentiellement démontré par Satake [22].

Pour examiner l'assertion (i), nous notons tout d'abord que, X étant identifié à $U^{-\gamma}/H$, chaque élément de E_λ^o est invariant à droite par $U_m^{-\gamma}$ si l'on choisit un entier m assez grand. En fixant un entier pair $m \geqslant 0$, nous considérerons donc le sous-espace $E_\lambda^o(m)$ de E_λ^o formé des éléments invariants à droite par $U_m^{-\gamma}$. Par ailleurs, pour $f \in E_\lambda^o$, $I(f)$ désignera l'intégrale de f par rapport à la mesure dx sur X.

Dans le cas (a), nous démontrerons par récurrence sur l'entier $k \geqslant 0$ l'assertion suivante:

(A_{m-k}) Si $f \in E_\lambda^o(m)$ s'annule en dehors de $\tau(u)X_{m-k}$ pour $u \in U^-$, alors on a

$$|I(f)|^2 \leqslant q_\beta^{-1}(\sqrt{q_\beta q_\beta'}\,\zeta_\lambda)^{-m+k}(f|f) .$$

Si $f \in E_\lambda^o(m)$ s'annule en dehors de X_m, d'après (5.6.2) on a

$$(f|f) = (1 - \sqrt{q_\beta}^{-1}c_\beta(\lambda^{-1}))q_\beta(\sqrt{q_\beta q_\beta'}\,\zeta_\lambda)^m|I(f)|^2 ;$$

or, d'après notre hypothèse sur λ, on a $c_\beta(\lambda^{-1}) \leqslant 0$. L'assertion ($A_{m-o}$) est donc démontrée.

En supposant (A_{m-k}) établie, nous allons démontrer (A_{m-k-1}). Soit R_{m-k-1} un système de représentants pour $U_{m-k-1}^{-\gamma}/U_{m-k}^{-\gamma}$. Supposons que $f \in E_\lambda^o(m)$ s'annule en dehors de X_{m-k-1}. Alors f s'écrit sous la forme

$$f = \sum_{u \in R_{m-k-1}} f_u ,$$

où, pour chaque $u \in R_{m-k-1}$, f_u s'annule en dehors de $\tau(u)X_{m-k}$. Si $u \neq u'$, d'après (5.6.2) on a

$$(f_u|f_{u'}) = q_\beta(\sqrt{q_\beta q_\beta'}\,\zeta_\lambda)^{m-k-1}I(f_u)\overline{I(f_{u'})} ;$$

d'autre part, d'après (A_{m-k}), on a

$$(f_u|f_u) \geqslant q_\beta(\sqrt{q_\beta q_\beta'}\,\zeta_\lambda)^{m-k}|I(f_u)|^2 \geqslant q_\beta(\sqrt{q_\beta q_\beta'}\,\zeta_\lambda)^{m-k-1}|I(f_u)|^2.$$

En conséquence, on a finalement

$$(f|f) \geqslant q_\beta(\sqrt{q_\beta q_\beta'}\,\zeta_\lambda)^{m-k-1}|I(f)|^2.$$

L'assertion (A_{m-k-1}) est ainsi démontrée.

Dans le cas (b), nous établirons par récurrence sur l'entier $k \geqslant 0$

l'assertion suivante:

(A'_{m-k}) Si $f \in E^{o}_{\lambda}(m)$ s'annule en dehors de $\tau(u)X_{m-k}$ pour $u \in U^{-}$, alors on a

$$|I(f)|^2 \leqslant q_\beta^{-1}(\sqrt{q_\beta q'_\beta}\,\zeta_\lambda)^{-m+k+\varepsilon(k)}(f|f) ,$$

où $\varepsilon(k) \in \{0, 1\}$ avec $k+\varepsilon(k) \in 2\mathbb{Z}$.

Si $f \in E^{o}_{\lambda}(m)$ s'annule en dehors de X_m, d'après (5.6.2) on a

$$(f|f) = (1 - \sqrt{q_\beta}^{-1}c_\beta(\lambda^{-1}))q_\beta(\sqrt{q_\beta q'_\beta}\,\zeta_\lambda)^m|I(f)|^2 ;$$

or, d'après notre hypothèse sur λ, on a $c_\beta(\lambda^{-1}) \leqslant 0$. L'assertion ($A'_{m-o}$) est donc démontrée.

En supposant (A'_{m-k}) établie, nous allons démontrer (A'_{m-k-1}). Si k est impair, le raisonnement est analogue à celui du cas (a). On suppose donc k pair. Soit R_{m-k-1} un système de représentants pour $U^{-\gamma}_{m-k-1}/U^{-\gamma}_{m-k}$ et soit f un élément de $E^{o}_{\lambda}(m)$ s'annulant en dehors de X_{m-k-1}. Alors, pour chaque $u \in R_{m-k-1}$, l'élément f_u de $E^{o}_{\lambda}(m)$ est défini comme dans le cas (a). Si $u \neq u'$, d'après (5.6.2) on a

$$(f_u|f_{u'}) = q_\beta(\sqrt{q_\beta q'_\beta}\,\zeta_\lambda)^{m-k-1}I(f_u)\overline{I(f_{u'})} ;$$

d'autre part, d'après (A'_{m-k}), on a

$$(f_u|f_u) \geqslant q_\beta(\sqrt{q_\beta q'_\beta}\,\zeta_\lambda)^{m-k}|I(f_u)|^2.$$

Par suite, $(f|f)$ est supérieur ou égal à

$$q_\beta(\sqrt{q_\beta q'_\beta}\,\zeta_\lambda)^{m-k}\Big\{\sqrt{q_\beta q'_\beta}^{-1}\zeta_\lambda^{-1}|I(f)|^2 + (1 - \sqrt{q_\beta q'_\beta}^{-1}\zeta_\lambda^{-1})\sum_u|I(f_u)|^2\Big\}.$$

Or, puisque $q'_\beta = \mathrm{Card}(R_{m-k-1})$, on a

$$\sum_u|I(f_u)|^2 \geqslant q'^{-1}_\beta\Big|\sum_u I(f_u)\Big|^2 = q'^{-1}_\beta|I(f)|^2 ,$$

en vertu de l'inégalité de Cauchy; d'autre part, d'après notre hypothèse sur λ, on a

$$q'^{-1}_\beta\{1 - (\sqrt{q_\beta q'_\beta}\,\zeta_\lambda)^{-1}\} + (\sqrt{q_\beta q'_\beta}\,\zeta_\lambda)^{-1} \geqslant (\sqrt{q_\beta q'_\beta}\,\zeta_\lambda)^{-2}.$$

En conséquence, on a finalement

$$(f|f) \geqslant q_\beta(\sqrt{q_\beta q'_\beta}\,\zeta_\lambda)^{m-k-2}|I(f)|^2.$$

L'assertion (A'_{m-k-1}) est ainsi démontrée.

Considérons maintenant l'assertion (ii) de notre théorème. Soit N_λ le noyau de l'opérateur d'entrelacement A_λ de E_λ dans $E_{\lambda-1}$; alors, $V_\lambda = E_\lambda/N_\lambda$ est un G-module non nul. Si notre condition sur λ est remplie et si $\lambda(t_\beta) \notin \{\sqrt{q_\beta q'_\beta}, -\sqrt{q_\beta/q'_\beta}\}$, alors, d'après (4.3.5) et (5.3.14), le G-module E_λ est irréductible. Si $\lambda(t_\beta) = \sqrt{q_\beta q'_\beta}$, alors V_λ est de dimension 1. Enfin, si $\lambda(t_\beta) = -\sqrt{q_\beta/q'_\beta} < -1$, alors, d'après (4.3.2) et (5.5.6), V_λ^B est de dimension 1 et le G-module V_λ est irréductible.

Ainsi, sous notre hypothèse sur λ, $V_\lambda = E_\lambda/N_\lambda$ est un G-module irréductible. Considérons donc sur V_λ la forme hermitienne déduite, par passage au quotient, de celle sur E_λ; d'après notre première assertion et le lemme (5.6.2), on a $(\xi|\xi) \geqslant 0$ pour tout $\xi \in V_\lambda$ et, de plus, on a $(\xi|\xi) > 0$ pour au moins un élément ξ de V_λ. D'où résulte facilement l'assertion (ii) de notre théorème.

(5.6.4) Supposons que $\lambda(t_\beta) = \sqrt{q_\beta q'_\beta}$ ou que $\lambda(t_\beta) = -\sqrt{q_\beta/q'_\beta} < -1$. Alors, d'après (5.5.6), le noyau N_λ de A_λ est un G-module irréductible puisque N_λ^B est de dimension 1. De plus, la fonction sphérique sur G/B associée à N_λ est de carré intégrable [cf. (4.4.13), (5.5.11)]. Nous définirons donc sur N_λ une forme hermitienne invariante par G.

Soit D le disque unité de $\underline{\underline{C}}$ et soit $D^* = D-\{0\}$ le disque pointé, qui sera regardé comme un ouvert de $\underline{\underline{C}}$. Pour $\zeta \in D$, λ_ζ désignera l'élément de X(T) déterminé par $\lambda_\zeta(t_\beta) = \zeta^{-1}$.

On rappelle que G = KZU où K est la réunion de B et de BsB. Soit $\underline{\underline{S}}(K/U_o)$ l'espace vectoriel des fonctions localement constantes sur K/U_o et soit π_o la représentation de K dans $\underline{\underline{S}}(K/U_o)$. Puisque $U_0 = K \cap U = K \cap ZU$, si $\varphi \in \underline{S}(K/U_0)$ et si $\zeta \in D^*$, φ se prolonge de manière unique en un élément φ_ζ de E_{λ_ζ}. Les éléments η et η' de $\underline{S}(K/U_0)$ sont définis de la manière suivante: $\eta(K) = 1$ et $-q_\beta \eta'(BU_o) = \eta'(BsU_o) = 1$.

Si φ, $\varphi' \in \underline{S}(K/U_0)$, alors $I(\varphi, \varphi')$ désigne la fonction sur D^* définie de la manière suivante:

$$I(\varphi, \varphi')(\zeta) = \langle A_{\lambda_\zeta}\varphi_\zeta, \varphi'_\zeta\rangle = \langle \varphi'_\zeta, A_{\lambda_\zeta}\varphi_\zeta\rangle$$
$$= q_\beta \int_X\int_X (\sqrt{q_\beta q'_\beta}\,\zeta)^{v(x,y)} \varphi_\zeta(x)\varphi'_\zeta(y)\, dx\, dy .$$

Notons d'abord que $I(\varphi, \varphi') = I(\pi_o(k)\varphi, \pi_o(k)\varphi')$ pour tout $k \in K$. Par ailleurs, d'après (4.4.13) on a

$$I(\eta,\eta)(\zeta) = \sqrt{q_\beta}^{-1}(1 + q_\beta)c_\beta(\lambda_\zeta) ;$$
$$I(\eta',\eta')(\zeta) = -\sqrt{q_\beta}^{-1}(1 + q_\beta^{-1})c_\beta(\lambda_\zeta^{-1}) .$$

Si $|\varphi|$ et $|\varphi'|$ sont majorées sur K/U_0 par c et c' respectivement, on a

$$|I(\varphi,\varphi')(\zeta)| \leq cc'I(\eta,\eta)(|\zeta|)$$

pour tout $\zeta \in D^*$. En conséquence, $I(\varphi,\varphi')$ est holomorphe sur D^* (et même sur D) et sa dérivée $I'(\varphi,\varphi')$ est également une fonction holomorphe sur D^*. De plus, pour tout $\zeta \in D^*$, $I'(\varphi,\varphi')(\zeta)$ est donné par une intégrale sur $X \times X$. Signalons enfin que, si $k \in K$, on a $I'(\varphi, \varphi') = I'(\pi_o(k)\varphi, \pi_o(k)\varphi')$.

Supposons que $\lambda(t_\beta) = \sqrt{q_\beta q'_\beta}$. Le noyau N_λ de A_λ, qui est de codimension 1 dans E_λ, est un G-module irréductible. Pour $f \in E_\lambda$, f_o désigne l'élément de $\underline{S}(K/U_0)$ coïncidant sur K avec f. Nous posons $(f|f')_o = I'(f_o,\overline{f'_o})(\sqrt{q_\beta q'_\beta}^{-1})$ pour f, $f' \in N_\lambda$; on a alors

$$(f|f')_o = q_\beta\sqrt{q_\beta q'_\beta}\int_X\int_X v(x,y)f(x)\overline{f'(y)}\, dx\, dy .$$

Par suite, notre forme hermitienne sur N_λ est invariante par $K \cup U^-$

et donc par G. Le théorème (5.6.3) entraîne par ailleurs que $(f|f)_o \geqslant 0$ pour tout $f \in N_\lambda$. De plus, η'_λ appartient à N_λ et $(\eta'_\lambda|\eta'_\lambda)_o$ est différent de 0. En conséquence, on a finalement $(f|f)_o > 0$ pour tout $f \in N_\lambda - \{o\}$.

Supposons enfin que $\lambda(t_\beta) = -\sqrt{q_\beta/q'_\beta} < -1$. Le noyau N_λ de A_λ est alors un G-module irréductible. Pour $f, f' \in N_\lambda$, nous posons

$$(f|f')_o = -I'(f_o,\overline{f'_o})(-\sqrt{q'_\beta/q_\beta})$$
$$= q_\beta\sqrt{q_\beta/q'_\beta}\int_X\int_X v(x,y)(-q'_\beta)^{v(x,y)}f(x)\overline{f'(y)}\,dx\,dy\ .$$

On a ainsi une forme hermitienne sur N_λ invariante par G et, de plus, on a $(f|f)_o > 0$ pour tout $f \in N_\lambda - \{o\}$.

(5.6.5) Dans le cas où $-\sqrt{q'_\beta/q_\beta} \leqslant \lambda(t_\beta) < -1$, on peut évidemment obtenir des résultats analogues à ceux de (5.6.3) et de (5.6.4).

Supposons que $-\sqrt{q'_\beta/q_\beta} \leqslant \lambda(t_\beta) < -1$. Alors, on a $\langle A_\lambda f, \overline{f}\rangle < 0$ si $f \in E_\lambda$ et si $A_\lambda f \neq o$. Si $-\sqrt{q'_\beta/q_\beta} < \lambda(t_\beta) < -1$, E_λ est un G-module irréductible. Si $\lambda(t_\beta) = -\sqrt{q'_\beta/q_\beta} < -1$ et si N_λ désigne le noyau de A_λ, les G-modules E_λ/N_λ et N_λ sont irréductibles et la fonction sphérique sur G/B associée à N_λ est de carré intégrable. Alors, pour $f, f' \in N_\lambda$, nous posons

$$(f|f')_o = -\sqrt{q_\beta q'_\beta}\int_X\int_X v(x,y)(-q_\beta)^{v(x,y)}f(x)\overline{f'(y)}\,dx\,dy\ ;$$

on a ainsi une forme hermitienne sur N_λ invariante par G et, de plus, on a $(f|f)_o > 0$ pour tout $f \in N_\lambda - \{o\}$.

(5.6.6) Nous avons décrit en (4.4.13) les classes d'équivalence de représentations unitaires irréductibles de $\underline{K}(G, B)$. En comparant la classification de (4.4.13) avec la proposition (5.3.13) et le théorème (5.6.3), nous avons donc le résultat suivant:

Théorème--- Si (G, B, N) est un système de Tits bornologique de type diédral infini, toute représentation unitaire irréductible de $\underline{K}(G, B)$ se prolonge en une représentation unitaire irréductible de G.

En d'autres termes, sous notre hypothèse, le morphisme de St(W, q) sur St(G, B) défini en (5.2.3) est un isomorphisme d'algèbres stellaires.

Bibliographie

[1] N. Bourbaki, Groupes et algèbres de Lie, chapitres IV, V et VI; Hermann, Paris, 1968.

[2] F. Bruhat, Groupes semi-simples sur un corps local, Actes du Congrès International des Mathématiciens (Nice, 1970); Gauthier-Villars, Paris, 1971; t. 2, pp. 285-290.

[3] --- et J. Tits, Groupes algébriques simples sur un corps local, Proc. Conf. on Local Fields (Driebergen, 1966); Springer-Verlag, Berlin, 1967; pp. 23-36.

[4] --- et ---, Groupes réductifs sur un corps local (chapitre I), Publ. Math. I. H. E. S., 41 (1972), pp. 5-251.

[5] P. Cartier, Harmonic analysis on trees, Proc. Symp. Pure Math., vol. 26 (1974), pp. 419-424.

[6] W. Casselman, The Steinberg character as a true character, Proc. Symp. Pure Math., vol. 26 (1974), pp. 413-417.

[7] C. W. Curtis, N. Iwahori et R. Kilmoyer, Hecke algebras and characters of parabolic type of finite groups with (B,N)-pairs, Publ. Math. I. H. E. S., 40 (1971), pp. 81-116.

[8] J. Dieudonné, Note sur les fonctions sphériques, J. Math. pures et appl., 41 (1962), pp. 233-240.

[9] J. Dixmier, Les C*-algèbres et leurs représentations; Gauthier-Villars, Paris, 1964.

[10] W. Feit et G. Higman, The nonexistence of certain generalized polygons, J. Algebra, 1 (1964), pp. 114-131.

[11] H. Freudenthal, Zur Berechnung der Charaktere der halbeinfachen Lieschen Gruppen, Indag. Math., 16 (1954), pp. 369-376.

[12] R. Godement, A theory of spherical functions, Trans. Amer. Math. Soc., 73 (1952), pp. 496-556.

[13] ---, Introduction aux travaux de A. Selberg, Sém. Bourbaki, 9 (1956-57), nº 144.

[14] N. Iwahori et H. Matsumoto, On some Bruhat decomposition and the structure of the Hecke rings of p-adic Chevalley groups, Publ. Math. I. H. E. S., 25 (1965), pp. 5-48.

[15] R. Kilmoyer et L. Solomon, On the theorem of Feit-Higman, J. Combin. Theory (Série A), 15 (1973), pp. 310-322.

[16] I. G. Macdonald, Spherical functions on a p-adic Chevalley group, Bull. Amer. Math. Soc., 74 (1968), pp. 520-525.

[17] ---, Harmonic analysis on semi-simple groups, Actes du Congrès International des Mathématiciens (Nice, 1970); Gauthier-Villars, Paris, 1971; t. 2, pp. 331-335.

[18] ---, Spherical functions on a group of p-adic type; Publ. Ramanujan Institute, nº 2; Madras, 1971.

[19] ---, The Poincaré series of a Coxeter group, Math. Ann., 199 (1972), pp. 161-174.

[20] H. Matsumoto, Générateurs et relations des groupes de Weyl généralisés, C. R. Acad. Sc., 258 (1964), pp. 3419-3422.

[21] ---, Fonctions sphériques sur un groupe semi-simple p-adique, C. R. Acad. Sc., 269 (1969), pp. 829-832.

[22] I. Satake, Theory of spherical functions on reductive algebraic groups over p-adic fields, Publ. Math. I. H. E. S., 18 (1963), pp. 5-69.

[23] J.-P. Serre, Cohomologie des groupes discrets, Ann. Math. Studies, 70 (1971), pp. 77-169.

[24] J. A. Shalika, On the space of cusp forms of a p-adic Chevalley group, Ann. of Math., 92 (1970), pp. 262-278.

[25] A. J. Silberger, On work of Macdonald and $L^2(G/B)$ for a p-adic group, Proc. Symp. Pure Math., vol. 26 (1974), pp. 387-393.

[26] J. Tits, Buildings of spherical type and finite BN-pairs; Lecture Notes in Math., nº 386; Springer-Verlag, Berlin, 1974.

[27] A. Borel, Admissible representations of a semi-simple group over a local field with fixed vectors under an Iwahori subgroup, Inventiones Math., 35 (1976), pp. 233-259.

[28] W. Casselman, Introduction to the theory of admissible representations of p-adic reductive groups; à paraître.

[29] H. Matsumoto, Analyse harmonique dans certains systèmes de Coxeter et de Tits; Lecture Notes in Math., nº 497; Springer-Verlag, Berlin, 1975; pp. 257-276.

Index